数值分析

张 来 黄健飞 王 楠 凌 智 编

科学出版社

北京

内 容 简 介

本书是江苏省研究生优秀课程配套教材，围绕"理论推导—算法实现—工程应用"的主线，系统讲授数值分析的基本理论与常用方法，共设 8 章，内容涵盖误差分析、非线性方程求根、线性方程组数值解法、插值与拟合、数值微积分、常微分方程数值解法等. 书中突出工程应用导向，精心设计了多个贴近实际的案例(含 MATLAB 程序实现)，帮助读者理解算法在复杂问题中的实际价值. 本书按节和章分别配备多类型习题，扫书中二维码可查看相应解析，构建"讲—练—解"一体化学习闭环. 通过 48 学时教学安排，帮助读者夯实计算基础、提升建模与算法能力，为解决实际问题奠定坚实基础.

本书适用于理工科研究生公共基础课程，也可供从事科学计算的科研与工程技术人员参考使用.

图书在版编目（CIP）数据

数值分析 / 张来等编. -- 北京：科学出版社, 2025. 8. -- ISBN 978-7-03-082097-6

I. O241

中国国家版本馆 CIP 数据核字第 20252RP394 号

责任编辑：张中兴　姚莉丽　范培培 / 责任校对：杨聪敏
责任印制：师艳茹 / 封面设计：陈　敬

科 学 出 版 社 出版
北京东黄城根北街 16 号
邮政编码：100717
http://www.sciencep.com

北京华宇信诺印刷有限公司印刷
科学出版社发行　各地新华书店经销

*

2025 年 8 月第 一 版　开本：720×1000　1/16
2025 年 8 月第一次印刷　印张：18 1/4
字数：368 000
定价：75.00 元
(如有印装质量问题，我社负责调换)

前　言

在当今数字化与智能化深度融合的时代,科学计算已成为推动基础研究发展和工程技术革新的关键动力. 作为连接数学理论与工程实践的重要桥梁,数值分析不仅承担着培养理工科学生数学计算思维的核心使命,还在智能制造、航空航天、人工智能等前沿领域发挥着不可替代的作用. 本书立足于新工科建设需求,系统构建了"理论推导—算法实现—工程应用"三位一体的数值分析知识体系,旨在破解传统教学中理论与实践脱节、算法与应用割裂的难题,为培养具备创新能力的复合型人才提供有力支撑. 本书不仅系统阐述了数值分析的基本理论,更注重算法实现能力的培养,同时通过工程案例解析,深入阐释数值方法在解决复杂实际问题中的核心价值.

本书由扬州大学数学学院数值分析教学团队精心编写,是江苏省研究生优秀课程配套教材,融合了国内外数值分析领域的经典理论,并重点阐述以下三个方面的内容:数值稳定性与误差分析、算法效率与收敛性、不同应用场景中的方法选择. 为确保理论与实践的紧密结合,本书配备了典型的工程案例,并通过详细讲解,使读者能够深刻理解数值算法在解决实际问题中的广泛应用. 此外,本书设置了丰富的习题,包括判断题、单选题、多选题、辨析题和计算题,并以二维码形式提供详细的解析,旨在通过互动式学习方式促进学生对知识的深入理解和灵活运用.

本书既适合作为理工科类的研究生公共基础课的教材,也可供科研人员和工程技术人员参考. 根据教学实践,完整讲授全书内容需 48 学时. 全书共 8 章,涵盖数值分析的核心主题,包括误差分析、非线性方程求根、线性方程组数值解法、插值与拟合、数值微积分、常微分方程的数值解法等. 这些主题不仅构成了数值分析的理论基础,也是科研和工程实践中常见的计算问题.

本书的编写分工如下:第 1、8 章由黄健飞编写,第 2、5 章由张来编写,第 3、4 章由王楠编写,第 6、7 章由凌智编写,全书由张来统稿. 希望本书能为读者提供扎实的数值分析基础,并为其在后续学习和科研工作中提供有益的指导.

本书在编写过程中,得到扬州大学研究生院、数学学院部分老师和研究生的帮助,在此表示感谢. 本书还得到扬州大学研究生精品教材和扬州大学出版基金的资助,以及科学出版社的大力支持,在此一并表示感谢.

在编纂本书的过程中,我们致力于使内容体系化、简明扼要,同时注重重点的凸显和案例的实用性. 然而, 受限于个人能力, 书中不免存在疏漏和不妥之处. 我们诚恳地欢迎广大读者予以批评指正,并提出宝贵的建议.

编 者

2025 年 3 月于扬州瘦西湖畔

目　　录

前言
第1章　数值分析引论···1
　1.1　数值分析的作用和内容···1
　　　小节测试···2
　1.2　误差的来源和基本概念···2
　　　1.2.1　误差的来源··2
　　　1.2.2　误差的基本概念···3
　　　小节测试···7
　1.3　数值计算中的若干准则···7
　　　1.3.1　算法的数值稳定性··8
　　　1.3.2　问题本身的性态··10
　　　1.3.3　简化计算步骤，减少运算次数·································11
　　　1.3.4　数值计算中的一些其他注意事项·······························13
　　　小节测试··14
　1.4　章节测试···15
第2章　非线性方程求根···18
　2.1　非线性方程求根的基本介绍···18
　　　小节测试··19
　2.2　二分法··19
　　　2.2.1　二分法的具体计算过程··19
　　　2.2.2　二分法的特点··22
　　　小节测试··22
　2.3　迭代法的一般原理···23
　　　2.3.1　简单迭代法··23
　　　2.3.2　简单迭代法的收敛性··24
　　　2.3.3　简单迭代法的几何意义··27
　　　2.3.4　简单迭代法的局部收敛性······································28
　　　小节测试··29
　2.4　牛顿迭代法··30

- 2.4.1 牛顿迭代公式的构造 ··················· 30
- 2.4.2 牛顿迭代公式的几何意义 ··············· 31
- 2.4.3 有重根的牛顿迭代公式 ················· 33
- 2.4.4 牛顿迭代法的收敛性 ··················· 35
- 小节测试 ···································· 38

2.5 弦截法 ······································· 39
- 2.5.1 弦截法的基本思想 ····················· 39
- 2.5.2 弦截法的收敛性 ······················· 40
- 小节测试 ···································· 42

2.6 迭代法的收敛速度 ···························· 43
- 2.6.1 收敛阶定义 ··························· 43
- 2.6.2 收敛阶判定方法 ······················· 43
- 小节测试 ···································· 45

2.7 艾特肯加速收敛算法 ·························· 46
- 2.7.1 艾特肯加速收敛算法基本原理 ·········· 46
- 2.7.2 艾特肯加速收敛算法的几何意义 ········ 47
- 小节测试 ···································· 48

2.8 案例 ·· 49
- 2.8.1 问题背景 ····························· 49
- 2.8.2 数学模型 ····························· 49
- 2.8.3 计算方法 ····························· 50
- 2.8.4 编程实现 ····························· 50

2.9 章节测试 ···································· 51

第 3 章 解线性方程组的直接法 ······················ 54

3.1 直接法概述 ·································· 54
- 小节测试 ···································· 55

3.2 高斯消元法 ·································· 55
- 3.2.1 高斯消元法的基本思想 ················ 56
- 3.2.2 高斯消元法的计算流程及公式 ·········· 57
- 小节测试 ···································· 61

3.3 列主元消元法 ································ 62
- 3.3.1 列主元高斯消元法 ···················· 62
- 3.3.2 严格对角占优矩阵 ···················· 64
- 小节测试 ···································· 64

3.4 LU 分解 ··································· 65

		3.4.1 几种常见的 LU 分解 · 66
		3.4.2 LU 分解法解线性方程组 · 67
		3.4.3 LU 分解的紧凑格式 · 69
		小节测试 · 72
	3.5	平方根法 · 72
		3.5.1 正定矩阵 · 73
		3.5.2 平方根法求解线性方程组 · 74
		小节测试 · 75
	3.6	追赶法 · 76
		3.6.1 三对角矩阵 · 76
		3.6.2 追赶法求解线性方程组 · 77
		小节测试 · 79
	3.7	案例 · 80
		3.7.1 问题背景 · 80
		3.7.2 数学模型 · 80
		3.7.3 计算方法 · 81
		3.7.4 编程实现 · 81
	3.8	章节测试 · 82
第 4 章	解线性方程组的迭代法 · 86	
	4.1	迭代法概述 · 86
		小节测试 · 88
	4.2	向量与矩阵的范数 · 88
		4.2.1 向量范数 · 89
		4.2.2 矩阵范数 · 91
		4.2.3 谱半径 · 94
		小节测试 · 94
	4.3	雅可比迭代法 · 95
		4.3.1 雅可比迭代法的分量形式 · 95
		4.3.2 雅可比迭代法的矩阵形式 · 97
		小节测试 · 98
	4.4	高斯–赛德尔迭代法 · 99
		4.4.1 高斯–赛德尔迭代法的分量形式 · 99
		4.4.2 高斯–赛德尔迭代法的矩阵形式 · 100
		小节测试 · 101
	4.5	SOR 迭代法 · 102

- 4.5.1 SOR 迭代法的分量形式 ·· 102
- 4.5.2 SOR 迭代法的矩阵形式 ·· 104
- 小节测试 ·· 105
- 4.6 迭代法的收敛性 ·· 106
  - 4.6.1 迭代法基本定理 ·· 106
  - 4.6.2 特殊方程组迭代法收敛性 ····································· 108
  - 小节测试 ·· 110
- 4.7 方程组的误差分析 ··· 111
  - 4.7.1 方程组的性态 ··· 111
  - 4.7.2 条件数 ·· 114
  - 小节测试 ·· 116
- 4.8 案例 ·· 116
  - 4.8.1 问题背景 ·· 116
  - 4.8.2 数学模型 ·· 117
  - 4.8.3 计算方法 ·· 117
  - 4.8.4 编程实现 ·· 119
- 4.9 章节测试 ·· 120

第 5 章　函数插值 ·· 124

- 5.1 插值多项式的基本介绍 ··· 124
  - 5.1.1 问题的提出 ·· 124
  - 5.1.2 插值问题的数学提法 ··· 124
  - 5.1.3 插值多项式的存在唯一性 ····································· 125
  - 5.1.4 插值多项式求解方法概述 ····································· 126
  - 小节测试 ·· 127
- 5.2 拉格朗日插值 ·· 127
  - 5.2.1 拉格朗日线性插值 ·· 127
  - 5.2.2 拉格朗日二次插值多项式 ····································· 129
  - 5.2.3 拉格朗日 n 次插值多项式 ··································· 131
  - 5.2.4 拉格朗日插值多项式的截断误差 ···························· 132
  - 小节测试 ·· 134
- 5.3 牛顿插值 ·· 136
  - 5.3.1 差商 ··· 136
  - 5.3.2 差商的性质 ·· 136
  - 5.3.3 利用差商表计算差商 ··· 137
  - 5.3.4 牛顿插值公式 ··· 138

目录

  5.3.5 等距牛顿插值公式 ··················· 142
   小节测试 ································· 145
 5.4 分段线性插值 ···························· 146
  5.4.1 分段线性插值问题的提出 ············· 146
  5.4.2 分段线性插值的基函数 ··············· 146
   小节测试 ································· 149
 5.5 分段埃尔米特插值 ························ 149
  5.5.1 分段埃尔米特插值多项式 ············· 150
  5.5.2 分段埃尔米特插值基函数的计算 ······· 150
   小节测试 ································· 152
 5.6 样条插值函数 ···························· 153
  5.6.1 样条函数 ····························· 153
  5.6.2 三次样条函数 ························· 154
  5.6.3 三次样条函数的计算 ·················· 154
   小节测试 ································· 160
 5.7 案例 ····································· 161
  5.7.1 问题背景 ····························· 161
  5.7.2 数学模型 ····························· 162
  5.7.3 计算方法 ····························· 162
  5.7.4 编程实现 ····························· 164
 5.8 章节测试 ································ 166

第 6 章 曲线拟合和函数逼近 ··················· 170
 6.1 曲线拟合的最小二乘法 ···················· 170
  6.1.1 直线拟合 ····························· 170
  6.1.2 一般多项式拟合 ······················ 172
  6.1.3 指数拟合 ····························· 178
  6.1.4 其他一些非线性拟合 ·················· 181
   小节测试 ································· 181
 6.2 函数的最佳平方逼近 ······················ 182
   小节测试 ································· 186
 6.3 案例 ····································· 187
  6.3.1 问题背景 ····························· 187
  6.3.2 数学模型 ····························· 188
  6.3.3 计算方法 ····························· 188
  6.3.4 编程实现 ····························· 189

| | 6.4 章节测试 · 191 |

第 7 章　数值积分与数值微分 · 194

  7.1　数值积分引论 · 194

    7.1.1　数值求积公式 · 194

    7.1.2　插值型求积公式 · 196

    小节测试 · 198

  7.2　牛顿–科茨公式 · 199

    7.2.1　牛顿–科茨公式的一般形式推导 · 199

    7.2.2　梯形公式 · 201

    7.2.3　辛普森公式 · 202

    小节测试 · 205

  7.3　复化求积公式 · 206

    7.3.1　复化梯形公式 · 206

    7.3.2　复化辛普森求积公式 · 209

    7.3.3　递推梯形公式 · 211

    7.3.4　龙贝格求积公式 · 213

    小节测试 · 216

  7.4　高斯求积公式 · 217

    7.4.1　引言 · 217

    7.4.2　正交多项式及其性质 · 219

    7.4.3　高斯型积分 · 222

    小节测试 · 227

  7.5　数值微分 · 228

    7.5.1　插值型求导公式 · 228

    7.5.2　变步长中点公式 · 230

    小节测试 · 232

  7.6　案例 · 233

    7.6.1　问题背景 · 233

    7.6.2　数学模型 · 233

    7.6.3　计算方法 · 234

    7.6.4　编程实现 · 235

  7.7　章节测试 · 235

第 8 章　常微分方程初值问题的数值解法 · 239

  8.1　概述 · 239

    小节测试 · 240

8.2 欧拉公式 241
8.2.1 显式欧拉公式 241
8.2.2 隐式欧拉公式 244
小节测试 245

8.3 改进欧拉方法 247
8.3.1 方法原理 248
8.3.2 整体截断误差 250
小节测试 251

8.4 龙格–库塔法 252
8.4.1 龙格–库塔法的思想 252
8.4.2 二阶龙格–库塔公式 254
8.4.3 三阶与四阶显式龙格–库塔方法 257
8.4.4 常用的隐式龙格–库塔方法 259
小节测试 260

8.5 单步方法的收敛性和稳定性 261
8.5.1 单步方法的收敛性 261
8.5.2 单步方法的稳定性 265
小节测试 268

8.6 案例 270
8.6.1 问题背景 270
8.6.2 数学模型 270
8.6.3 计算方法 272
8.6.4 编程实现 272

8.7 章节测试 275

参考文献 280

第 1 章　数值分析引论

1.1　数值分析的作用和内容

在当今科学计算时代,解决科学技术和工程问题已经形成了一套系统化的流程. 如图 1.1 所示,这一流程展示了从实际问题到最终解决方案的完整路径,其中数值分析扮演着核心角色.

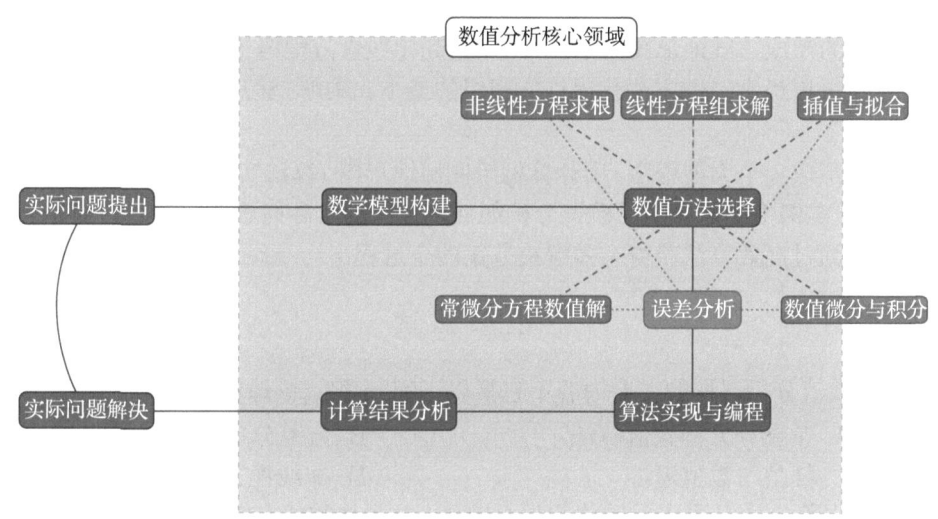

图 1.1　问题的解决流程

科学计算问题的解决通常始于实际问题的提出,随后通过抽象和简化构建适当的数学模型. 在这一过程中,数学作为解决科学技术问题的理论基础,始终发挥着不可替代的作用. 然而,将数学模型转为可靠的计算结果,则需要数值分析方法的有力支持. 数值分析在整个问题解决流程中的核心地位主要体现在三个关键环节.

(1) 数值方法的选择: 根据数学模型的特性,从方程 (组) 求根、插值与逼近、数值微分与积分、微分方程数值解等领域选择合适的数值算法. 这一环节直接决定了计算的精度、效率和稳定性.

(2) 算法实现与编程: 将选定的数值方法转化为计算机可执行的程序代码, 涉及算法优化、数据结构设计和编程实现等技术.

(3) 计算结果分析: 对数值计算结果进行误差分析、收敛性验证和结果解释, 确保计算结果的可靠性和有效性.

随着计算机技术的飞速发展和科学研究的不断深入, 通过计算机运用各类数值方法解决科学与工程中的数学问题已成为关键性技术手段. 在此背景下, 一门新兴的交叉学科——科学计算[1] 应运而生. 作为科学计算的理论基石, 计算数学这一数学分支专注于研究计算机求解数学问题的数值方法、实施过程及其数学理论[2]. 它不仅为科学计算提供严谨的理论框架, 还通过算法设计与误差分析等核心内容确保计算结果的可靠性与有效性. 正是基于这样的学科背景, 数值分析作为计算数学领域的基础课程, 其重要性在当今计算科学时代愈发凸显.

具体应用实例中, 如完成某一地区地形图的绘制, 我们可以清晰地看到数值分析的关键作用:

(1) 用空中航测方法, 在该地区上空连续拍照 (实际问题提出);

(2) 为形成三维地形图, 建立一个大型超定线性方程组 (数学模型构建);

(3) 采用最小二乘方法获得该方程组的最小二乘解, 然后再整体平滑 (数值方法选择);

(4) 形成一个大型程序, 用计算机绘制出地形图 (算法实现与编程).

这一实例生动地展示了数值分析如何将复杂的实际问题转化为可计算的数学模型, 并通过高效算法获得有效解决方案的全过程.

小 节 测 试

1. 数值分析课程的主要内容不包括以下哪一项? (单选)

　A. 常微分方程数值解法　　　　　　B. 方差分析法

　C. 插值与数值逼近　　　　　　　　D. 非线性方程求根

2. 误差分析仅适用于插值与拟合方法, 对其他数值方法没有重要影响. (判断)

3. 数值分析的五类核心方法 (非线性方程求根、线性方程组求解、插值与拟合、数值微分与积分、常微分方程数值解) 相互独立, 在实际应用中很少结合使用. (判断)

习题解析

1.2　误差的来源和基本概念

1.2.1　误差的来源

一个量的真实值和它的实测值往往是不相等的, 它们之差称为误差. 误差是无处不在的, 引起误差的原因也有很多.

(1) 模型误差.

在建立数学模型过程中, 不可能将所有因素均考虑, 必然要进行必要的简化并引入合理的假设, 这就带来了与实际问题的误差. 这种数学模型与实际问题之间出现的误差称为模型误差.

(2) 观测误差.

在给出的数学模型中往往涉及一些根据观测得到的物理量, 如长度、温度、速度和电压等, 显然观测不可避免地会产生误差. 这种由观测而产生的误差就称为观测误差.

(3) 截断误差.

在计算中常常会遇到只有通过无限过程才能得到最终结果, 但实际计算时只能采用有限过程. 这种有限过程代替无限过程产生的误差, 称为截断误差. 例如, 可微函数 $f(x)$ 可进行如下泰勒展开:

$$f(x) = f(0) + f'(0)x + \frac{f''(0)}{2!}x^2 + \cdots + \frac{f^{(n)}(0)}{n!}x^n + \frac{f^{(n+1)}(0)}{(n+1)!}x^{n+1} + \cdots.$$

若用展开式的前 $n+1$ 项

$$f(0) + f'(0)x + \frac{f''(0)}{2!}x^2 + \cdots + \frac{f^{(n)}(0)}{n!}x^n$$

来近似代替 $f(x)$, 就会产生截断误差.

(4) 舍入误差.

在计算中遇到的数据可能位数很多, 但由于计算机的字长有限, 原始数据在计算机上表示时, 一般需要进行四舍五入, 由此产生的误差称为舍入误差. 例如, 用 1.414 近似代替 $\sqrt{2}$, 产生的误差

$$\sqrt{2} - 1.414 = 0.0002135 \cdots$$

就是舍入误差.

由误差来源的分析可知: 误差是不可避免的, 要求绝对精确和绝对严格是办不到的. 进一步地, 前两种误差是客观存在的, 后两种误差是由计算方法所引起的. 研究计算结果的误差是否满足精度要求就是误差估计问题. 本书是研究数学问题的数值算法, 因此只涉及算法的截断误差和舍入误差.

1.2.2 误差的基本概念

(1) 绝对误差和绝对误差限.

设 x^* 是精确值, x 是它的一个近似值, 称 $e = x - x^*$ 是近似值 x 的**绝对误差**, 简称误差. 注意, 绝对误差不是误差的绝对值, 它可以是正值, 也可以是负值.

注意到精确值 x^* 虽然是客观存在的, 但在实际计算中很难事先知道, 故误差是无法准确计算的, 但可以估计出它的一个上界 (当然, 总是希望这个上界越小越好), 即 $|x - x^*| \leqslant \varepsilon$. 这里称 ε 为近似值 x 的误差限, 即有 $x - \varepsilon \leqslant x^* \leqslant x + \varepsilon$. 例如, 用最小刻度是毫米的尺子去测量一个长度为 x^* 的物体, 读出的刻度为 x, 但由于观测误差的存在, x 是 x^* 的近似值, 它的误差限一般为该尺子最小刻度的半个单位 0.5mm, 即有 $|x - x^*| \leqslant 0.5$mm.

(2) 相对误差和相对误差限.

绝对误差的大小还不能完全表示近似值的好坏, 还应考虑精确值 x^* 本身的大小和量级. 我们把近似值的绝对误差 e 和精确值 x^* 的比值, 即 $\dfrac{e}{x^*} = \dfrac{x - x^*}{x^*}$, 称为近似值 x 的**相对误差**, 记作 e_r. 相对误差是个相对数, 是无量纲的. 若相对误差有估计 $|e_r| \leqslant \varepsilon_r$, 则称 ε_r 为相对误差限, 即

$$\frac{|x - x^*|}{|x^*|} \leqslant \frac{\varepsilon}{|x^*|} = \varepsilon_r.$$

下面的例子就说明了绝对误差的局限性和给出相对误差的必要性.

例 1.1 计算如表 1.1 所示数值的绝对误差和相对误差.

表 1.1 误差对比表

精确值 x^*	近似值 x	$e = x - x^*$	e_r
10	11	1	0.1
100	101	1	0.01

精确值 10 和 100 的近似值分别为 11 和 101. 显然, 近似值 11 和 101 的绝对误差都是为 1. 因此, 无法通过绝对误差来判断 11 和 101 近似它们精确值的好坏. 进一步地, 近似值 11 和 101 的相对误差分别为 0.1 和 0.01, 从而可知近似值 101 近似精确值 100 的准确程度要好.

众所周知, 在实际计算中, 精确值 x^* 往往是不知道的, 人们通常取

$$e_r = \frac{e}{x} = \frac{x - x^*}{x}$$

和

$$\varepsilon_r = \frac{\varepsilon}{|x|}$$

分别作为近似值 x 的相对误差和相对误差限.

(3) 有效数字.

在前面的讨论中, 不难发现, 可以通过误差限的大小来刻画近似值 x 逼近精确值 x^* 的准确程度. 但是在实际计算时, 若把这个误差限也参与到具体的计算中,

会给计算造成困扰, 也不切实际. 因此希望所表示的近似值 x 本身就能显示出它的准确程度, 这就需要引入有效数字的概念.

定义 1.1 如果近似值 x 的误差限是某一数位上的半个单位, 且从该位直到 x 的第一个非零数字为止, 一共具有 n 个数位, 则称 x 具有 n 位**有效数字**.

例 1.2 现有 π 的三个近似值 $x_1 = 3.14, x_2 = 3.1416, x_3 = 3.1415$, 问它们分别具有几位有效数字?

解 取一个相对准确的 π, 如取 $\pi = 3.14159265$. 注意, 因为 π 是无理数, 在选取该相对准确值时, 要使该值的小数点后的位数稍多于所考虑的近似值中小数点的位数.

现考虑 $x_1 = 3.14$ 近似 π 的有效数字情况, 则 $|\pi - x_1| = 0.00159265$, 误差 0.00159265 小于小数点后第 2 位的半个单位. 现在对近似值 $x_1 = 3.14$ 的小数点后第 2 位开始数, 一直到 x_1 的第 1 个非零数字 3, 共有 3 个数位, 则根据有效数字的定义可知, x_1 具有 3 位有效数字.

当 $x_2 = 3.1416$ 时, 则 $|\pi - x_2| = 0.00000735$, 误差 0.00000735 中的 "7" 已超过了它前一位的半个单位, 因此要对 0.00000735 作四舍五入为 0.00001, 这就小于了小数点后第 4 位的半个单位, 故可知: x_2 具有 5 位有效数字.

当 $x_3 = 3.1415$ 时, 则 $|\pi - x_3| = 0.00009265 \leqslant 0.0001$. 这就小于了小数点后第 3 位的半个单位, 所以 x_3 具有 4 位有效数字.

事实上, $x_2 = 3.1416$ 是对 π 小数点后的第 5 位进行了四舍五入, 而 $x_3 = 3.1415$ 是对 π 小数点后的第 5 位进行了直接截断. 从而可知, 在对数据进行近似处理时, 四舍五入比直接截断更合理.

进一步地, 也可以借助科学记数法来判断一个近似值的有效数字. 设精确值 x^* 的近似值 $x = \pm 0.a_1 a_2 \cdots a_n \times 10^m$, 即

$$x = \pm \left(a_1 \times 10^{-1} + a_2 \times 10^{-2} + \cdots + a_n \times 10^{-n}\right) \times 10^m,$$

其中, $a_i (i = 1, 2, \cdots, n)$ 是 0 到 9 中的一个数字, $a_1 \neq 0$, m 为正整数. 若 x 具有 n 位有效数字, 则根据有效数字的定义, 有

$$|x - x^*| \leqslant \frac{1}{2} \times 10^{m-n}.$$

因此, 只要把 x 的绝对误差限表示成以上形式, 10^{m-n} 中的 n 即为 x 的有效数字.

例 1.3 设 $x^* = 75.06182$, 下列

$$x_1 = 75.06, \quad x_2 = 75.061, \quad x_3 = 75.062$$

都是 x^* 的近似值. 试求 x_1, x_2, x_3 的有效数字.

解 将 x_1, x_2, x_3 进行改写

$$x_1 = 0.7506 \times 10^2, \quad x_2 = 0.75061 \times 10^2, \quad x_3 = 0.75062 \times 10^2,$$

则有

$$|x_1 - x^*| = 0.00182 = 0.182 \times 10^{-2} < 0.5 \times 10^{-2} = 0.5 \times 10^{2-4},$$
$$|x_2 - x^*| = 0.00082 = 0.082 \times 10^{-2} < 0.5 \times 10^{-2} = 0.5 \times 10^{2-4},$$
$$|x_3 - x^*| = 0.00018 = 0.18 \times 10^{-3} < 0.5 \times 10^{-3} = 0.5 \times 10^{2-5},$$

因此, x_1 有 4 位有效数字, x_2 有 4 位有效数字, x_3 有 5 位有效数字.

定理 1.1 设近似值 $x = \pm 0.a_1 a_2 \cdots a_n \times 10^m$ 有 n 位有效数字, $a_1 \neq 0$. 则其相对误差限 $\varepsilon_r \leqslant \dfrac{1}{2a_1} \times 10^{-n+1}$.

证明 $x = \pm 0.a_1 a_2 \cdots a_n \times 10^m$, 故 $a_1 \times 10^{m-1} \leqslant |x| \leqslant (a_1 + 1) \times 10^{m-1}$, 那么

$$\varepsilon_r = \frac{|x - x^*|}{|x|} \leqslant \frac{0.5 \times 10^{m-n}}{a_1 \times 10^{m-1}} = \frac{1}{2a_1} \times 10^{-n+1}.$$

此定理说明, 相对误差限也是由有效数字所决定的. 一个近似值的有效数字越多, 其相对误差也越小.

定理 1.2 设近似值 $x = \pm 0.a_1 a_2 \cdots a_n \times 10^m$ 的相对误差限不大于 $\dfrac{1}{2(a_1+1)} \times 10^{-n+1}$, 则它至少有 n 位有效数字.

证明 $|x - x^*| = |x| \varepsilon_r \leqslant (a_1 + 1) \times 10^{m-1} \times \dfrac{1}{2(a_1+1)} \times 10^{-n+1} = \dfrac{1}{2} \times 10^{m-n}$.

例 1.4 重力加速度常数 $g = 9.80 \text{m/s}^2$, $g = 980 \text{cm/s}^2$, 两者均有 3 位有效数字. $|g - 9.80| \leqslant 0.5 \times 10^{-2} \text{m/s}^2$, $|g - 980| \leqslant 0.5 \text{cm/s}^2$, 后者的绝对误差大. 而由定理 1.2, 相对误差限分别为 $\dfrac{0.5 \times 10^{-2}}{9.80}$ 和 $\dfrac{0.5}{980}$, 两者相等, 与量纲的选取无关.

例 1.5 用 4 位浮点数计算 $\dfrac{1}{759} - \dfrac{1}{760}$.

解 $\dfrac{1}{759} - \dfrac{1}{760} = 0.1318 \times 10^{-2} - 0.1316 \times 10^{-2} = 0.2 \times 10^{-5}$, 结果只有 1 位有效数字, 有效数字大量损失, 造成相对误差扩大. 这是由两个比较接近的数相减造成的. 而

$$\frac{1}{759} - \frac{1}{760} = \frac{1}{759 \times 760} = \frac{1}{0.5768 \times 10^6} = 0.1734 \times 10^{-5},$$

结果仍然有 4 位有效数字. 这说明在设计算法时, 应尽量避免两个比较接近的数相减.

例 1.6 设 x 是 $\sqrt{50}$ 的近似值. 试确定 x 至少有几位有效数字, 才能使相对误差范围不超过 0.01%.

解 假设 x 至少有 n 位有效数字, 由 $\sqrt{50}$ 知 $a_1 = 7$, 根据定理 1.1 有

$$\frac{|x - \sqrt{50}|}{|x|} \leqslant \frac{1}{2a_1} \times 10^{-n+1} = \frac{1}{2 \times 7} \times 10^{-n+1} \leqslant 0.01\% = 10^{-4}.$$

由上式可得 $n \geqslant 3.85$. 因此 $n = 4$, 即 x 至少有 4 位有效数字.

小 节 测 试

1. 误差在数值分析中主要来源于哪些方面? (多选)

   A. 舍入误差　　　B. 观测误差　　　C. 截断误差　　　D. 模型误差
2. 在数值计算中, 舍入误差通常由哪些因素引起? (多选)

   A. 计算机字长限制　　　　　B. 算法的迭代次数

   C. 浮点数表示方式　　　　　D. 数值方法的选择
3. 关于截断误差, 以下哪些描述是正确的? (多选)

   A. 源自数值方法的近似本质　　　B. 与算法的迭代次数直接相关

   C. 可通过提高算法精度来减少　　　D. 有限过程代替无限过程的差异
4. 在处理数值分析问题时, 以下哪些措施有助于识别并处理误差? (多选)

   A. 对数值解进行后验分析　　　B. 采用多种数值方法对比结果

   C. 增加计算过程的复杂度　　　D. 使用误差估计和控制技术
5. 下列哪项措施无法有效减少舍入误差? (单选)

   A. 使用更高精度的数值表示　　　B. 增加计算中的操作次数

   C. 使用双精度而非单精度浮点数　　　D. 避免大数与小数直接运算
6. 截断误差和舍入误差随着计算精度的提高而增加. (判断)
7. 对于给定的数值问题, 不同的数值方法可能会产生不同类型和数量级的误差. (判断)
8. 当一个数值方法产生的误差随着步长减小而减小时, 这种误差被称为 _____ 误差. (填空)
9. 在数值分析中, 使用_____ 可以帮助评估数值方法的准确性和稳定性. (填空)
10. 如何确定测量值的有效数字数量? (思考)

习题解析

1.3　数值计算中的若干准则

计算机在进行数值运算时, 几乎每步运算都会产生舍入误差. 然而对于一个实际计算问题, 往往要进行成千上万次运算, 当然不可能每步运算都作误差分析,

而是转化为数据误差对计算结果影响的分析. 因此, 在设计数值计算中的算法时, 必需考虑算法在运算过程中能否控制好误差, 以确保计算结果的精度.

1.3.1 算法的数值稳定性

定义 1.2 设有一个算法, 如果初始数据有小的误差, 仅使最终计算结果产生小的误差, 则称该算法是数值稳定的; 否则就称此算法是数值不稳定的.

例 1.7 建立计算积分

$$I_n = \int_0^1 \frac{x^n}{x+5} \mathrm{d}x, \quad n = 0, 1, 2, \cdots, 10$$

的递推公式, 并研究其误差传播.

解
$$I_n = \int_0^1 \frac{x^n + 5x^{n-1} - 5x^{n-1}}{x+5} \mathrm{d}x$$

$$= \int_0^1 x^{n-1} \mathrm{d}x - 5 \int_0^1 \frac{x^{n-1}}{x+5} \mathrm{d}x$$

$$= \frac{1}{n} - 5I_{n-1}, \quad n = 1, 2, \cdots, 10$$

及

$$I_0 = \int_0^1 \frac{1}{x+5} \mathrm{d}x = \ln(6/5).$$

从而得到计算 I_n 的递推关系:

$$\begin{cases} I_n = \dfrac{1}{n} - 5I_{n-1}, \\ I_0 = \ln(6/5), \end{cases} \quad n = 1, 2, \cdots, 10.$$

在具体计算时, 由于 I_0 是无理数, 可取 I_0 具有 6 位有效数字的近似值 $\tilde{I}_0 = 0.182322$. 设 $\tilde{I}_i$ 表示 I_i 的近似值, 则实际计算公式为

$$\begin{cases} \tilde{I}_n = \dfrac{1}{n} - 5\tilde{I}_{n-1}, \\ \tilde{I}_0 = 0.182322, \end{cases} \quad n = 1, 2, \cdots, 10. \tag{1.3.1}$$

由上式计算得到的结果见表 1.2.

表 1.2 递推序列 $\tilde{I}_n$ 的计算值

$\tilde{I}_1$	$\tilde{I}_2$	$\tilde{I}_3$	$\tilde{I}_4$	$\tilde{I}_5$
0.0883900	0.0580500	0.0430833	0.0345835	0.0270825
$\tilde{I}_6$	$\tilde{I}_7$	$\tilde{I}_8$	$\tilde{I}_9$	$\tilde{I}_{10}$
0.0312542	-0.134139	0.192070	-0.849239	4.34620

1.3 数值计算中的若干准则

由于 $I_n > 0$ 且单调递减, 上面的计算结果显然有误差. 因为 $\tilde{I}_7 < 0$, $\tilde{I}_1 < \tilde{I}_{10}$. 现在来分析计算结果发生错误的原因. 事实上, 记 $e_n = I_n - \tilde{I}_n$, $n = 0, 1, 2, \cdots, 10$, 则可推得

$$I_n - \tilde{I}_n = -5(I_{n-1} - \tilde{I}_{n-1}),$$

即

$$|e_n| = 5|e_{n-1}| = 5^n|e_0|.$$

因为在计算 I_0 时有误差 e_0, 由上式可以看出误差 e_0 在经过 n 步传播后扩大到原值的 5^n 倍, 所以递推式 (1.3.1) 是不稳定的.

现在使用下标从大到小的次序来进行递推, 即有递推公式为

$$I_{n-1} = \frac{1}{5}\left(\frac{1}{n} - I_n\right). \tag{1.3.2}$$

利用上式只要算出 I_{10} 的近似值 $\tilde{I}_{10}$, 就可以算出其他值 $\tilde{I}_9, \cdots, \tilde{I}_0$. 类似于上面的推导, 可得递推公式 (1.3.2) 的误差传播关系, 即有

$$|e_{n-1}| = \frac{1}{5}|e_n|, \quad n = 10, 9, \cdots, 1,$$

或

$$|e_{10-k}| = \left(\frac{1}{5}\right)^k |e_{10}|, \quad k = 1, 2, \cdots, 10.$$

即每递推一步, 误差没有增加, 反而缩小到原值的 $\frac{1}{5}$, 所以递推公式 (1.3.2) 是稳定的.

下面来计算 I_{10} 的近似值 $\tilde{I}_{10}$. 由积分第一中值定理得

$$I_n = \frac{1}{\xi_n + 5}\int_0^1 x^n \mathrm{d}x = \frac{1}{\xi_n + 5} \cdot \frac{1}{n+1} \quad (0 < \xi_n < 1),$$

从而有

$$\frac{1}{6} \cdot \frac{1}{n+1} < I_n < \frac{1}{5} \cdot \frac{1}{n+1}.$$

可取

$$\tilde{I}_n = \frac{1}{2}\left(\frac{1}{6}\frac{1}{n+1} + \frac{1}{5}\frac{1}{n+1}\right),$$

因此, 有

$$\tilde{I}_{10} = \frac{1}{2}\left(\frac{1}{6}\frac{1}{10+1} + \frac{1}{5}\frac{1}{10+1}\right) = \frac{1}{60}.$$

该近似值 $\tilde{I}_{10}$ 的绝对误差限可估计为

$$\left|I_{10} - \tilde{I}_{10}\right| \leqslant \frac{1}{2}\left(\frac{1}{55} - \frac{1}{66}\right) = \frac{1}{660}.$$

计算结果如表 1.3 所示.

表 1.3 递推关系 $\tilde{I}_n$ 生成的序列值

$\tilde{I}_9$	$\tilde{I}_8$	$\tilde{I}_7$	$\tilde{I}_6$	$\tilde{I}_5$
0.0166667	0.0188889	0.02112222	0.0243027	0.0284679
$\tilde{I}_4$	$\tilde{I}_3$	$\tilde{I}_2$	$\tilde{I}_1$	$\tilde{I}_0$
0.0343064	0.0431387	0.0580389	0.0883922	0.1823216

这里计算得到的 I_0 的近似值 $\tilde{I}_0 = 0.1823216$, 该近似值已具有 7 位有效数字. 由此例可以看出: 算法的好坏对计算结果有很大的影响, 一定要设计出数值稳定的算法用于实际计算.

1.3.2 问题本身的性态

对一个数值问题本身, 如果输入数据有微小扰动 (即误差), 引起输出数据 (即问题解) 相对误差很大, 这就是病态问题[3]. 例如, 计算函数值 $f(x^*)$ 时, 若 x^* 有扰动 $\Delta x = x - x^*$, 其相对误差为 $\dfrac{\Delta x}{x^*}$, 函数值 $f(x)$ 的相对误差为 $\dfrac{f(x) - f(x^*)}{f(x^*)}$, 相对误差比值

$$\left|\frac{f(x) - f(x^*)}{f(x^*)}\right| \bigg/ \left|\frac{\Delta x}{x^*}\right| \approx \left|\frac{x^* f'(x^*)}{f(x^*)}\right| = C_p. \tag{1.3.3}$$

C_p 称为计算函数值问题的条件数, 自变量相对误差一般不会太大, 如果条件数 C_p 很大, 将引起函数值相对误差很大, 出现这种情况的问题就是病态问题.

例如, 取 $f(x) = x^n$, 则有 $C_p = n$, 它表示相对误差可能放大到原值的 n 倍, 如 $n = 10$, 有 $f(1) = 1$, $f(1.02) \approx 1.24$, 若取 $x^* = 1, x = 1.02$, 自变量相对误差为 2%, 函数值相对误差为 24%, 这时可以认为该问题是病态的. 一般情况下, 条件数 $C_p \geqslant 10$ 就认为问题是病态, C_p 越大病态越严重.

例 1.8 求解线性方程组

$$\begin{cases} x + ay = 1, \\ ax + y = 0. \end{cases} \tag{1.3.4}$$

解 当 $a = 1$ 时, 系数行列式为零, 方程无解, 但当 $a \neq 1$ 时解为

$$x = \frac{1}{1 - a^2}, \quad y = -\frac{a}{1 - a^2}.$$

1.3 数值计算中的若干准则

当 $a \approx 1$ 时, 若输入数据 a 有微小扰动 (误差), 则解的误差很大. 例如, 取 $a = 0.99$, 则解 $x \approx 50.25$; 如果 a 有误差 0.001, 取 $a^* = 0.991$, 则解 $x \approx 55.81$, 误差 $|x^* - x| \approx 5.56$ 很大, 表明此时线性方程组 (1.3.4) 是病态的.

实际上, 由 $x = \dfrac{1}{1-a^2}$ 是 a 的函数, 利用 (1.3.3) 式可求得

$$C_p = \left|\frac{ax'(a)}{x(a)}\right| = \left|\frac{2a^2}{1-a}\right|.$$

当 $a = 0.99$ 时, $C_p \approx 100$, 表明条件数很大, 故问题是病态的.

注意病态问题不是计算方法引起的, 是数值问题本身固有的, 因此, 对数值问题首先要分清其是否是病态问题, 对病态问题就必须采取相应的特殊方法来计算以减少误差危害.

1.3.3 简化计算步骤, 减少运算次数

同样一个计算问题, 如果能减少运算次数, 不但可以节省计算机的计算时间, 而且还能减少舍入误差的累积, 这是数值计算必须遵守的原则, 也是数值计算所需研究的重要内容.

例 1.9 计算 x^{22} 的值.

解 若将 x 的值逐个相乘, 那么需做 21 次乘法, 但若写成

$$x^{22} = x \cdot x^3 \cdot x^6 \cdot x^{12} = x \cdot u \cdot v \cdot w,$$

其中 $u = x \cdot x \cdot x, v = u \cdot u, w = v \cdot v$, 只要做 7 次乘法就可以了.

又如计算多项式

$$f(x) = a_0 x^n + a_1 x^{n-1} + \cdots + a_{n-1} x + a_n$$

的值, 若直接计算 $a_{n-i} x^i$ 再逐项相加, 总共需做

$$n + (n-1) + \cdots + 2 + 1 = \frac{n(n+1)}{2}$$

次乘法和 n 次加法, 但若将前 n 项提出 x, 则有

$$f(x) = (a_0 x^{n-1} + a_1 x^{n-2} + \cdots + a_{n-1}) x + a_n.$$

于是括号内为 $(n-1)$ 次多项式, 对它再施行同样手续, 又有

$$f(x) = ((a_0 x^{n-2} + a_1 x^{n-3} + \cdots + a_{n-2}) x + a_{n-1}) x + a_n,$$

对内层括号内的 $(n-2)$ 次多项式再施行上述同样手续, 又得一个 $(n-3)$ 次多项式, 这样每作一步, 最内层的多项式就降低 1 次, 最终可将多项式表示为如下嵌套形式:
$$f(x) = (\cdots((a_0 x + a_1) x + a_2) x + \cdots + a_{n-1}) x + a_n.$$

利用此式结构上的特点, 从里往外一层层地计算, 设
$$\begin{aligned} b_0 &= a_0, \\ b_1 &= b_0 x + a_1, \\ b_2 &= b_1 x + a_2, \\ &\cdots\cdots \\ b_n &= b_{n-1} x + a_n, \end{aligned}$$

得递推公式
$$\begin{cases} b_k = b_{k-1} x + a_k, & k = 1, 2, \cdots, n, \\ b_0 = a_0. \end{cases}$$

于是 $f(x) = b_n$. 此即秦九韶算法 (秦九韶是宋代数学家, 此法由他最早提出, 国外称此法为霍纳 (Horner) 法, 其实霍纳法的提出比秦九韶算法的提出晚了五六百年). 按此法求 $f(x)$ 的值只需作 n 次乘法和 n 次加法, 计算量少, 由于此公式是递推公式, 因此极易编制程序.

若采用计算器计算或手工计算也是极方便的. 我们把 $f(x)$ 按照降幂排列的系数写在第一行, 把欲求某点之值 x_0 及 $b_k x_0$ 写在第二行, 第三行为一、二两行相应值之和 b_k, 最后得到的 b_n 即为所求 $f(x_0)$ 之值 (如表 1.4 所示).

表 1.4 计算 $f(x_0)$ 的步骤表

$x = x_0$	a_0	a_1	a_2	$\cdots$	a_{n-1}	a_n
		$b_0 x_0$	$b_1 x_0$	$\cdots$	$b_{n-2} x_0$	$b_{n-1} x_0$
	b_0	b_1	b_2	$\cdots$	b_{n-1}	$b_n = f(x_0)$

例 1.10 已知 $f(x) = 8x^5 + 4x^3 - 9x + 1$, 用秦九韶算法求 $f(3)$.

解 如表 1.5 所示, 得 $f(3) = 2026$.

表 1.5 $f(3)$ 的求值过程表

$x_0 = 3$	8	0	4	0	-9	1
		24	72	228	684	2025
	8	24	76	228	675	$2026 = f(3)$

1.3.4 数值计算中的一些其他注意事项

(1) 避免除数的绝对值远小于被除数的绝对值.

$$e\left(\frac{x}{y}\right) = \frac{|x|\,e(y) + |y|\,e(x)}{|y|^2}, \text{当 } |x| \gg |y| \text{ 时, 舍入误差会扩大}.$$

事实上, 设 $z = f(x,y)$ 和 $z^* = f(x^*, y^*)$, 且 x, y, z 分别是 x^*, y^*, z^* 的近似值, 则

$$\begin{aligned} e(z) &= z - z^* = f(x,y) - f(x^*, y^*) \\ &\approx \frac{\partial f(x,y)}{\partial x}(x - x^*) + \frac{\partial f(x,y)}{\partial y}(y - y^*) \\ &= \frac{\partial f(x,y)}{\partial x} e(x) + \frac{\partial f(x,y)}{\partial y} e(y). \end{aligned}$$

现取 $z = \dfrac{x}{y}$, 故有

$$e(z) \approx \frac{1}{y} e(x) - \frac{x}{y^2} e(y).$$

从而有

$$|e(z)| \approx \frac{|x|\,|e(y)| + |y|\,|e(x)|}{y^2}.$$

例 1.11 近似值 x, y 的舍入误差均为 0.5×10^{-3}, 而 $y^* = x^* \times 10^{-7}$, 则 $\dfrac{x}{y}$ 的舍入误差为 $\dfrac{(|x| + |x| \times 10^{-7}) \times 0.5 \times 10^{-3}}{|x|^2 \times 10^{-14}} = \dfrac{1}{|x|} \times 5 \times 10^{11}$. 很小的数作除数有时还会造成计算机的溢出而停机.

(2) 防止大数 "吃" 小数.

大数 "吃" 小数是指一个绝对值较大的数加上一个绝对值较小的数时, 计算结果仍等于这个绝对值较大的数. 例如: $a = 10^{10}, b = 10, c = -a$. 用 8 位字长的计算机计算 $a + b + c$ 时, 若采用 $(a+b) + c$ 的过程来计算, 则有

$$(a+b) + c = (10^{10} + 10) - 10^{10} \approx 10^{10} - 10^{10} = 0,$$

这里 $a + b$ 还是等于 b, 这个 b 就像被大数 a "吃" 掉了一样, 这种现象就叫作: 大数 "吃" 小数. 如按 $(a+c) + b = 0 + b = b$, b 就没有被吃掉. 这也是构造算法时要注意的问题, 尽量要使数量级相同或相差不大的数优先相加减.

(3) 计算速度和存储量.

计算速度是设计一个算法时必须要考虑的因素. 如果一个算法的计算速度太慢, 会导致解决问题的时间成本变长, 算法因此会没有实际使用价值. 例如, 用线

性代数中众所周知的克拉默法则，来求解一个 20 阶线性方程组，需要进行 9.7×10^{20} 次乘除法运算，如用每秒 1 亿次乘除法运算的计算机来计算，需要耗时约 30 万年. 但如用高斯消元法 (见 3.2 节)，则只需 3000 次乘除法运算.

另外，在计算大型问题时，算法的存储量必须要有所考虑. 存储量大的算法会极大地耗费计算机的内存，甚至超出计算机的内存，从而会出现 "死机".

小 节 测 试

1. 以下哪些因素可能会影响数学问题的性态? (多选)
   A. 问题的条件数　　　　　　　　B. 算法的复杂度
   C. 计算模型的非线性程度　　　　D. 输入数据的精度
2. 数值计算中的哪些注意事项可以帮助提高算法的有效性和准确性? (多选)
   A. 避免大数吃小数的情况　　　　B. 避免两个相近的数相减
   C. 谨慎计算各类参数　　　　　　D. 检查数值解的合理性
3. 在处理数值不稳定的问题时，哪些策略是有用的? (多选)
   A. 增加计算过程的精度
   B. 使用预处理技术改善问题的条件数
   C. 避免修改算法的基本步骤
   D. 选择具有高数值稳定性的算法
4. 在数值计算中，如果一个算法随着输入数据的微小变化而导致结果发生较大变化，这种算法是 (单选)
   A. 数值稳定的　　　　　　　　　B. 数值不稳定的
   C. 高效的　　　　　　　　　　　D. 无关紧要的
5. 条件数高的数学问题意味着问题: (单选)
   A. 容易解决　　　　　　　　　　B. 解决起来有难度
   C. 可选用任何算法　　　　　　　D. 只能用迭代方法解决
6. 在数值计算中，检查数值解的物理可行性主要是为了 (单选)
   A. 确认算法的数值稳定性　　　　B. 验证算法的复杂度
   C. 确保计算结果的实际应用价值　D. 比较不同算法的性能
7. 数值稳定性只与所使用的数值方法有关，与问题的性态无关. (判断)
8. 简化计算步骤不仅可以减少计算时间，还有助于减少_____ 误差的积累. (填空)
9. 减少运算次数不仅可以提高计算效率，还可以减少_____ 误差. (填空)
10. 在数值计算中，如何识别和处理潜在的数值不稳定性问题? (思考)

习题解析

1.4 章节测试

理论题：

1. 在数值分析中，算法的数值稳定性指的是什么？(多选)
   A. 算法能快速收敛
   B. 算法对输入数据的小变动不敏感
   C. 算法能减少计算误差的累积
   D. 算法能处理大规模数据集
2. 问题本身的性态在数值分析中如何影响计算过程？(多选)
   A. 决定算法的选择　　　　　　B. 影响计算结果的准确性
   C. 决定计算的复杂度　　　　　D. 影响算法的运行时间
3. 简化计算步骤和减少运算次数的目的是什么？(多选)
   A. 加速计算过程　　　　　　　B. 减少舍入误差的积累
   C. 减少存储需求　　　　　　　D. 提高结果的精确度
4. 在数值计算中，如何评估算法的效率和效果？(多选)
   A. 计算所需的时间　　　　　　B. 使用的内存量
   C. 迭代次数　　　　　　　　　D. 结果的准确性
5. 对于数值计算方法，以下哪些因素需要考虑以保证计算的可靠性？(多选)
   A. 数据的完整性　　　　　　　B. 算法的稳定性
   C. 计算模型的适用性　　　　　D. 运算的并行性
6. 在选择数值计算算法时，哪些因素应该被考虑？(多选)
   A. 计算的速度　　　　　　　　B. 需要的内存资源
   C. 算法的数值稳定性　　　　　D. 实现的复杂度
7. 何种误差是由数值方法的近似本质造成的？(单选)
   A. 舍入误差　　B. 截断误差　　C. 测量误差　　D. 模型误差
8. 数值方法的选择通常受哪个因素的影响？(单选)
   A. 编程语言的类型　　　　　　B. 问题的条件数
   C. 计算机的处理能力　　　　　D. 可用的存储空间
9. 舍入误差通常与什么因素相关？(单选)
   A. 计算方法的复杂度　　　　　B. 计算机的算术精度
   C. 算法的收敛速度　　　　　　D. 数据的测量精度
10. 所有迭代法求解问题的速度都比直接法快．(判断)
11. 对于某些特定问题，增加算法的复杂度可以提高数值解的稳定性和准确性．(判断)

12. 在数值分析中，_____ 可以帮助识别算法或计算过程中潜在的数值问题和误差来源. (填空)

13. 简化计算步骤不仅可以提高计算效率，还有助于减少_____，从而提高整体计算精度. (填空)

14. 如何确定一个数值算法是否适合解决特定的数值问题？(思考)

15. 在数值计算中，如何解决大数吃小数的问题？(思考)

计算题：

1. 求 $\dfrac{1}{19} = 0.052631578\cdots$ 具有四位有效数字的近似值，并估计绝对误差和相对误差.

2. $e^* = 2.718281828\cdots$ 取近似值 $e = 2.71828$，那么 e^* 有多少位有效数字？

3. 已知准确值 x^* 与其有 t 位有效数字的近似值 x 的绝对误差限

$$|x - x^*| \leqslant 0.5 \times 10^{s-1-t},$$

试求其近似值 x.

4. 下列各 x 都是经过四舍五入得到的近似数，即误差限不超过最后一位的半个单位，试分别指出其绝对误差限、相对误差限以及有效数字位数.

$x_1 = 0.11022, \quad x_2 = 11.022, \quad x_3 = 11.0220, \quad x_4 = 11022, \quad x_5 = 0.11022 \times 10^6.$

5. 为使 $\sqrt{20}$ 的近似值 x 的相对误差为 0.5%，试问 x 至少有几位有效数字？

6. 已知 $P_6(x) = 4x^6 - 3x^5 + 2x^3 - x^2 + 2x + 2$，请用秦九韶算法求 $P_6(2)$.

7. 计算球体的表面积 $S = 4\pi R^2$，为使 S 的相对误差不超过 0.2%，求半径 R 的相对误差的允许范围.

8. 已知 $a = 1.3043, b = 0.868$ 是经过四舍五入后得到的近似值，问 $a + b$, $a \times b$ 有几位有效数字.

9. 设 $x > 0$，x 的相对误差为 e_r，求 $\ln x$ 的绝对误差和相对误差.

10. 测得某长方体高 h^* 的值为 $h = 20\text{cm}$，底面是边长为 a^* 的正方形，$a = 10\text{cm}$. 已知 $|h - h^*| \leqslant 0.2\text{cm}, |a - a^*| \leqslant 0.1\text{cm}$，求长方体表面积的绝对误差限与相对误差限.

11. 序列 $\{y_n\}$ 满足

$$y_n = 2y_{n-1} + 6, \quad y_n = \dfrac{1}{2}y_{n-1} + 6, \quad n = 1, 2, 3, \cdots.$$

取 $y_0 = \sqrt{3} \approx 1.73$，计算到 y_n 时的误差有多大？计算过程是否稳定？

12. 对于一元二次方程 $x^2 - 50x + 1 = 0$，如果 $\sqrt{624} \approx 24.98$ 具有四位有效数字，求其具有四位有效数字的根.

13. 设 $x_1^* = \sqrt{3001}$, $x_2^* = \sqrt{2999}$, $x_1 = 54.7813$, $x_2 = 54.7631$, 已知 x_1, x_2 分别是 x_1^*, x_2^* 的具有六位有效数字的近似值. 计算 $\sqrt{3001} - \sqrt{2999}$, 现有下面两种算法.

第一种算法:
$$x_1^* - x_2^* \approx x_1 - x_2 = 54.7813 - 54.7631 = 0.0182.$$

第二种算法:
$$x_1^* - x_2^* = \frac{2}{x_1^* + x_2^*} \approx \frac{2}{x_1 + x_2} = \frac{2}{54.7813 + 54.7631} = 0.01825744\cdots \approx 0.0182574.$$

试分析上述两种算法所得结果的有效数字.

14. 已知多项式 $P_6(x) = 3x^6 - 12x^5 - 8x^4 - \frac{7}{2}x^3 - \frac{36}{5}x^2 - 5x + 13$, 用秦九韶算法求 $x^* = 6$ 时多项式的值; 当取 $x^* = 6$ 的近似值 $x = 6.01$ 时, 求该多项式的绝对误差并判断该函数问题是否病态.

15. 对于积分 $I_n = \int_0^1 \frac{3x^n}{x + 999}\mathrm{d}x$, $n = 0, 1, 2, \cdots$ 分析递推式是否稳定.

第 2 章 非线性方程求根

2.1 非线性方程求根的基本介绍

在自然科学和工程技术中,许多实际问题常常归结为求解一个方程的根,例如本章末尾演示案例中的房贷问题即为求解一个形如 $f(x)=0$ 的方程根的问题. 此时如果 $f(x)$ 是多项式, 称此方程为代数方程, 若 $f(x)$ 是超越函数, 就称 $f(x)=0$ 为超越方程. 一般地, 一次方程称为线性方程, 而二次以上的代数方程或超越方程称为非线性方程. 对于一次、二次代数方程, 可以求出其根, 而对于三次以上的代数方程和超越方程, 则没有通用的技术来求出其根, 这就需要数值方法来求出方程的近似解. 本章首先给出根以及有根区间的相关概念, 再介绍二分法以及迭代法求解非线性方程根的基本原理, 然后给出几种常用的迭代法求根方法, 最后以案例的形式演示使用非线性方程求根方法解决现实问题的具体流程.

满足方程 $f(x)=0$ 的解 x, 称为方程的根, 也称 x 是函数 $f(x)$ 的零点. 如果函数 $f(x)$ 可以写成 $f(x)=(x-x^*)^m \varphi(x)$, 其中 $\varphi(x^*) \neq 0$, 则当 $m \geqslant 2$ 时, 称 x^* 是方程的 m 重根, 或称 x^* 是函数 $f(x)$ 的 m 重零点; 当 $m=1$ 时, 称 x^* 是方程的单根, 或称 x^* 是函数 $f(x)$ 的单重零点. 此外, 许多方程往往有两个以上的根. 如果方程在某个区间 $[a,b]$ 内含有一个根, 称此区间为方程的有根区间. 如果 $f(x)$ 在区间 $[a,b]$ 上连续, 满足 $f(a) \cdot f(b) < 0$, 即两个端点值异号, 且 $f(x)$ 在区间 $[a,b]$ 上严格单调, 则利用闭区间上连续函数的性质, 可知 $f(x)$ 在区间 $[a,b]$ 上存在唯一的零点, 其几何意义如图 2.1 所示: 曲线 $y=f(x)$ 与 x 轴的交点就是 $f(x)$ 的零点.

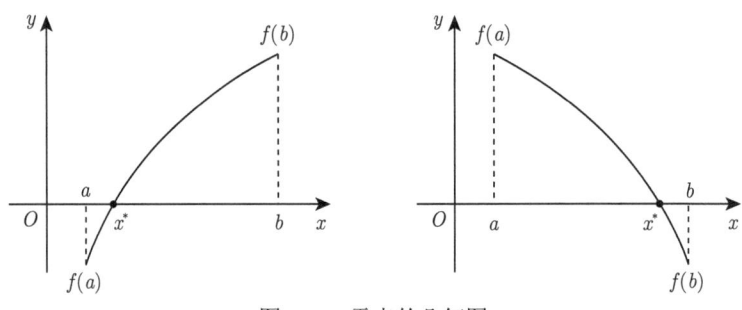

图 2.1 零点的几何图

小 节 测 试

1. 方程在区间 $[a,b]$ 内有唯一零点的条件是 (单选)
   A. $f(x)$ 在 $[a,b]$ 上连续且严格单调　　B. $f(a) \cdot f(b) < 0$
   C. 以上两者均需满足　　　　　　　　　D. 仅需 $f(x)$ 连续
2. 函数 $f(x) = e^x - 3x$ 的方程类型是_____ 方程. (填空)
3. 超越方程的定义是方程中包含多项式函数. (判断)

习题解析

2.2　二　分　法

二分法是求解非线性方程根最基本的方法, 主要利用闭区间上连续函数的介值性定理, 具有简单易操作的特点. 设 $f(x)$ 在 $[a,b]$ 上连续, 且在有根区间 $[a,b]$ 上方程 $f(x) = 0$ 仅有一个根. 设函数 $f(x)$ 满足 $f(a) \cdot f(b) < 0$, 不妨设 $f(a) < 0$, $f(b) > 0$. 二分法的含义是取有根区间的中点 $x_0 = \dfrac{a+b}{2}$, 如果 $f(x_0) \cdot f(a) < 0$, 则 $b = x_0$, 从而得到新的有根区间 $[a,b]$, 其二分法示意图如图 2.2 所示.

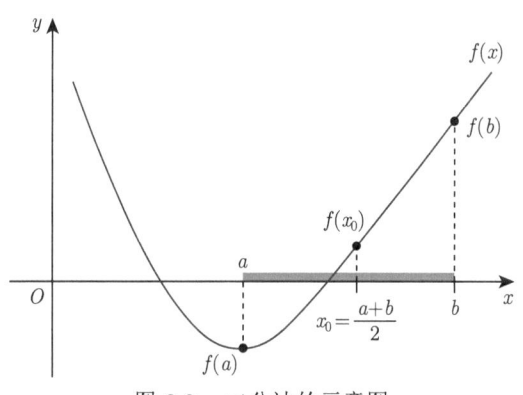

图 2.2　二分法的示意图

2.2.1　二分法的具体计算过程

二分法的计算流程如流程图 2.3 所示. 具体来说, 步骤如下.

第一步, 取区间中点 $\dfrac{a+b}{2}$, 计算区间中点的函数值 $f\left(\dfrac{a+b}{2}\right)$,

(1) 如果 $f\left(\dfrac{a+b}{2}\right) = 0$, 则 $\dfrac{a+b}{2}$ 就是方程的根;

(2) 如果 $f\left(\dfrac{a+b}{2}\right) > 0$, 则在区间 $\left[a, \dfrac{a+b}{2}\right]$ 上, $f(x)$ 在两个端点的函数值

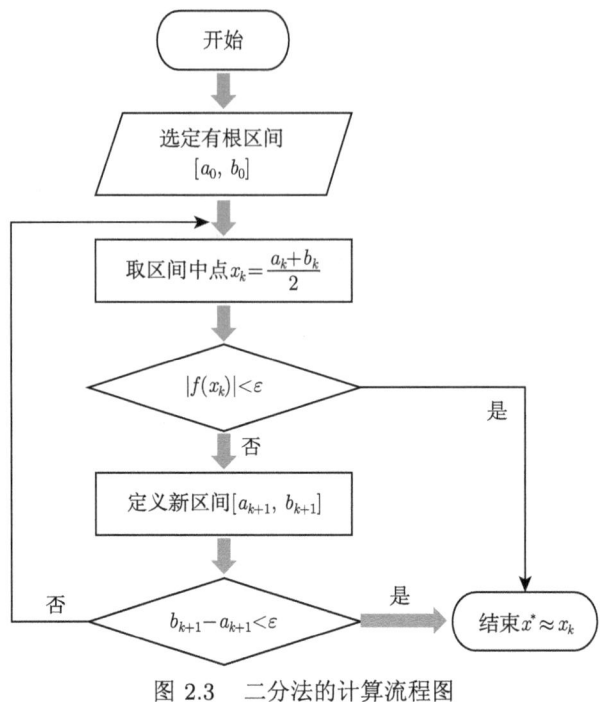

图 2.3　二分法的计算流程图

异号, 于是原方程在区间 $\left[a, \dfrac{a+b}{2}\right]$ 内有根, 记 $a_1 = a, b_1 = \dfrac{a+b}{2}$, 下一步在区间 $[a_1, b_1]$ 内继续进行;

(3) 如果 $f\left(\dfrac{a+b}{2}\right) < 0$, 则在区间 $\left[\dfrac{a+b}{2}, b\right]$ 上, $f(x)$ 在两个端点的函数值异号, 于是原方程在区间 $\left[\dfrac{a+b}{2}, b\right]$ 内有根, 记 $a_1 = \dfrac{a+b}{2}, b_1 = b$, 下一步在区间 $[a_1, b_1]$ 内继续进行.

第二步, 求 $f(x)$ 在区间 $[a_1, b_1]$ 的中点 $\dfrac{a_1+b_1}{2}$ 的函数值 $f\left(\dfrac{a_1+b_1}{2}\right)$, 并检验其正负号,

(1) 如果 $f\left(\dfrac{a_1+b_1}{2}\right) > 0$, 则原方程在区间 $\left[a_1, \dfrac{a_1+b_1}{2}\right]$ 内有根, 并记 $a_2 = a_1, b_2 = \dfrac{a_1+b_1}{2}$;

(2) 如果 $f\left(\dfrac{a_1+b_1}{2}\right) < 0$, 则在区间 $\left[\dfrac{a_1+b_1}{2}, b_1\right]$ 上, 原方程有根, 记 $a_2 =$

$\dfrac{a_1+b_1}{2}, b_2 = b_1.$

于是得到满足下列关系的三个有根区间

$$[a_2,b_2] \subset [a_1,b_1] \subset [a,b],$$

其区间宽度为 $b_2 - a_2 = \dfrac{1}{2}(b_1 - a_1) = \dfrac{1}{4}(b-a)$, 像这样, 继续进行第三步、第四步······ 区间宽度每次缩小一半, 得到一个区间序列:

$$[a,b] \supset [a_1,b_1] \supset [a_2,b_2] \supset \cdots \supset [a_n,b_n].$$

此时, $f(a_n) \cdot f(b_n) < 0$, 即原方程在区间 $[a_n, b_n]$ 内有根, 区间宽度为 $b_n - a_n = \dfrac{1}{2^n}(b-a)$. 当 n 足够大时, 如果此时的区间宽度已达到精度要求, 则以区间的中点作为根 x^* 的近似值, 即 $x^* \approx x_n = \dfrac{a_n+b_n}{2}$. 此时, 近似值的误差小于该区间宽度的一半, 即

$$|x^* - x_n| \leqslant \dfrac{1}{2^{n+1}}(b-a).$$

如果精度要求 $|x^* - x_n| \leqslant \varepsilon$, 则要求 $\dfrac{1}{2^{n+1}}(b-a) \leqslant \varepsilon$. 两边取自然对数, 得

$$\ln(b-a) - (n+1)\ln 2 \leqslant \ln \varepsilon,$$

则

$$n+1 \geqslant \dfrac{1}{\ln 2}(\ln(b-a) - \ln \varepsilon).$$

注意到 $0 < \varepsilon \ll 1$, $\ln \varepsilon < 0$, 有 $n+1 \geqslant \dfrac{1}{\ln 2}\left(\ln(b-a) + \ln \dfrac{1}{\varepsilon}\right)$. 因此, 二等分的次数主要取决于关键项 $\ln \dfrac{1}{\varepsilon}$, 如精度要求提高, 比如误差缩小 0.1000, 则需要多计算 10 次.

例 2.1 函数 $f(x) = x^3 - x - 1 = 0$ 在区间 $[1, 1.5]$ 上有一个根,

(1) 使用二分法计算前八个近似值.

(2) 需要将区间二等分多少次才能保证近似解 x_n 具有精度 5×10^{-3}?

解 (1) 由于 $f(1) = -1$ 并且 $f(1.5) = 0.875$, 因此函数 $f(x) = x^3 - x - 1$ 在区间 $[1, 1.5]$ 上有一个零点. 二分法的求解过程见表 2.1.

第八次迭代的解 $x_8 = 0.0062088$ 与根 x^* 的误差为

$$|x^* - x_8| \leqslant \dfrac{1.5-1}{2^8} = 0.001953125.$$

表 2.1 二分法求解多项式根的迭代表

n	a_n	b_n	$x_n = (a_n + b_n)/2$	$f(x_n)$
1	1.0000	1.5000	1.2500	-0.29688000
2	1.2500	1.5000	1.3750	0.2246100
3	1.2500	1.3750	1.3125	-0.05151400
4	1.3125	1.3750	1.3438	0.0826110
5	1.3125	1.3438	1.3281	0.0145760
6	1.3125	1.3281	1.3203	-0.01871100
7	1.3203	1.3281	1.3242	-0.00212790
8	1.3242	1.3281	1.3262	0.0062088

(2) 根据题目要求, 需要寻找一个非负整数 n 使得

$$|x_n - x| \leqslant \frac{1.5 - 1}{2^{n+1}} \leqslant 5 \times 10^{-3}, \quad n \geqslant 0.$$

在不等式 $\dfrac{0.5}{2^{n+1}} \leqslant 5 \times 10^{-3}$ 的两边取以 10 为底的对数可得

$$(n+1)\log_{10} 2 > 2,$$

因此

$$n > \frac{2}{\log_{10} 2} - 1 \approx 5.6,$$

因此需要将区间二等分 6 次.

2.2.2 二分法的特点

二分法的优点是计算简便, 对函数 $f(x)$ 的要求不高, 只要求连续即可, 且误差估计容易. 二分法的缺点是收敛速度很慢, 每计算一步, 误差减小一半, 因此常常用来为其他数值求根方法 (比如本章中的迭代法) 提供一个比较好的初始值. 此外, 如果在有根区间内存在多个根时, 二分法也只能给出其中一个根, 而如果存在偶次重根时, 二分法无法使用.

小 节 测 试

1. 二分法适用于哪些情况? (多选)
   A. 函数在区间上连续　　　　　　　B. 区间的端点函数值符号相同
   C. 区间的端点函数值符号相反　　　D. 函数在区间上可导
2. 二分法的哪些特点使其在求解某些数值问题时特别有用? (多选)
   A. 快速收敛　　　　　　　　　　　B. 稳定性好
   C. 对初值选择不敏感　　　　　　　D. 可以处理非线性函数

3. 以下哪些因素会影响二分法的收敛速度? (多选)
   A. 函数在区间上的连续性　　B. 初始区间的长度
   C. 根附近的导数值　　　　　D. 精确度要求
4. 在使用二分法时, 终止条件通常是 (单选)
   A. $f(c)=0$　　　　　　　　B. $b-a<$ 给定的误差
   C. 迭代次数达到一个预设值　　D. $f(a)\cdot f(b)=0$
5. 在二分法中, 如果初始区间选择不当, 即使函数在该区间内确实有根, 也可能导致算法无法正确收敛. (判断)
6. 在实际应用中, 二分法可以确保每次迭代后找到的根的近似值总是位于上一次迭代找到的近似值和真实根之间. (判断)
7. 对于在区间 $[a,b]$ 上连续且存在唯一根的函数, 二分法迭代 n 次后, 根的近似误差范围最多为原区间长度的＿＿＿＿＿. (填空)
8. 描述在使用二分法时, 如何处理函数在某次迭代的中点 c 处的值非常接近零但不为零的情况, 以避免无限迭代. (思考)

习题解析

2.3　迭代法的一般原理

2.3.1　简单迭代法

简单迭代法的迭代原理见图 2.4. 设方程 $f(x)=0$ 在区间 $[a,b]$ 上有唯一的实根, 将方程变形为与其同解方程:

$$x=\varphi(x).$$

要求函数 $\varphi(x)$ 在区间 $[a,b]$ 上满足: $|\varphi'(x)|\leqslant r<1$, 则可以在区间 $[a,b]$ 上任取一点 x_0 作为迭代法的初始值, 建立迭代关系 (递推关系式):

$$x_k=\varphi(x_{k-1}),\quad k=1,2,3,\cdots.$$

如果当 $n\to\infty$ 时, 这个数列 $x_k=\varphi(x_{k-1})$ 收敛到 x^*, 即

$$\lim_{n\to\infty}x_n=x^*.$$

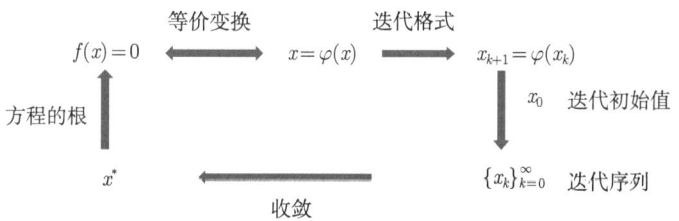

图 2.4　简单迭代法的迭代原理示意图

那么 $\lim_{n\to\infty} \varphi(x_{n-1}) = \varphi(x^*)$, 则 x^* 满足方程 $x^* = \varphi(x^*)$, 由于方程 $x = \varphi(x)$ 和 $f(x) = 0$ 是同解方程, 所以 x^* 满足方程 $f(x^*) = 0$. 在实际计算中, 取 n 足够大, 则有 $x_n \approx x^*$, 此时把 x_n 作为原方程的近似解.

例 2.2 用简单迭代法求解方程 $x^3 + 4x^2 - 10 = 0$ 在 $[1,2]$ 内的一个实根.

解 (1) 构造 $x = \varphi_1(x) = x - x^3 - 4x^2 + 10$; (两边加 x)

(2) 构造 $x = \varphi_2(x) = \left(\dfrac{10}{x} - 4x\right)^{1/2}$; $\left(x^2 = \dfrac{1}{x}(10 - 4x^2)\right)$

(3) 构造 $x = \varphi_3(x) = \dfrac{1}{2}(10 - x^3)^{1/2}$; $(4x^2 = 10 - x^3,$ 两边开方$)$

(4) 构造 $x = \varphi_4(x) = \left(\dfrac{10}{x+4}\right)^{1/2}$. $\left(x^2 = \dfrac{10}{x+4},$ 两边平方$\right)$

对于迭代初始值 $x_0 = 1.5$, 简单迭代法的结果如表 2.2 所示. 第一种迭代公式不收敛 (即发散), 第二种迭代公式计算过程中出现负数开平方也不收敛, 只有第三和第四种迭代公式收敛, 且第四种收敛速度更快.

表 2.2 简单迭代法的迭代结果表

k	x_k (第一种形式)	x_k (第二种形式)	x_k (第三种形式)	x_k (第四种形式)
1	-0.875	0.8165	1.2869538	1.3483997
2	6.732	2.9969	1.4025408	1.3673764
3	-469.720	$\sqrt{-8.6508}$	1.3454584	1.3649570
4	1.03×10^8		1.3751703	1.3652647
5			1.3600942	1.3652256
6			1.3678470	1.3652306
7			1.3638870	1.3652299
$\vdots$			$\vdots$	1.3652300
23			1.3652300	
24			1.3652300	
25			1.3652300	

由此可见对于同一个方程的不同等价形式或者不同的迭代公式, 收敛情况也不同.

2.3.2 简单迭代法的收敛性

定理 2.1 (压缩映像原理) 在迭代方程 $x = \varphi(x)$ 中设 $\varphi(x)$ 满足:

(1) 当 $x \in [a,b]$ 时, $\varphi(x) \in [a,b]$;

(2) 存在正数 $\lambda < 1$, 使得对任意 $x \in [a,b]$, 有 $|\varphi'(x)| \leqslant r$, 则方程 $x = \varphi(x)$ 在 $[a,b]$ 内有唯一解, 且对任意初始值 $x_0 \in [a,b]$, 迭代格式 $x_n = \varphi(x_{n-1})$ 得到的数列 $\{x_n\}$ 收敛到方程 $x = \varphi(x)$ 的解 x^*, 且满足误差估计 $|x^* - x_n| \leqslant \dfrac{\lambda}{1-\lambda}|x_n - x_{n-1}|$ 以及 $|x^* - x_n| \leqslant \dfrac{\lambda^{n-1}}{1-\lambda}|x_1 - x_0|$.

证明 (1) 方程解的存在性. 因为 $\varphi(x) \in [a,b], f(x) = x - \varphi(x)$, 所以

$$f(a) = a - \varphi(a) \leqslant 0, \quad f(b) = b - \varphi(b) \geqslant 0.$$

由连续函数的介值性定理可知, 存在 $x^* \in [a,b]$, $= |\varphi'(\xi)(x_1^* - x_2^*)| \leqslant \lambda |x_1^* - x_2^*|$ 使 $f(x^*) = x^* - \varphi(x^*) = 0$.

方程解的唯一性. 设 x_1^*, x_2^* 均是方程的根, 则

$$|x_1^* - x_2^*| = |\varphi(x_1^*) - \varphi(x_2^*)|,$$

又因为 $0 < \lambda < 1$, $(1 - \lambda)|x_1^* - x_2^*| \leqslant 0$, 只有 $|x_1^* - x_2^*| = 0$, 所以 $x_1^* = x_2^*$.

(2) 迭代的收敛性. 因为

$$x^* = \varphi(x^*), \quad x_n = \varphi(x_{n-1}),$$

所以

$$|x^* - x_n^*| = |\varphi(x^*) - \varphi(x_{n-1})| = |\varphi'(\xi)(x^* - x_{n-1})| \leqslant \lambda |x^* - x_{n-1}|,$$

反复用此式 $|x^* - x_n| \leqslant \lambda^2 |x^* - x_{n-1}| \leqslant \lambda^3 |x^* - x_{n-3}| \leqslant \cdots \leqslant \lambda^n |x^* - x_0|$, 由于 $0 < \lambda < 1$, 所以 $\lim\limits_{n \to \infty} \lambda^n = 0$, 故 $\lim\limits_{n \to \infty} |x^* - x_n| = 0$, 即 $\lim\limits_{n \to \infty} x_n = x^*$, 迭代收敛.

(3) 迭代误差估计.

$$|x^* - x_n| = |\varphi(x^*) - \varphi(x_{n-1})| \leqslant \lambda |x^* - x_{n-1}| \leqslant \lambda (|x^* - x_n| + |x_n - x_{n-1}|),$$

所以

$$|x^* - x_n| \leqslant \frac{\lambda}{1 - \lambda} |x_n - x_{n-1}|,$$

而

$$|x_n - x_{n-1}| = |\varphi(x_{n-1}) - \varphi(x_{n-2})| = |\varphi'(\xi)(x_{n-1} - x_{n-2})| \leqslant \lambda |x_{n-1} - x_{n-2}|.$$

同理

$$|x_{n-1} - x_{n-2}| \leqslant \lambda |x_{n-2} - x_{n-3}| \leqslant \cdots \leqslant \lambda^{n-2} |x_1 - x_0|,$$

从而得

$$|x^* - x_n| \leqslant \frac{\lambda}{1 - \lambda} |x_n - x_{n-1}|.$$

所以

$$|x^* - x_n| \leqslant \frac{\lambda^n}{1 - \lambda} |x_1 - x_0|.$$

由上述定理中的误差估计可知, 要使

$$|x^* - x_n| < \varepsilon,$$

只要 $\dfrac{\lambda^n}{1-\lambda}|x_1 - x_0| < \varepsilon$, 两边取对数 $n\ln\lambda + \ln|x_1 - x_0| - \ln(1-\lambda) < \ln\varepsilon$, 即

$$n > \frac{\ln\varepsilon(1-\lambda) - \ln|x_1 - x_0|}{\ln\lambda}.$$

注 (1) 要求 $|\varphi'(x)| \leqslant \lambda < 1$, 不能放松为 $|\varphi'(x)| < 1$.

(2) 一个方程 $f(x) = 0$ 变形为 $x = \varphi(x)$, 有许多形式可以变换, 有的可能不收敛, 有的可能收敛, 且 $|\varphi'(x)| \leqslant \lambda < 1$ 的 λ 越小, 收敛得越快 (见表 2.2).

(3) 简单迭代法的收敛性不仅取决于迭代函数 $\varphi(x)$, 同时也取决于初始值 x_0 的选取 (见 2.3.4 节局部收敛性).

例 2.3 使用简单迭代法求解方程 $f(x) = x^3 - 3x + 1 = 0$ 的一个根, 并使误差小于 10^{-5}.

解 由于 $f(1) = 1^3 - 3 + 1 = -1 < 0, f(2) = 2^3 - 6 + 1 = 3 > 0$, 因此由连续函数的介值性定理可知, 方程 $f(x)$ 在区间 $[1,2]$ 内必有一根.

又由于对任意的 $x \in [1,2]$, $f'(x) = 3x^2 - 3 > 0$, 这意味着函数 f 在区间 $[1,2]$ 上是单调的, 并且在 $[1,2]$ 上存在唯一的根 x^*.

我们将方程 $x^3 - 3x + 1 = 0$ 变形为 $x = \sqrt[3]{3x-1}$. 对于函数 $\varphi(x) = \sqrt[3]{3x-1}$,

$$|\varphi'(x)| = \left|\frac{1}{3}(3x-1)^{-2/3}\right| \leqslant |\varphi'(2)| = \frac{1}{3}\frac{1}{\sqrt[3]{36}} < 1, \quad x \in [1,2].$$

由于在区间 $[1,2]$ 上, $\varphi'(x) > 0$, 因此对于任意的 $x \in [1,2]$,

$$1 < \sqrt[3]{5} = \varphi(2) \leqslant \varphi(x) \leqslant \varphi(1) = \sqrt[3]{5} < 2.$$

这说明函数 φ 可以把区间 $[1,2]$ 映射到其自身.

由压缩映像原理可知迭代格式 $\{x_k\}_{k=0}^{\infty}$ 是收敛的, 其中 $x_{k+1} = \varphi(x_k) = (3x_k - 1)^{1/3}, k \geqslant 0$. 对于迭代初始值 $x_0 = 1.5$, 简单迭代法的结果见表 2.3.

表 2.3 简单迭代法的迭代示例表

k	x_k	$|x_{k+1} - x_k|$
0	1.5	—
1	1.518294486	0.018294486
2	1.526189481	0.007894995
3	1.529571475	0.003381995
4	1.531015662	0.001444187
5	1.531631533	0.000615871
6	1.531894019	0.000262486

续表

k	x_k	$\|x_{k+1} - x_k\|$
7	1.532005864	0.000111845
8	1.532053516	4.76522×10^{-5}
9	1.532073818	2.03016×10^{-5}
10	1.532082467	8.64903×10^{-6}
11	1.532086151	3.6847×10^{-6}

因此, 取 $x^* \approx x_{11} = 1.532086151$.

2.3.3 简单迭代法的几何意义

从迭代法的几何角度看, 求方程 $x = \varphi(x)$ 的根, 事实上就是求直线 $y = x$ 与 $y = \varphi(x)$ 的交点的横坐标 x^*. 如图 2.5 所示, 取 x_0 为方程 $x = \varphi(x)$ 的一个近似根, 令 $x_1 = y_0 = \varphi(x_0)$, 再令 $x_2 = y_1 = \varphi(x_1)$. 一直下去. x_n 越来越接近 x^*, x^* 就是 $y = x$ 与 $y = \varphi(x)$ 的交点的横坐标, 即 $x^* = \varphi(x^*)$.

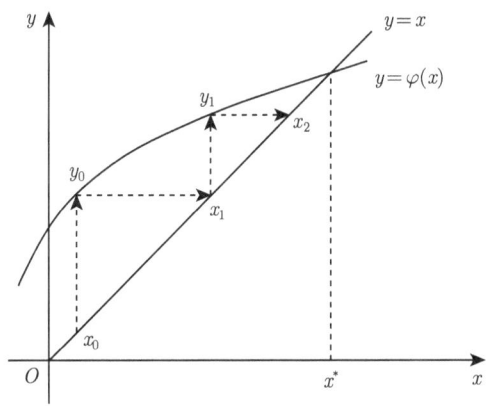

图 2.5 迭代法收敛的几何示意图

显然, 如图 2.5 所示, 它仅展示了简单迭代法的一种收敛情况. 一般来说, 简单迭代法的收敛性大致可以划分如图 2.6 所示的两类四种情况. 从图像上来看, 收敛的迭代公式 $x = \varphi(x)$ 在根 x^* 处满足 $|\varphi'(x^*)| < 1$, 而发散的迭代公式满足 $|\varphi'(x^*)| > 1$.

注 (1) 设在区间 $[a, b]$ 上迭代方程 $x = \varphi(x)$ 有根 x^*. 如对一切 $x \in [a, b]$, 都有 $|\varphi'(x^*)| < \lambda < 1$, 则对于该区间上任意的初始值 $x_0(\neq x^*)$, 迭代公式 $x_n = \varphi(x_{n-1})$ 都收敛.

(2) 设在区间 $[a, b]$ 上迭代方程 $x = \varphi(x)$ 有根 x^*. 如对一切 $x \in [a, b]$, 都有 $|\varphi'(x^*)| \geqslant 1$, 则对于该区间上任意的初始值 $x_0(\neq x^*)$, 迭代公式 $x_n = \varphi(x_{n-1})$ 一定发散.

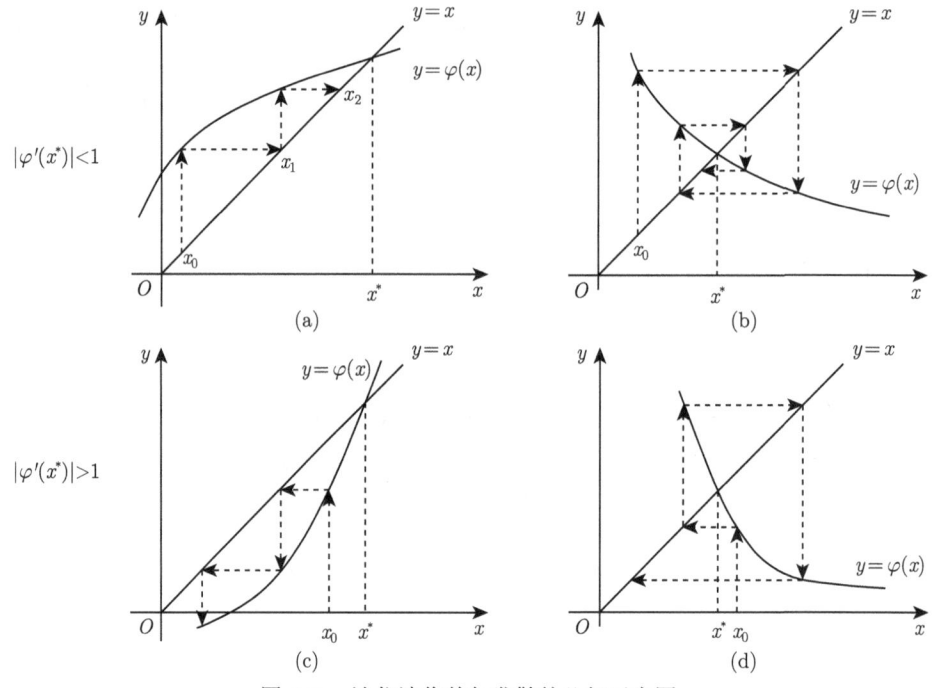

图 2.6 迭代法收敛与发散的几何示意图

2.3.4 简单迭代法的局部收敛性

假设在区间 $[a,b]$ 上迭代方程 $x = \varphi(x)$ 有根 x^*. 如果存在 x^* 的某个邻域

$$\Omega = \{x : |x - x^*| \leqslant \delta\} \subset [a,b]$$

使得迭代格式 $x_n = \varphi(x_{n-1})$ 对于任意初始值 $x_0 \in \Omega$ 均收敛,则称迭代格式在根 x^* 附近具有局部收敛性.

定理 2.2 (迭代法的局部收敛性定理) 设 x^* 是迭代方程 $x = \varphi(x)$ 的根, $\varphi'(x)$ 在 x^* 的某一邻域连续,且 $|\varphi'(x^*)| < 1$,则迭代公式 $x_n = \varphi(x_{n-1})$ 在根 x^* 的邻域内具有局部收敛性.

说明 由定理 2.2 可得一个不严格局部收敛性的判别准则,即只要在根附近的一个小区间,有 $|\varphi'(x)|$ 明显小于 1,那么从该区间的一点 x_0 出发,迭代公式 $x_n = \varphi(x_{n-1})$ 产生的迭代序列 $\{x_k\}$ 一般都收敛.

例 2.4 求方程 $x^4 - 3x - 2 = 0$ 在 $[1,2]$ 内的根.

解 改写原方程为等价方程

$$x = \varphi(x) = x - \frac{x^4 - 3x - 2}{4x^3 - 3},$$

建立迭代公式

2.3 迭代法的一般原理

$$x_{k+1} = x_k - \frac{x_k^4 - 3x_k - 2}{4x_k^3 - 3}, \quad k = 0, 1, 2, \cdots,$$

分别取初始值 $x_0 = 0.7$ 以及 $x_0 = 1.5$，计算结果见表 2.4.

表 2.4 迭代结果表

k	x_k	x_k
0	0.7	1.5
1	−1.670940	1.63690
2	−1.171977	1.61842
3	−0.642518	1.61803
4	−0.618034	1.61803
5	−0.618034	1.61803

可见，构造的迭代公式根据两个不同的初始值得到的两个序列 $\{x_k\}$ 都收敛，但收敛到不同的根. 事实上，如图 2.7 所示，通过二分法可以验证，当初始值满足 $x_0 < 0.9$ 时，迭代公式收敛到 −0.618034，而当初始值满足 $x_0 > 0.9$ 时，迭代公式收敛到 1.61803.

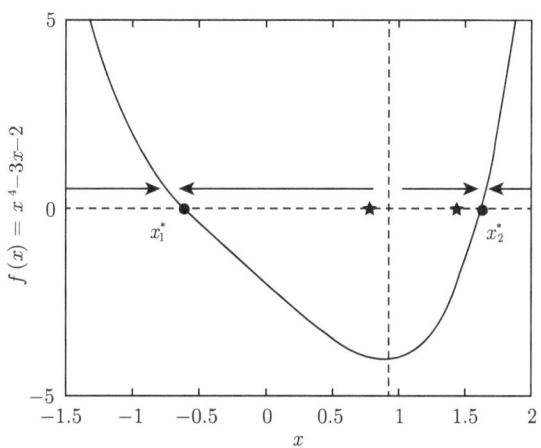

图 2.7 简单迭代法的局部收敛性示意图

黑色五角星为不同的初始值，黑色圆点为最终的收敛值

小 节 测 试

1. 简单迭代法 $x_{n+1} = g(x_n)$ 收敛到方程 $x = g(x)$ 的根的必要条件包括哪些? (多选)
   A. $g(x)$ 在迭代区间内连续
   B. $g(x)$ 的导数在迭代区间内存在且小于 1
   C. $g(x)$ 的导数在迭代区间内大于 1

D. 迭代初始值 x_0 足够接近真实根

2. 简单迭代法的几何意义包括哪些正确描述? (多选)

    A. 每一次迭代相当于在直线 $y = x$ 上找到 $g(x)$ 的映射点

    B. 收敛过程可以视为一系列点在直线 $y = x$ 和 $y = g(x)$ 曲线之间的跳跃

    C. 迭代过程中 x_n 的值逐渐增大直到达到无穷大

    D. 若 $g(x)$ 的斜率小于 1, 则迭代点向根收敛

3. 关于简单迭代法的局部收敛性, 以下哪些因素会影响其收敛速度? (多选)

    A. $g'(x)$ 在根附近的值   B. 迭代初始值 x_0 的选择

    C. $g(x)$ 的二阶导数值   D. 迭代步骤的总数

4. 如果简单迭代法在迭代过程中发散, 这可能是因为什么? (单选)

    A. $|g'(x)|$ 在迭代区间内一直小于 1   B. $|g'(x)|$ 在某些区间点大于 1

    C. $g(x)$ 在迭代区间内是线性函数   D. $g(x)$ 在迭代区间内无导数

5. 简单迭代法的局部收敛性意味着迭代初始值 x_0 需要满足哪些条件? (单选)

    A. x_0 可以是任意值   B. x_0 必须是函数 $g(x)$ 的根

    C. x_0 足够接近 $g(x)$ 的不动点   D. x_0 在 $g(x)$ 的定义域外

6. 对于任意的迭代函数 $g(x)$, 如果其在定义域内任意点的导数的绝对值都小于 1, 那么使用该函数的简单迭代法一定会收敛. (判断)

7. 简单迭代法的几何意义可以解释为, 每一次迭代相当于在图形上从点 $(x_n, g(x_n))$ 到点 (_____, _____) 的垂直和水平方向移动, 这反映了迭代点在直线 $y = x$ 和 $y = g(x)$ 曲线之间的_____. (填空)

8. 对于迭代法 $x_{n+1} = g(x_n)$ 而言, 如果存在某个常数 L 满足 $0 < L < 1$ 且对所有 x 有 $|g'(x)| \leq L$, 则该迭代法在其收敛区间内被称为_____收敛, 这是因为迭代误差按照一个固定的比率_____. (填空)

9. 对于一个给定的非线性方程 $x = g(x)$, 讨论为什么选择不同的迭代函数 $g(x)$ 会影响简单迭代法的收敛速度和收敛性. (思考)

10. 讨论简单迭代法的局部收敛性与全局收敛性的区别, 并说明为什么某些迭代方法在全局范围内不收敛但在局部范围内可以保证收敛. (思考)

习题解析

2.4 牛顿迭代法

2.4.1 牛顿迭代公式的构造

在求解方程 $f(x) = 0$ 时, 假设 $f(x)$ 可导, 且在 x_0 附近有 $f'(x_0) \neq 0$, 则 $f(x)$ 在 x_0 附近的泰勒展开式为

$$f(x) = f(x_0) + f'(x_0)(x - x_0) + \frac{f''(\xi)}{2!}(x - x_0)^2,$$

其中 ξ 介于 x 和 x_0 之间. 如果 x^* 是 $f(x) = 0$ 的解, 则代入上式, $0 = f(x_0) + f'(x_0)(x^* - x_0) + \frac{f''(\xi)}{2!}(x^* - x_0)^2$, 忽略高阶项, 保留一次项, 则可求得 $x^* \approx x_0 - \frac{f(x_0)}{f'(x_0)}$. 将右边看作 x^* 的一次近似, 即 $x_1 = x_0 - \frac{f(x_0)}{f'(x_0)}$, 反复运用以上公式, 得到牛顿迭代公式

$$x_{n+1} = x_n - \frac{f(x_n)}{f'(x_n)}, \quad n = 0, 1, 2, \cdots.$$

2.4.2 牛顿迭代公式的几何意义

牛顿迭代法的几何意义如图 2.8 所示. $y = f(x)$ 是曲线, 其一次泰勒展开式

$$y = f(x_k) + f'(x_k)(x - x_k)$$

是过曲线上 $(x_k, f(x_k))$ 的切线, 而 x_{k+1} 满足

$$f(x_k) + f'(x_k)(x_{k+1} - x_k) = 0,$$

即 x_{k+1} 是该切线与 x 轴的交点. 而 x^* 是曲线 $y = f(x)$ 与 x 轴的交点, 因而每次近似均通过 $(x_n, f(x_n))$ 的切线与 x 轴的交点来近似逼近 x^*.

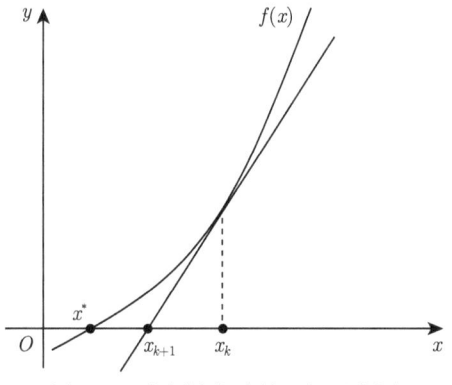

图 2.8 牛顿迭代法的几何示意图

例 2.5 设函数 $f(x) = x^3 - 3x + 1$ 以及初始值 $x_0 = 1.25$, 采用牛顿迭代法寻找方程 $f(x) = 0$ 的一个根, 并使精度在 10^{-5} 之内.

解 由于 $f'(x) = 3x^2 - 3$, 则牛顿迭代公式为

$$x_k = x_{k-1} - \frac{f(x_{k-1})}{f'(x_{k-1})} = x_{k-1} - \frac{x_{k-1}^3 - 3x_{k-1} + 1}{3x_{k-1}^2 - 3}, \quad k \geqslant 1.$$

取初始值 $x_0 = 1.25$, 方程根的近似解的求解过程见表 2.5.

表 2.5 近似解的求解过程表

k	x_k	$\|x_{k+1} - x_k\|$
1	1.25	—
2	1.722222222	0.47222222
3	1.562590848	0.15963137
4	1.533090716	0.02950013
5	1.532090025	0.00100069
6	1.532088886	1.13922×10^{-6}

例 2.6 求 $\sqrt{2}$ 的近似值 ($\varepsilon = 10^{-5}$), 用牛顿迭代法进行求解并与简单迭代法对比.

解 (1) 牛顿迭代法. 令 $f(x) = x^2 - 2$, 则 $f'(x) = 2x$. 由牛顿迭代公式可知,

$$x_{k+1} = x_k - \frac{x_k^2 - 2}{2x_k}, \quad k = 0, 1, 2, \cdots.$$

取 $x_0 = 1$, 方程根近似解的求解过程见表 2.6, 取 $x_4 = 1.4142136$.

表 2.6 牛顿迭代法和简单迭代法求解近似值的对比表

牛顿迭代法			简单迭代法		
k	x_k	$\|x_{k+1} - x_k\|$	k	x_k	$\|x_{k+1} - x_k\|$
0	1	—	0	0.0000000	—
1	1.5	0.5	1	0.5000000	0.5000000
2	1.4166667	0.0833333	2	0.4000000	0.1000000
3	1.4142157	-0.0024510	3	0.4166667	0.0166667
4	1.4142136	-0.0000021	4	0.4137931	0.0028736
			5	0.4142012	0.0004081
			6	0.4141388	0.0000624
			7	0.4141481	0.0000093

(2) 简单迭代法. 设 $x = \sqrt{2} - 1$ 则 $x(x+2) = (\sqrt{2} - 1)(\sqrt{2} + 1) = 1$, 令 $f(x) = x^2 + 2x - 1$, 由于 $f(0) < 0$, $f(0.5) > 0$, 因此 $x^* \in [0, 0.5]$. 令 $x = \dfrac{1}{x+2} = \varphi(x)$, 下证 $\varphi(x) = \dfrac{1}{x+2}$ 是 $[0, 0.5]$ 上的压缩映像.

易知, $\varphi(x)$ 在 $[0, 0.5]$ 上单调递减. 而 $\varphi(0) = \dfrac{1}{2}$, $\varphi(0.5) = \dfrac{2}{5}$, 有

2.4 牛顿迭代法

$$\varphi(x) \in \left[\frac{2}{5}, \frac{1}{2}\right] \subset [0, 0.5],$$

故 $\forall x \in [0, 0.5]$, 有 $\varphi(x) \in [0, 0.5]$.

又对任意的 $u, v \in [0, 0.5]$, 有

$$|\varphi(u) - \varphi(v)| = \left|\frac{1}{u+2} - \frac{1}{v+2}\right| = \left|\frac{u-v}{(u+2)(v+2)}\right| \leqslant \frac{1}{4}|u-v|,$$

所以 $(x) = \dfrac{1}{x+2}$ 是 $[0, 0.5]$ 上的压缩映像.

对 $x_{k+1} = \dfrac{1}{x_k + 2}, k = 0, 1, \cdots$, 取 $x_0 = 0 \in [0, 0.5]$, 表 2.6 展示了方程根近似解的求解过程. 由于 $|x_7 - x_6| < \varepsilon = 10^{-5}$, 取 $x^* \approx x_7 = 0.4141481$, 故, $x^* + 1 = 1.4141481$.

与简单迭代法相比, 牛顿迭代法收敛速度更快.

2.4.3 有重根的牛顿迭代公式

牛顿迭代公式适用于 x^* 是 $f(x) = 0$ 的单根的情形, 但是可以推广到 x^* 是 $f(x) = 0$ 的 m 重根的情形, 即

$$f(x) = (x - x^*)^m p(x),$$

其中, $p(x)$ 在 x^* 处连续且 $p(x^*) \neq 0$.

令

$$(f(x))^{\frac{1}{m}} = (x - x^*)(p(x))^{\frac{1}{m}},$$

再令

$$g(x) = (f(x))^{\frac{1}{m}},$$

则 x^* 是 $g(x) = 0$ 的单根. 由牛顿迭代法可得

$$\begin{aligned} x_{k+1} &= x_k - \frac{g(x_k)}{g'(x_k)} \\ &= \frac{[f(x_k)]^{\frac{1}{m}}}{\frac{1}{m}[f(x_k)]^{\frac{1}{m}-1} f'(x_k)} = x_k - m\frac{f(x_k)}{f'(x_k)}, \quad k = 0, 1, 2, \cdots, \end{aligned}$$

即

$$x_{n+1} = x_n - m\frac{f(x_n)}{f'(x_n)},$$

这便是带参数的牛顿迭代法.

显然,带参数的牛顿迭代法的一个缺点是需要事先知道根的重数,而这往往是比较困难的,为此,进一步考虑不带参数的牛顿迭代法.

令
$$g(x) = \frac{f(x)}{f'(x)} = \frac{(x-x^*)p(x)}{mp(x)+(x-x^*)p'(x)},$$

易知
$$g'(x^*) = \frac{1}{m} \neq 0.$$

可见,则 x^* 是 $g(x) = 0$ 的单根. 由牛顿迭代法可得

$$x_{k+1} = x_k - \frac{g(x_k)}{g'(x_k)} = x_k - \frac{f(x_k)f'(x_k)}{[f'(x_k)]^2 - f(x_k)f''(x_k)}, \quad k=0,1,2,\cdots.$$

这就是不带参数的牛顿迭代法. 该方法的主要优点是不需要事先知道 $f(x)=0$ 的零根重数,且对单根的情形一样适用.

例 2.7 分别采用牛顿迭代法、带参数的牛顿迭代法和不带参数的牛顿迭代法寻找方程 $f(x) = x^3 - 2x^2 + x = 0$ 的重根 $x^* = 1$ 的近似解.

解 (1) 牛顿迭代法. 由于 $f(1) = 1^3 - 2\times 1^2 + 1 = 0, f'(1) = 3\times 1^2 - 4\times 1 + 1 = 0$,但是 $f''(1) = 6\times 1 - 4 \neq 0$,因此函数 f 在 $x^* = 1$ 处有一个二重根. 在初始值 $x_0 = 2$ 处由牛顿迭代法生成的序列 $\{x_k\}$ 如表 2.7 所示,序列 $\{x_k\}$ 显然收敛到 $x^* = 1$.

表 2.7 牛顿迭代法求解近似值的序列表

k	x_k	$|x_k - x_{k-1}|$	$f(x_k)$
0	2	—	—
1	1.600000	0.400000	0.576000
2	1.347368	0.252632	0.162580
3	1.193617	0.153852	0.044696
$\vdots$	$\vdots$	$\vdots$	$\vdots$
16	1.000028	0.000028	0.781×10^{-9}
17	1.000014	0.000014	0.195×10^{-9}
18	1.000007	0.699×10^{-5}	0.488×10^{-10}

(2) 带参数的牛顿迭代法.

由上一问的牛顿迭代法可知,根 $x^* = 1$ 的重数是 $m = 2$,那么带参数的牛顿迭代法产生的近似值由下列公式生成:

$$x_k = x_{k-1} - m\frac{f(x_{k-1})}{f'(x_{k-1})} = x_{k-1} - 2\frac{x_{k-1}^3 - 2x_{k-1}^2 + x_{k-1}}{3x_{k-1}^2 - 4x_{k-1} + 1}, \quad k = 1,2,\cdots,$$

在初始值 $x_0 = 2$ 处由带参数的牛顿迭代法生成的序列 $\{x_k\}$ 如表 2.8 所示.

表 2.8　带参数的牛顿迭代法求解近似值的序列表

k	x_k	$\|x_k - x_{k-1}\|$	$f(x_k)$
0	2	—	—
1	1.200000	0.80000	0.048000
2	1.015385	0.184615	0.000240
3	1.000116	0.015269	0.134×10^{-8}
4	1.000000	0.000116	0

(3) 不带参数的牛顿迭代法.

由于 $f(x) = x^3 - 2x^2 + x$, $f'(x) = 3x^2 - 4x + 1$, 令

$$\mu(x) = \frac{f(x)}{f'(x)} = \frac{x^2 - x}{3x - 1}.$$

对 $\mu(x)$ 使用牛顿迭代法可得

$$x_k = x_{k-1} - \frac{\mu(x_{k-1})}{\mu'(x_{k-1})} = x_{k-1} - \frac{(x_{k-1}^2 - x_{k-1})(3x_{k-1} - 1)}{3x_{k-1}^2 - 2x_{k-1} + 1}, \quad k = 1, 2, \cdots,$$

在初始值 $x_0 = 2$ 处由带参数的牛顿迭代法生成的序列 $\{x_k\}$ 如表 2.9 所示.

表 2.9　不带参数的牛顿迭代法求解近似值的序列表

k	x_k	$\|x_k - x_{k-1}\|$	$f(x_k)$
0	2	—	—
1	0.888889	1.111111	0.059259
2	0.992248	0.103359	-0.003891
3	0.999969	0.007721	-0.000150
4	1.000000	0.000031	0.000000

2.4.4　牛顿迭代法的收敛性

显然, 牛顿迭代法是一种不动点迭代法, 令

$$\varphi(x) = x - \frac{f(x)}{f'(x)},$$

则牛顿迭代就是 $x_{n+1} = \varphi(x_n)$, $n = 0, 1, 2, \cdots$, 而此时 $\varphi'(x) = \dfrac{f(x) \cdot f''(x)}{(f'(x))^2}$. 因此如果 $f(x)$ 在 x^* 的某个邻域内 $f'(x)$ 存在且 $f'(x) \neq 0$, 则当 $|\varphi'(x)| = \left|\dfrac{f(x) f''(x)}{(f'(x))^2}\right| \leqslant \lambda < 1$ 时, 牛顿迭代法收敛.

定理 2.3　设 $f \in C^2[a, b]$, 若 x^* 为 $f(x) = 0$ 在区间 $[a, b]$ 上的根, 且 $f'(x^*) \neq 0$, 则牛顿迭代公式

$$x_{k+1} = x_k - \frac{f(x_k)}{f'(x_k)}$$

收敛.

证明 由条件知, x^* 为 $f(x) = 0$ 的一个单根, 且 $f(x)$ 在 x^* 的邻域内有连续的二阶导数. 从而可得

$$\varphi'(x^*) = \frac{f(x^*)f''(x^*)}{[f'(x^*)]^2} = 0.$$

因此, 当 x 充分靠近 x^* 时, 有

$$|\varphi'(x)| \leqslant \lambda < 1.$$

由简单迭代法的局部收敛性定理可知, 牛顿迭代法在 x^* 的邻域内是收敛的.

上述定理表明收敛邻域很小, 但并未给出收敛邻域的大小, 因此如何选取初始值是一个棘手的问题. 接下来考虑初始值的选取问题.

为此, 首先要使 $f(x)$ 的有根区间 $[a,b]$ 尽可能小, 并要求 $f'(x)$ 不变号, 即要求 $f(x)$ 保持严格单调, 且凹凸性不变. 以下四种情况说明此问题.

(1) 在 $[a,b]$ 上均有 $f'(x) > 0, f''(x) > 0$, 此时曲线严格单调增且向上凹 (见图 2.9, f_1).

(2) 在 $[a,b]$ 上均有 $f'(x) > 0, f''(x) < 0$, 此时曲线严格单调增且向上凸 (见图 2.9, f_2).

(3) 在 $[a,b]$ 上均有 $f'(x) < 0, f''(x) > 0$, 此时曲线严格单调减且向上凹 (见图 2.9, f_3).

(4) 在 $[a,b]$ 上均有 $f'(x) < 0, f''(x) < 0$, 此时曲线严格单调减且向上凸 (见图 2.9, f_4).

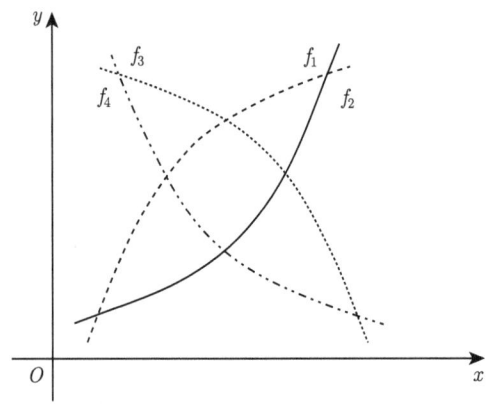

图 2.9 函数示意图

2.4 牛顿迭代法

定理 2.4 设函数 $f(x)$ 在 $C^2[a,b]$ 上满足

(1) $f(a)f(b) < 0$;

(2) $f'(x)$ 在 $[a,b]$ 内不为零;

(3) $f''(x)$ 在 $[a,b]$ 内不为零;

(4) 选取 $x_0 \in [a,b]$, 满足 $f(x_0)f''(x_0) > 0$, 则牛顿迭代序列收敛到方程 $f(x) = 0$ 在 $[a,b]$ 内的唯一的根 x^*.

证明 由条件 (1) 可知方程 $f(x)$ 在 $[a,b]$ 内至少有一个根, 由条件 (3) 知 $f'(x)$ 在 $[a,b]$ 内连续, 再由条件 (2) 知 $f'(x)$ 在 $[a,b]$ 内保持同号, 因而 $f(x)$ 在 $[a,b]$ 内严格单调, 因而方程 $f(x) = 0$ 的根在 $[a,b]$ 内是唯一的. 因而对以上四种情况, 这里讨论第一种情况, 即 $f'(x) > 0, f''(x) > 0$, 即 $f(x)$ 严格单调增, 且是向上凹的, 因而, 此时 $f(b) > 0$. 当 $x > x^*$ 时, $f(x) > 0$. 因为选取的 x_0 满足 $f(x_0)f''(x_0) > 0$, 所以 $f(x_0) > 0$, 故 $x_0 > x^*$.

下面用归纳法证明.

每次迭代 $x^* < x_n < x_{n-1}$, 因为 $x_n = x_{n-1} - \dfrac{f(x_{n-1})}{f'(x_{n-1})}$, 由 $f(x_{n-1}) > 0$, $f'(x_{n-1}) > 0$, 所以 $x_n < x_{n-1}$, 因为 $f''(x) > 0$ 曲线向上凹, 任一点的切线总在曲线的下方, 所以有切线 $g(x) = f(x_{n-1}) + f'(x_{n-1})(x - x_{n-1})$ 在曲线 $y = f(x)$ 的下方, 故 $g(x^*) < f(x^*) = 0$, $g(x_{n-1}) = f(x_{n-1}) > 0$. 因此, 我们得 $g(x)$ 与 x 轴的交点 x_n 在 x^* 和 x_{n-1} 之间, 即 $x^* < x_n < x_{n-1}$, 因而数列 $x_0, x_1, \cdots, x_n, \cdots$ 是单调下降且有下界的数列, 故 $\lim\limits_{n \to \infty} x_n = \alpha$, 在迭代格式 $x_n = x_{n-1} - \dfrac{f(x_{n-1})}{f'(x_{n-1})}$ 中, 令 $n \to \infty$, 得 $\alpha = \alpha - \dfrac{f(\alpha)}{f'(\alpha)}$, 我们得 $f(\alpha) = 0, \alpha = x^*$, 即 $\lim\limits_{n \to \infty} x_n = x^*$.

注 (1) 在定理 2.4 的条件 (4) 中, 初始值不需要必须满足 $f(x_0)f''(x_0) > 0$. 以第一种情况为例, 也可以选取 $x_0 < x^*$. 只要由此得到的 x_1 仍然在 $[a,b]$ 区间内, 则 x_1 自然满足 $f(x_1)f''(x_1) > 0$. 这是因为过 x_0 的切线 $g(x) = f(x_0) + f'(x_0)(x - x_0)$ 在曲线 $y = f(x)$ 的下方, 因而 $g(x^*) < f(x^*) = 0$, 所以 $g(x)$ 与 x 轴的交点 x_1 在 x^* 的右边, 即 $x^* < x_1$, 故 $g(x_1) = 0 < f(x_1)$.

(2) 用牛顿迭代法解方程, 初始值 x_0 的选取很重要, 因有时定理的条件不容易验证. 初始值 x_0 的选取不同, 牛顿迭代法可能收敛, 也可能不收敛. 由于非线性方程往往有许多根, 初始值 x_0 的选取不同可能会收敛到不同的根.

例 2.8 求方程 $f(x) = x^3 - x - 4 = 0$ 的根, 要求 $\varepsilon < 0.0005$.

解 利用牛顿迭代公式 $x_{n+1} = x_n - \dfrac{f(x_n)}{f'(x_n)}$, 选取初始值 $x_0 = 0$, 迭代公式生成的序列 $\{x_k\}$ 如表 2.10 所示.

表 2.10 初始值 $x_0 = 0$ 的牛顿迭代法求根的序列表

k	x_k	$|x_{k+1} - x_k|$
0	0	4
1	−4.000000	−1.404255
2	−2.595745	−1.087460
3	−1.508285	−1.360217
4	−0.148068	6.267401
5	−6.415469	−2.152558

迭代数列中第四项又回到初始值 $x_0 = 0$ 附近, 进入死循环, 不能收敛. 选取初始值 $x_0 = 4$, 迭代法生成的序列 $\{x_k\}$ 如表 2.11 所示, 此时迭代序列收敛.

表 2.11 初始值 $x_0 = 4$ 的牛顿迭代法求根的序列表

k	x_k	$|x_{k+1} - x_k|$
0	4	—
1	2.808511	1.191489
2	2.219703	0.588808
3	2.022554	0.197148
4	2.000273	0.022281
5	2.000000	0.000273

小 节 测 试

1. 牛顿迭代法的收敛性特性包括哪些? (多选)
   A. 局部二次收敛
   B. 对所有初始值全局收敛
   C. 在根附近的初始选择可以导致更快的收敛
   D. 需要 $f'(x)$ 在迭代区间内不为零
2. 关于牛顿迭代法的几何意义, 以下哪项描述正确? (多选)
   A. 利用当前点的割线与 x 轴的交点更新迭代值
   B. 在当前点作函数的切线, 取切线与 x 轴的交点作为下一步迭代值
   C. 通过不断缩小区间长度来逼近根
   D. 适用于复平面上根的搜索
3. 关于牛顿迭代法的收敛速度和效率, 以下哪些因素会影响其表现? (多选)
   A. 函数在根附近的导数值 B. 根的重数
   C. 初始点的选择 D. 函数的连续性和可微性
4. 对于具有重根的方程, 牛顿迭代法的修改版是如何调整的? (单选)
   A. 通过减少迭代步长 B. 通过增加迭代步长
   C. 通过在迭代公式中引入重根的重数倍 D. 通过忽略所有导数

2.5 弦截法

5. 在牛顿迭代法中,如果函数的导数在迭代点 x_n 处为零,这会导致什么问题? (单选)

  A. 加速收敛过程   B. 使迭代过程停止

  C. 导致迭代过程发散   D. 没有影响

6. 如果一个函数在其根处具有重根,使用标准牛顿迭代法可能会导致收敛速度减慢. (判断)

7. 如果函数的导数在近似根附近快速变化,牛顿迭代法的收敛可能会受到负面影响. (判断)

8. 牛顿迭代法的局部二次收敛性意味着如果初始估计点 x_0 足够接近方程的实际根,那么随着迭代次数的增加,误差的减少速率将与误差的_____成正比. (填空)

9. 在牛顿迭代法的迭代过程中,如果连续几次迭代的结果相同或非常接近,这意味着什么? 应如何处理? (思考)

习题解析

2.5 弦 截 法

2.5.1 弦截法的基本思想

设方程 $f(x) = 0$ 在区间 $[x_0, x_1]$ 内有唯一实根,其解就是曲线与 x 轴的交点,而弦截法是选取曲线上两点,用过两点的直线 (弦) 与 x 轴的交点作为 x^* 的一次近似值. 如图 2.10 所示,不妨假定 $f(x_0) > 0, f(x_1) < 0$,连接 $P_0(x_0, f(x_0))$, $P_1(x_1, f(x_1))$ 的直线 P_0P_1(弦) 与 x 轴的交点为 x_2,用于 x^* 的第一次近似,过 P_0P_1 的直线为

$$y - f(x_1) = \frac{f(x_1) - f(x_0)}{x_1 - x_0}(x - x_1),$$

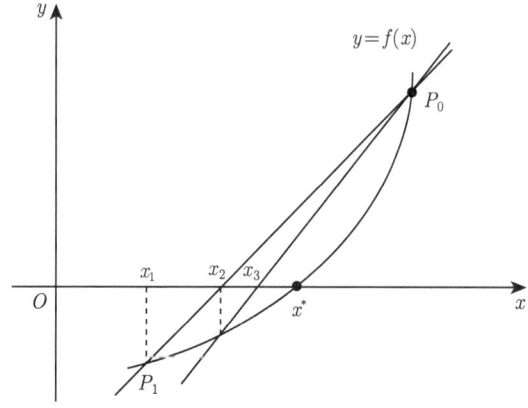

图 2.10 弦截法的几何图

令 $y = 0$, 则得该直线与 x 轴的交点

$$x_2 = \frac{x_0 f(x_1) - x_1 f(x_0)}{f(x_1) - f(x_0)} = x_1 - \frac{f(x_1)}{f(x_1) - f(x_0)}(x_1 - x_0).$$

再计算 $f(x_2)$, 得点 $P_2(x_2, f(x_2))$.

(1) 如果 $f(x_2) = 0$, 那么 x_2 就是方程的解;
(2) 如果 $f(x_2) > 0$, 那么再作弦 $P_1 P_2$ 继续求与 x 轴的交点 x_3;
(3) 如果 $f(x_2) < 0$, 那么再作弦 $P_0 P_2$ 与 x 轴交点为 x_3; 如此反复计算.

弦截法的迭代公式为

$$x_{k+1} = x_k - \frac{f(x_k)}{f(x_k) - f(x_{k-1})}(x_k - x_{k-1}).$$

与牛顿迭代法相比, 弦截法需要事先给定两个初始值.

例 2.9 采用弦截法寻找方程 $f(x) = x^3 + 4x^2 - 10 = 0$ 的一个根, 并使精度在 10^{-8} 之内.

解 使用两个初始近似值 $x_0 = 1.25, x_1 = 1.3$, 表 2.12 中列出的近似值由下列公式生成:

$$\begin{aligned} x_k &= x_{k-1} - \frac{x_{k-1} - x_{k-2}}{f(x_{k-1}) - f(x_{k-2})} f(x_{k-1}) \\ &= x_{k-1} - \frac{(x_{k-1} - x_{k-2})(x_{k-1}^3 + 4x_{k-1}^2 - 10)}{(x_{k-1}^3 + 4x_{k-1}^2 - 10) - (x_{k-2}^3 + 4x_{k-2}^2 - 10)}, \end{aligned}$$

具体结果见表 2.12, 且近似解 x_6 满足精度要求.

表 2.12 弦截法求解近似值的序列表

k	x_k	$|x_k - x_{k-1}|$
0	1.25	—
1	1.3000000000	—
2	1.3691759244	0.069176
3	1.3651009356	0.004075
4	1.3652297641	0.000129
5	1.3652300134	0.249×10^{-6}
6	1.3652300134	0.158×10^{-10}

2.5.2 弦截法的收敛性

弦截法也是一种迭代法, 类似于牛顿迭代法收敛性中的四种情况, 这里也考虑四种情况. 假设方程 $f(x) = 0$ 在区间 $[a, b]$ 内连续且有唯一的根.

第一种情况: 在 $[a, b]$ 上恒有 $f'(x) > 0, f''(x) > 0$, 即 $f(x)$ 单调增加, 且向上凹, 取 $x_0 = b, x_1 = a$, 可以证明, $x_{n-1} < x_n < x^*, n = 2, 3, \cdots$, 数列 $\{x_n\}$ 单调有

2.5 弦 截 法

上界, 且以 x^* 为上界, 因而迭代公式是 $x_{n+1} = x_n - \dfrac{f(x_n)}{f(x_n) - f(x_0)}(x_n - x_0)$, 即曲线的弦总是以 P_0 为一端.

第二种情况: $f'(x) < 0, f''(x) < 0$, $f(x)$ 单调递减, 向上凸, 同样置 $x_0 = b, x_1 = a$, $f(x_n) > 0, x_n < x_{n+1} < x^*$, 数列 $\{x_n\}$ 单调递增, 且以 x^* 为上界, $P_0(x_0, f(x_0))$ 始终是弦的一端.

第三种情况: $f'(x) > 0, f''(x) < 0$, 置 $x_0 = a, x_1 = b$, 相应得到的数列均为 $f(x_n) > 0, x^* < x_{n+1} < x_n$, 数列 $\{x_n\}$ 单调递减, 且以 x^* 为下界, $P_0(x_0, f(x_0))$ 始终是弦的一端.

第四种情况: $f'(x) < 0, f''(x) > 0$, 置 $x_0 = a, x_1 = b$, 相应得到的数列 $\{x_n\}$ 具有性质 $f(x_n) < 0, x^* < x_{n+1} < x_n$, 数列 $\{x_n\}$ 单调递减, 且以 x^* 为下界, $P_0(x_0, f(x_0))$ 始终是弦的一端.

总之, $f'(x), f''(x)$ 在 $[a, b]$ 上不变号的情况下:

(1) 如果 $f'(x)f''(x) > 0$ (第一、二种情况), 那么置 $x_0 = b, x_1 = a$;

(2) 如果 $f'(x)f''(x) < 0$ (第三、四种情况), 那么置 $x_0 = a, x_1 = b$.

计算公式均为

$$x_{n+1} = x_n - \frac{f(x_n)}{f(x_n) - f(x_0)}(x_n - x_0),$$

$P_0(x_0, f(x_0))$ 始终是弦的一端.

定理 2.5 设 $f(x)$ 在方程 $f(x) = 0$ 的根 x^* 的某个邻域内二阶连续可微, 且 $f(x^*) = 0, f'(x^*) \neq 0$, 则存在 $\delta > 0$, 当 $x_0, x_1 \in [x^* - \delta, x^* + \delta]$ 时, 由弦截法产生的数列 $\{x_n\}$ 收敛于 x^*.

例 2.10 分别采用牛顿迭代法和弦截法求解 $\sqrt{2}$ 的近似值, 并使精度控制在 10^{-5} 之内.

解 令 $f(x) = x^2 - 2$, 设牛顿迭代法的初始值为 $x_0 = 1.4$, 弦截法迭代公式的两个初始值分别为 $x_0 = 1.4$ 以及 $x_1 = 1.5$. 表 2.13 给出了两种方法的迭代近似值, 可见, 与牛顿迭代法相比, 弦截法的收敛速度慢一些.

表 2.13 牛顿迭代法和弦截法求解近似值的对比表

	牛顿迭代法			弦截法	
k	x_k	$\|x_{k+1} - x_k\|$	k	x_k	$\|x_{k+1} - x_k\|$
0	1.40000	—	0	1.40000	—
1	1.41429	0.014129	1	1.50000	0.10000
2	1.41421	0.000080	2	1.41379	0.08621
3			3	1.41420	0.00041
4			4	1.41421	0.00001

小 节 测 试

1. 弦截法的基本思想是什么？(多选)
   A. 用线性函数近似非线性函数
   B. 使用不动点迭代方法
   C. 通过连续切线逼近根
   D. 用两点间的割线代替切线来逼近根

2. 关于弦截法的收敛性，以下哪些陈述是正确的？(多选)
   A. 弦截法总是比牛顿迭代法收敛得更快
   B. 弦截法的收敛速度通常比牛顿迭代法慢，但比二分法快
   C. 收敛性取决于选取的初始两点
   D. 弦截法在处理重根时收敛速度不受影响

3. 弦截法适用于哪些类型的问题？(多选)
   A. 所有连续函数的根求解
   B. 只有线性函数的根求解
   C. 具有明确区间且函数在区间上变号的根求解
   D. 需要快速估算根的近似值的情况

4. 在弦截法中，如果连续迭代中割线的斜率趋近于零，会发生什么情况？(多选)
   A. 方法将加速收敛
   B. 方法可能会失效或收敛速度变慢
   C. 迭代将变得更加稳定
   D. 可能需要重新选择初始点

5. 弦截法相比于牛顿迭代法的优势包括哪些？(多选)
   A. 不需要计算函数的导数
   B. 收敛速度更快
   C. 对初始估计点的要求更宽松
   D. 更适合处理函数在根附近导数不连续的情况

6. 在哪种情况下，弦截法可能失效或表现不佳？(单选)
   A. 当函数在根附近非常平滑时
   B. 当函数在迭代点附近具有断点或不连续性时
   C. 当初始两点非常靠近函数的根时
   D. 当函数的导数在根附近很大时

7. 当函数在迭代区间内的导数变化不大时，弦截法比牛顿迭代法更优越．(判断)

8. 弦截法在处理函数的重根时可能表现不佳, 因为割线斜率接近零会导致迭代步骤的改进量_____. (填空)

9. 如何确定弦截法的初始两点, 以最大程度地提高算法的收敛速度? (思考)

10. 弦截法在何种情况下可能表现出优于牛顿迭代法的性能? (思考)

习题解析

2.6 迭代法的收敛速度

2.6.1 收敛阶定义

考虑迭代公式 $x_{k+1} = \varphi(x_k)$, 记迭代误差为 $e_k = x^* - x_k$. 如果存在常数 $p \geqslant 1$ 和非零常数 C, 使得

$$\lim_{k \to \infty} \left| \frac{e_{k+1}}{e_k^p} \right| = C,$$

则称迭代格式的收敛速度是 p 阶的. 特别地, 当 $p = 1$ 时称迭代格式为线性收敛, 当 $p > 1$ 时称迭代格式为超线性收敛, 当 $p = 2$ 时称迭代格式为平方收敛[5].

2.6.2 收敛阶判定方法

定理 2.6 (线性收敛的判定定理) 设迭代公式 $x_{k+1} = \varphi(x_k)$ 收敛到 x^*. 如果 $\varphi'(x)$ 在 x^* 的邻域内连续且 $\varphi'(x^*) \neq 0$, 则上述迭代公式是线性收敛的.

证明 迭代误差

$$e_{k+1} = x^* - x_{k+1} = \varphi(x^*) - \varphi(x_k) = \varphi'(\xi)e_k,$$

故有 $\lim\limits_{k \to \infty} \left| \dfrac{e_{k+1}}{e_k} \right| = C = |\varphi'(x^*)| \neq 0$.

定理 2.7 (高阶收敛的判定定理) 设迭代公式 $x_{k+1} = \varphi(x_k)$ 收敛到 x^*. 如果存在整数 $p \geqslant 2$ 使得 $\varphi^{(p)}(x)$ 在 x^* 的邻域内连续, 且

$$\varphi'(x^*) = \varphi''(x^*) = \cdots = \varphi^{(p-1)}(x^*) = 0, \quad \varphi^{(p)}(x^*) \neq 0,$$

则上述迭代格式是 p 阶收敛的, 且有

$$\lim_{k \to \infty} \left| \frac{e_{k+1}}{e_k^p} \right| = C = \frac{\left| \varphi^{(p)}(x^*) \right|}{p!}.$$

证明 将 $\varphi(x)$ 在根 x^* 处做泰勒展开,

$$\varphi(x) = \varphi(x^*) + \varphi'(x^*)(x - x^*) + \cdots + \frac{\varphi^{(p-1)}(x^*)}{(p-1)!}(x - x^*)^{p-1} + \frac{\varphi^{(p)}(\xi)}{p!}(x - x^*)^p,$$

由条件 $\varphi'(x^*) = \varphi''(x^*) = \cdots = \varphi^{(p-1)}(x^*) = 0$, 则有 $\varphi(x) = \varphi(x^*) + \dfrac{\varphi^{(p)}(\xi)}{p!}(x-x^*)^p$, 取 $x = x_k$, 则有

$$x_{k+1} - x^* = \frac{\varphi^{(p)}(\xi)}{p!}(x_k - x^*)^p.$$

从而

$$\left|\frac{e_{k+1}}{e_k^p}\right| \to \frac{|\varphi^{(p)}(x^*)|}{p!}, \quad k \to \infty,$$

即 $x_{k+1} = \varphi(x_k)$ 为 p 阶收敛.

上述两个定理表明, 迭代格式的收敛速度依赖于迭代函数 $\varphi(x)$ 的选取, 如果 $\varphi'(x^*) \neq 0$, 则该迭代格式只能是线性收敛的.

定理 2.8 设 $f \in C^2[a,b]$, 若 x^* 为 $f(x) = 0$ 在区间 $[a,b]$ 上的单根 ($f(x^*) = 0, f'(x^*) \neq 0$), 则牛顿迭代法至少是二阶收敛的, 且当 $f''(x^*) \neq 0$ 时,

$$\lim_{k \to \infty} \left|\frac{x_{k+1} - x^*}{(x_k - x^*)^2}\right| = \left|\frac{f''(x^*)}{2f'(x^*)}\right|.$$

证明 牛顿迭代法的迭代函数为 $\varphi(x) = x - \dfrac{f(x)}{f'(x)}$, 则有

$$\varphi'(x^*) = \frac{f(x^*)f''(x^*)}{[f'(x^*)]^2} = 0.$$

故

$$\varphi''(x^*) = \begin{cases} \dfrac{f''(x^*)}{f'(x^*)}, & f''(x^*) \neq 0, \\ 0, & f''(x^*) = 0. \end{cases}$$

例 2.11 用简单迭代法求解 $x^2 - 3 = 0$ 的根 $x^* = \sqrt{3}$, 试比较下列两个迭代公式的收敛阶: (1) $x_{k+1} = x_k - \dfrac{1}{4}(x_k^2 - 3)$, (2) $x_{k+1} = \dfrac{1}{2}\left(x_k + \dfrac{3}{x_k}\right)$.

解 (1) $x_{k+1} = x_k - \dfrac{1}{4}(x_k^2 - 3)$, $\varphi'(x) = 1 - \dfrac{x}{2}$,

$$\varphi'(x^*) = 1 - \frac{\sqrt{3}}{2} \approx 0.134.$$

因此该迭代格式是线性收敛的.

2.6 迭代法的收敛速度

(2) $x_{k+1} = \dfrac{1}{2}\left(x_k + \dfrac{3}{x_k}\right)$, $\varphi'(x) = \dfrac{1}{2}\left(1 - \dfrac{3}{x^2}\right)$, $\varphi'(x^*) = 0$,
$$\varphi''(x^*) = \dfrac{1}{\sqrt{3}}.$$

因此该迭代格式是平方收敛的.

例 2.12 迭代公式 $x_{k+1} = x_k + c(x_k^2 - 13)$ 至少平方收敛到 $\sqrt{13}$ 时, 确定 c 的值.

解 由迭代公式得 $\varphi(x) = x + c(x^2 - 13)$, $\varphi'(x) = 1 + 2cx$, 当 $\varphi'(x^*) = 0$, 至少平方收敛时, 可得 $c = -\dfrac{1}{2\sqrt{13}}$.

小 节 测 试

1. 收敛阶的定义是什么? (多选)
    A. 表示迭代法收敛到根的速率
    B. 等于迭代过程中误差减少的倍数
    C. 描述迭代序列中后续误差与当前误差的比率
    D. 定量描述迭代法每步迭代后逼近根的效率

2. 关于收敛阶判定方法, 以下哪些描述是正确的? (多选)
    A. 利用连续两次迭代误差的比值来估计
    B. 仅适用于线性收敛的方法
    C. 需要通过计算误差序列的极限来确定
    D. 可以通过观察误差序列的模式来判断

3. 如果一个迭代方法具有二次收敛阶, 以下哪些特征是可能的? (多选)
    A. 每次迭代后误差减少为原来的四分之一
    B. 每次迭代后误差平方减少
    C. 在接近根时表现出非常快的收敛速度
    D. 每次迭代误差减少的速率逐渐增加

4. 在确定一个迭代法的收敛阶时, 哪些因素需考虑? (多选)
    A. 初始估计的准确性 B. 函数在根处的导数值
    C. 迭代公式的数学形式 D. 迭代过程中误差的变化模式

5. 线性收敛与超线性收敛之间的主要区别是什么? (多选)
    A. 线性收敛的误差减少速率是恒定的
    B. 超线性收敛的误差减少速率随迭代增加而加快
    C. 线性收敛不依赖于导数信息
    D. 超线性收敛通常需要更少的迭代步骤

6. 在确定一个迭代法的收敛阶时,哪种方法是最常用的? (单选)

    A. 观察前几次迭代的误差减少模式

    B. 使用艾特肯 Δ^2 过程估计收敛速度

    C. 比较不同迭代法的迭代次数

    D. 计算迭代过程中误差的比值极限

7. 对于任意收敛的迭代法,收敛阶的计算总是可能的和明确的. (判断)

8. 在评估迭代法的收敛速度时,为什么不能仅仅依赖于初步的迭代步骤? (思考)

9. 解释为什么相同的迭代法在不同的问题或初始估计下可能展现出不同的收敛阶? (思考)

10. 考虑到收敛阶判定方法的重要性,为什么理论上的收敛阶分析和实际计算中观察到的收敛速度有时会有所不同? (思考)

习题解析

2.7 艾特肯加速收敛算法

2.7.1 艾特肯加速收敛算法基本原理

考虑一阶收敛迭代公式 $x_{k+1} = \varphi(x_k)$,记迭代误差为 $e_k = x^* - x_k$,则

$$\lim_{k \to \infty} \left| \frac{e_{k+1}}{e_k} \right| = C = |\varphi'(x^*)|.$$

如果 $\varphi'(x)$ 变化不大,则上述等式意味着 $e_{k+1} \approx C e_k$. 取如下两个公式:

$$x_{k+1} - x^* \approx C(x_k - x^*),$$
$$x_{k+2} - x^* \approx C(x_{k+1} - x^*),$$

消去常数 C 后整理可得

$$(x_{k+1} - x^*)^2 \approx (x_k - x^*)(x_{k+2} - x^*),$$

去掉 x^* 的高阶项后有

$$x^* \approx x_k - \frac{(x_{k+1} - x_k)^2}{x_{k+2} - 2x_{k+1} + x_k}.$$

艾特肯 (Aitken) 加速迭代公式表示为

$$x_{k+1}^{(1)} = \varphi(x_k),$$
$$x_{k+1}^{(2)} = \varphi(x_{k+1}^{(1)}),$$
$$x_{k+1} = x_k - \frac{(x_{k+1}^{(1)} - x_k)^2}{x_{k+1}^{(2)} - 2x_{k+1}^{(1)} + x_k}, \quad k = 0, 1, 2, \cdots.$$

如果第 k 步有 $x_{k+1}^{(2)} - 2x_{k+1}^{(1)} + x_k = 0$,则迭代终止,取 $x^* \approx x_k$.

2.7.2 艾特肯加速收敛算法的几何意义

艾特肯加速收敛算法的几何意义如图 2.11 所示. 取 x_0 为方程 $x = \varphi(x)$ 的一个近似根, 令 $x_1^{(1)} = \varphi(x_0)$, $x_1^{(2)} = \varphi(x_1^{(1)})$ 在曲线 $y = \phi(x)$ 取 $P_0(x_0, \varphi(x_0))$, 作 x 轴平行线, 再作 y 轴平行线交 $y = \varphi(x)$ 于 $P_1(x_1^{(1)}, \varphi(x_1^{(1)}))$. 作弦线 $\overline{P_0 P_1}$ 与直线 $y = x$ 相交于点 P, 则 P 点横坐标满足

$$x_1 = x_0 - \frac{(x_1^{(1)} - x_0)^2}{x_1^{(2)} - 2x_1^{(1)} + x_0}.$$

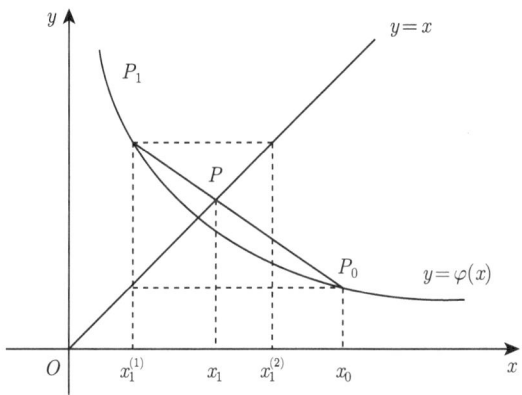

图 2.11 艾特肯加速收敛算法的几何示意图

然后, 作 x 轴的平行线, 再作 y 轴的右平行线交 $y = \varphi(x)$ 于 $(x_1^{(2)}, \varphi(x_1^{(2)}))$, $\cdots$, 一直下去, 则 x_n 越来越接近于 x^*, x^* 就是 $y = x$ 与 $y = \varphi(x)$ 交点的横坐标, 即 $x^* = \varphi(x^*)$.

例 2.13 分别用简单迭代法和艾特肯加速收敛算法求方程 $\varphi(x) = x - \dfrac{x^2 - 3}{4}$ 在 1.5 附近的根, 并比较其收敛速度 ($\varepsilon = 10^{-4}$).

解 取初始值 $x_0 = 1.5$, 计算结果如表 2.14 所示.

表 2.14 简单迭代法和艾特肯加速收敛算法求根的对比表 (一)

	简单迭代法			艾特肯加速收敛算法	
k	x_k	$\|x_{k+1} - x_k\|$	k	x_k	$\|x_{k+1} - x_k\|$
0	1.50000		0	1.50000	0.23529
1	1.68750	0.18750	1	1.73529	0.00324
2	1.72559	0.03809	2	1.73205	0.00000
3	1.73117	0.00559			
4	1.73193	0.00076			
5	1.73204	0.00010			

例 2.14 分别用简单迭代法和艾特肯加速收敛算法求方程 $x = 1 - x^2$ 在 $x_0 = 0.55$ 附近的正根 ($x^* = 0.618, \varepsilon = 10^{-3}$).

解 取 $x_0 = 0.55$, 计算结果如表 2.15 所示.

表 2.15 简单迭代法和艾特肯加速收敛算法求根的对比表 (二)

	简单迭代法			艾特肯加速收敛算法	
k	x_k	$\|x_{k+1} - x_k\|$	k	x_k	$\|x_{k+1} - x_k\|$
0	0.5500	—	0	0.550000	
1	0.6975	0.1475	1	0.615600	0.065600
2	0.5315	0.1840	2	0.618031	0.002431
3	0.7363	0.2228	3	0.618034	0.000003
⋮	发散	发散			

上述两个例子表明, 艾特肯加速后的迭代公式的收敛速度相对比较快, 同时艾特肯加速收敛算法还可以使发散的迭代公式变得收敛.

小 节 测 试

1. 艾特肯加速收敛算法的基本原理是什么? (多选)
   A. 利用迭代序列的二次项　　　　B. 通过消除线性项来加速收敛
   C. 使用逐步近似来改进收敛速率　D. 利用三点来估计下一个迭代值
2. 艾特肯加速收敛算法的几何意义包括哪些方面? (多选)
   A. 构建迭代点的切线　　　　　　B. 通过割线方法逼近根
   C. 通过构造抛物线来预测根的位置　D. 改进迭代值以更快逼近根
3. 在哪些情况下艾特肯加速收敛算法特别有效? (多选)
   A. 当原始迭代法收敛速度已经很快时　B. 当原始迭代法显示线性收敛时
   C. 对于具有复杂动态行为的迭代序列　D. 当迭代序列在根附近振荡时
4. 艾特肯加速收敛算法对收敛速度的影响包括哪些? (多选)
   A. 可以将线性收敛转变为超线性收敛
   B. 总是使收敛速度加倍
   C. 可以减少计算过程中的舍入误差
   D. 在某些情况下可能导致收敛速度减慢
5. 使用艾特肯加速收敛算法时需要考虑的因素包括哪些? (多选)
   A. 原始迭代法的收敛性质　　　　B. 计算过程中的误差累积
   C. 迭代序列的变化趋势　　　　　D. 迭代序列的初始值选择
6. 在应用艾特肯加速收敛过程时, 需要关注哪些潜在问题? (单选)
   A. 舍入误差的积累　　　　　　　B. 收敛速度过快导致的不稳定性
   C. 迭代过程中的导数计算错误　　D. 过度拟合导致的收敛偏差

7. 艾特肯加速收敛算法 (Δ^2) 中的 Δ^2 指的是对原始迭代序列进行两次差分操作. (判断)

8. 艾特肯加速收敛算法 (Δ^2) 能够有效加速收敛的原因是它能够_____, 从而在新的迭代序列中实现更快的收敛. (填空)

9. 对于艾特肯加速收敛算法, 关键的数学操作是对连续迭代值进行_____, 这一操作有助于改进序列的收敛性能. (填空)

10. 艾特肯加速收敛算法与原始迭代过程相比, 在数值稳定性方面有何差异? (思考)

习题解析

2.8 案 例

2.8.1 问题背景

在房地产金融领域中, 按揭贷款作为购房者普遍采用的融资方式, 其利率计算模型具有重要的理论价值与实践意义. 本案例以等额本息还款模式下的利率反演问题为研究对象, 构建逆向利率计算数学模型. 设定案例参数如下: 某住宅标的建筑面积是 120 平方米, 单价 10000 元/米^2. 购房者采用首付 30%, 剩余 70% 通过商业银行按揭贷款进行融资. 已知还款周期、月偿付金额及总还款额度等约束条件, 需建立非线性方程求解实际年化利率 (表 2.16, 基准利率按 4.9% 测算).

表 2.16 计算房贷年利率的信息表

总价/万元	首付/万元	按揭/万元	总利息/元	月还款/元
120	36	84	764917.60	4458.10

2.8.2 数学模型

等额本息指一种贷款的还款方式, 在还款期间, 每月偿还同等数额的贷款 (包括本金和利息), 月利率与年利率的关系如下:

$$年利率 = 月利率 \times 12.$$

记 R 为月利率, N 为还款期数 ($N = 30 \times 12$ 月 $= 360$ 月), D 是月还款金额 ($D = 0.44581$ 万元), x_k 指第 k 个月欠款金额. 依据等额本息贷款还款方式, 有如下递推关系:

$$x_{k+1} = (1+R)x_k - D,$$

反复利用上述关系式, 得

$$x_k = (1+R)x_{k-1} - D = (1+R)^2 x_{k-2} - (1+R)D - D = \cdots = (1+R)^k x_0 - \frac{(1+R)^k - 1}{R}D.$$

将 $x_0 = 84, x_{360} = 0, D = 0.44581$ 代入, 得如下方程:

$$84(1+R)^{360} - 0.44581\frac{(1+R)^{360}-1}{R} = 0,$$

记 $f(R) = 84(1+R)^{360} - 0.44581\frac{(1+R)^{360}-1}{R}$，则 $f(R) = 0$ 是关于月利率 R 的一个高次代数方程，关于 R 的求解问题，是非线性方程求根的问题.

2.8.3 计算方法

根据代数学基本定理可知，n 次代数方程在复数域内有且仅有 n 个根，当 $n = 1, 2$ 时的求根公式是熟知的，当 $n = 3, 4$ 时的求根公式可在数学手册中查到，但比较复杂时不适合数值计算，当 $n \geqslant 5$ 时，不能直接用公式表示方程的根，即没有直接法进行求解，要使用迭代法求解. 迭代法要求先给出一个近似值，由于 $f(x) \in C[0.004, 0.005]$ 且 $f(0.004)f(0.005) < 0$，根据连续函数性质可知，$f(x) = 0$ 在 $(0.004, 0.005)$ 内至少有一个实根. 下面采用二分法对上述非线性方程进行求解.

记 $a_0 = 0.004, b_0 = 0.005$，而 $f(a_0) < 0, f(b_0) > 0$，取 $[a_0, b_0]$ 的中点 $x_0 = 0.0045$，将区间二等分，由于 $f(x_0) > 0$，即 $f(x_0)$ 与 $f(a)$ 异号，故所求根 x^* 在 x_0 左侧，这时令 $a_1 = a_0, b_1 = x_0$，得到新的有根区间 $[a_1, b_1]$，如此反复二分下去，按误差估计要求，二分 5 次，就能达到精度要求 $|a_k - b_k| < 0.00005$，此时，取第 5 次二分后的有根区间 $[a_5, b_5]$ 的中点 x_5 作为原非线性方程的近似根即可，$x_5 \approx 0.00408$.

2.8.4 编程实现

```
function f=f(x)
f=84*(1+x)^360-0.44581*[(1+x)^360-1]/x;
end
function[x,k]=erfen(a,b,tol)
if sign(f(a))*sign(f(b))>0
    errordlg('f(a)f(b)<0 is not satisfied!')
end
fa=f(a);fb=f(b);
k=0;
while (b-a)>tol
    k=k+1;
    c=(a+b)/2;fc=f(c);
    if abs(fc)<0.000001
        break
    end
    if sign(fc)*sign(fa)<0
```

```
            b=c;fb=fc;
        else
            a=c;fa=fc;
        end
    end
    x=(a+b)/2;
end
>>在命令窗口输入
>>[x,k]=dichotomy(0.004,0.005,0.00005)
```

2.9 章节测试

理论题:
1. 在非线性方程求根问题中, 哪些方法可以用于确定根的存在性? (多选)
   A. 图形法 B. 二分法
   C. 不动点迭代 D. 积分法
2. 二分法的哪些特点是准确的? (多选)
   A. 收敛速度快 B. 始终保证收敛
   C. 需要函数的导数 D. 适用于连续函数
3. 迭代法的一般原理包括哪些概念? (多选)
   A. 连续性 B. 收敛性
   C. 不动点 D. 导数存在性
4. 牛顿迭代法在求根过程中的哪些特征是正确的? (多选)
   A. 二次收敛速度 B. 不需要函数连续性
   C. 依赖于函数的一阶导数 D. 适用于所有类型的非线性方程
5. 关于迭代法的收敛速度, 下列哪些描述是正确的? (多选)
   A. 线性收敛意味着每步迭代后误差按固定比例减少
   B. 二次收敛意味着每步迭代后误差减少得非常快
   C. 所有迭代法都至少具有线性收敛速度
   D. 超线性收敛速度介于线性收敛和二次收敛之间
6. 二分法求根的关键原理是什么? (单选)
   A. 函数连续性和中值定理 B. 导数的符号变化
   C. 迭代逼近 D. 函数的线性化
7. 在非线性方程求根中, 二分法的优势是什么? (单选)
   A. 快速收敛 B. 不需要导数
   C. 收敛阶高 D. 简单且稳定

8. 对于非线性方程求根, 迭代法的一般原理包括哪个概念? (单选)

    A. 极值问题解决   B. 线性系统求解

    C. 不动点迭代   D. 微分方程求解

9. 迭代法的一般原理是将求根问题转化为寻找不动点的问题. (判断)

10. 在牛顿迭代法中, 如果函数的导数在预期根附近非常大, 则收敛速度会加快. (判断)

11. 艾特肯加速收敛算法 (Δ^2) 是通过减少高阶误差项来加速线性收敛过程的. (判断)

12. 牛顿迭代法利用函数的_____ 和当前估计值来计算下一个迭代点. (填空)

13. 如果一个迭代法每次迭代后误差减少为原来的一半, 则该迭代法的收敛阶为_____. (填空)

14. 牛顿迭代法如何处理函数在预期根附近导数非常小或为零的情况? (思考)

计算题:

1. 用二分法求 $e^{-x} - \sin\dfrac{\pi x}{2} = 0$ 在区间 $[0, 1]$ 内的一个根, 要求误差不超过 $\dfrac{1}{2^5}$.

2. 方程 $3x^2 - x - 3 = 0$ 满足 $f(0) \cdot f(1) \leqslant 0$, 且在 $[0, 1]$ 单调递增, 故 $f(x)$ 在 $[0, 1]$ 内有唯一解, 用二分法求解需要计算几次使得精度 $\varepsilon = 10^{-6}$?

3. 分析方程 $x^3 - x^2 - 1 = 0$ 不同迭代公式的收敛性.

    (1) $x = 1 + 1/x^2$, 迭代公式 $x_{k+1} = 1 + 1/x_k^2$;

    (2) $x^3 = x^2 + 1$, 迭代公式 $x_{k+1} = \sqrt[3]{x_k^2 + 1}$;

    (3) $x^2 = \dfrac{1}{x-1}$, 迭代公式 $x_{k+1} = 1/\sqrt{x_k - 1}$.

4. 用迭代法求方程 $f(x) = 2x^3 - x - 1$ 在 $[0, 1]$ 内的一个实根, 并判断此迭代方程是否是 $[0, 1]$ 上的压缩映像.

5. 当 R 取适当值时, 曲线 $y = x^2$ 与 $y^2 + (x-6)^2 = R^2$ 相切, 试用迭代法求切点横坐标的近似值, 要求不少于五位有效数字, 且不必求 R.

6. 用迭代公式求 $\sqrt{9 + \sqrt{9 + \sqrt{\cdots}}}$ 的值.

7. 曲线 $y = x^3 - 0.5x + 1$ 与 $y = 2.4x^3 - 1.89$ 在点 $(1.6, 1)$ 附近相切, 试用牛顿迭代法求切点横坐标的近似值 x_{k+1}, 使 $|x_{k+1} - x_k| \leqslant 10^{-5}$.

8. 分别用牛顿迭代法和带参数的牛顿迭代法求方程的 $f(x) = \left(\sin x - \dfrac{x}{2}\right)^2 = 0$ 一个近似根精确到 10^{-5}, 初始值 $x_0 = \dfrac{\pi}{2}$.

9. 分别采用牛顿迭代法和弦截法求 $\sqrt{3}$ 的近似值.

10. 迭代公式 $x_{k+1} = 2x_k + c(x_k^2 - 13)$ 至少平方收敛到 $\sqrt{15}$ 时确定 c 的值.

11. 设 $\varphi(x) = e^x + \dfrac{a}{x}$, 要使迭代过程 $x_{k+1} = \varphi(x_k)$ 局部收敛到 $x^* = 2$, 求 a 的取值范围.

12. 求方程 $f(x) = e^x - 10x + 2 = 0$ 较小的一个根, 讨论不同迭代公式的局部收敛性, 用收敛速度最快的迭代公式求出 $x^*(\varepsilon = 10^{-4})$:

$$x_{k+1} = \frac{e^{x_k} + 2}{10};$$

$$x_{k+1} = \ln(10x_k - 2);$$

$$x_{k+1} = x_k - \frac{e^{x_k} - 10x_k + 2}{e^{x_k} - 10}.$$

13. 分别用简单迭代法和牛顿迭代法求方程 $x^2 = e^{-x}$ 在 $x = 0.7$ 附近的根, 并比较两种方法的收敛速度.

14. 分别用一般牛顿迭代法和不带参数的牛顿迭代法求解方程 $f(x) = x^4 - 8.6x^3 - 35.51x^2 + 464.4x - 998.46 = 0$ 的根并比较两种方法的收敛速度.

15. 分别用简单迭代法和艾特肯加速收敛算法求方程 $x = 1 - x - \sin x$ 在 $x_0 = 0.55$ 附近的正根 ($x^* = 0.49567, \varepsilon = 10^{-4}$).

习题解析

第 3 章 解线性方程组的直接法

3.1 直接法概述

在科学计算与工程建模领域, 线性方程组的求解构成诸多核心问题的数学基础, 其应用场景涵盖三次样条插值函数的构造、最小二乘曲线拟合的参数辨识、偏微分方程的有限元离散化求解等典型问题. 本章末演示案例中的投入产出模型也是一个求解线性方程组的问题. 当系统维度扩展至高阶或系数矩阵呈现病态特性时, 传统解析方法 (如克拉默 (Cramer) 法则) 因计算复杂度呈阶乘级爆炸而失效, 必须借助数值算法获取满足精度要求的近似解. 尤其对于超大规模稀疏矩阵或特定结构矩阵 (如正定矩阵), 人工解析求解已不具现实可行性, 此时数值解法成为连接理论模型与工程实践的关键桥梁.

数值解法主要分为直接法与迭代法两类. 直接法基于矩阵分解理论, 通过有限步算术操作将原系统转化为可解析求解的三角或对角形式, 典型方法包括高斯消元法 (辅以选主元策略增强数值稳定性)、LU 分解 (适用于一般稠密矩阵) 及 Cholesky 分解 (针对正定矩阵). 尽管在理想无舍入误差环境下, 直接法可通过 $O(n^3)$ 量级运算获得精确解, 但实际计算中受限于浮点精度, 解的误差受矩阵条件数控制. 相较而言, 迭代法通过构造收敛序列逼近解, 虽适用于超大规模问题但存在收敛性依赖谱半径的固有局限. 本章聚焦直接法的数学原理与算法实现, 系统阐述其结构化矩阵处理技术及误差传播机制, 为后续工程设计提供理论工具, 迭代法则将于下章专述.

这两章讨论的线性方程组如下:

$$\begin{cases} a_{11}x_1 + a_{12}x_2 + \cdots + a_{1n}x_n = b_1, \\ a_{21}x_1 + a_{22}x_2 + \cdots + a_{2n}x_n = b_2, \\ \quad\cdots\cdots \\ a_{n1}x_1 + a_{n2}x_2 + \cdots + a_{nn}x_n = b_n. \end{cases} \quad (3.1.1)$$

为方便起见, 将方程组表示为矩阵形式:

$$Ax = b, \quad (3.1.2)$$

其中, $A = \begin{bmatrix} a_{11} & a_{12} & \cdots & a_{1n} \\ a_{21} & a_{22} & \cdots & a_{2n} \\ \vdots & \vdots & & \vdots \\ a_{n1} & a_{n2} & \cdots & a_{nn} \end{bmatrix}, x = \begin{bmatrix} x_1 \\ x_2 \\ \vdots \\ x_n \end{bmatrix}, b = \begin{bmatrix} b_1 \\ b_2 \\ \vdots \\ b_n \end{bmatrix}$ 分别称为方程组的

系数矩阵、未知向量以及右端向量.

由线性代数的基础知识, 当系数行列式 $D = |A| \neq 0$ 时, 方程组 (3.1.1) 或 (3.1.2) 有唯一解 $x^* = [x_1, x_2, \cdots, x_n]^\mathrm{T}$, 且可以用克拉默法则将解表示出来:

$$x_i = \frac{D_i}{D} \quad (i = 1, 2, \cdots, n),$$

其中, D_i 是用右端向量 b 替代系数矩阵 A 的第 i 列后所得新矩阵的行列式.

克拉默法则虽然是解线性方程组的一种直接法, 但计算量十分庞大, 一个 n 阶方程组需要计算 $(n+1)$ 个 n 阶行列式, 而对于 n 阶行列式, 按定义直接展开计算, 需要作 $n!(n-1)$ 次乘法, 因此共需要作 $(n+1)!(n-1)$ 次乘法. 当 $n = 100$ 时, 如果使用 10^{33} 次每秒的计算机, 需要计算 10^{120} 年. 因此, 克拉默法则虽然在理论上应用广泛, 但并不适用于计算, 下面介绍几种常用的解线性方程组的直接法.

小 节 测 试

1. 线性方程组的数值解法中, 直接法与迭代法的主要区别是 (单选)

    A. 直接法只能得到近似解, 迭代法可以得到精确解

    B. 直接法通过有限步运算得到解, 迭代法通过逐步逼近得到解

    C. 直接法需要矩阵求逆, 迭代法不需要

    D. 直接法适用于稀疏矩阵, 迭代法适用于稠密矩阵

2. 克拉默法则不适用于实际计算的主要原因是 (单选)

    A. 无法处理奇异矩阵

    B. 需要计算大量行列式, 计算量过大

    C. 仅适用于低阶方程组

    D. 存在严重的舍入误差

3. 若线性方程组的系数矩阵行列式 $|A| = 0$, 则方程组无解. (判断)

4. 当线性方程组的系数矩阵行列式 $|A| \neq 0$ 时, 方程组有唯一解. (判断)

5. 克拉默法则的计算量为_____ 次乘法. (填空)

习题解析

3.2 高斯消元法

高斯 (Gauss) 消元法作为线性方程组数值求解的基石性算法, 其理论框架源于古典消元思想向多元线性系统的系统性拓展. 该方法通过构造初等行变换的递

推过程, 将系数矩阵约化为上三角形式 (前向消元阶段), 进而结合回代算法实现解的显式表达, 形成完整的直接求解范式[6].

3.2.1 高斯消元法的基本思想

高斯消元法解线性方程组有两个过程. 反复利用初等行变换将方程组增广矩阵 $[A\ b]$ 中的 A 逐次化成一个上三角矩阵, 即按自然顺序逐次消去方程组的未知量, 将方程组化为一个上三角形方程组, 这个过程称为**消元过程**; 按从下到上的顺序逐次求出上三角形方程组解的过程, 称为**回代过程**. 由于初等行变换不改变方程组的解, 故计算得到该上三角形方程组的解就是原方程组的解.

例 3.1 解方程组

$$\begin{cases} 2x_1 + x_2 + x_3 = 7, \\ 4x_1 + 5x_2 - x_3 = 11, \\ x_1 - x_2 + x_3 = 0. \end{cases}$$

解 方程组的矩阵形式为 $Ax = b$, 其中

$$A = \begin{bmatrix} 2 & 1 & 1 \\ 4 & 5 & -1 \\ 1 & -1 & 1 \end{bmatrix}, \quad b = \begin{bmatrix} 7 \\ 11 \\ 0 \end{bmatrix}, \quad x = \begin{bmatrix} x_1 \\ x_2 \\ x_3 \end{bmatrix}.$$

第一步, 消元过程: 对增广矩阵进行一系列初等行变换,

$$[A\ b] = \begin{bmatrix} 2 & 1 & 1 & 7 \\ 4 & 5 & -1 & 11 \\ 1 & -1 & 1 & 0 \end{bmatrix} \xrightarrow[r_3+\left(-\frac{1}{2}\right)\times r_1]{r_2+\left(-\frac{4}{2}\right)\times r_1} \begin{bmatrix} 2 & 1 & 1 & 7 \\ 0 & 3 & -3 & -3 \\ 0 & -1.5 & 0.5 & -3.5 \end{bmatrix}$$

$$\xrightarrow{r_3+\left(\frac{1.5}{3}\right)\times r_2} \begin{bmatrix} 2 & 1 & 1 & 7 \\ 0 & 3 & -3 & -3 \\ 0 & 0 & -1 & -5 \end{bmatrix},$$

即得同解上三角形方程组:

$$\begin{cases} 2x_1 + x_2 + x_3 = 7, \\ 3x_2 - 3x_3 = -3, \\ -x_3 = -5. \end{cases}$$

第二步, 回代过程: 解上三角形方程组

$$x_3 = (-5)/(-1) = 5,$$

$$x_2 = (-3+3x_3)/3 = (-3+3\times 5)/3 = 4,$$
$$x_1 = (7-x_2-x_3)/2 = (7-4-5)/2 = -1.$$

3.2.2 高斯消元法的计算流程及公式

现考虑一般情形, 应用高斯消元法解一般的 n 阶线性方程组, 推导消元和回代过程的计算公式. 记初始方程组 $Ax = b$ 为 $A^{(0)}x = b^{(0)}$.

先考虑消元过程, 假定 $a_{11}^{(0)} \neq 0$, 消去第 2 到第 n 个方程中的 x_1, 目标是

$$A = \begin{bmatrix} a_{11}^{(0)} & a_{12}^{(0)} & \cdots & a_{1n}^{(0)} & b_1^{(0)} \\ a_{21}^{(0)} & a_{22}^{(0)} & \cdots & a_{2n}^{(0)} & b_2^{(0)} \\ \vdots & \vdots & & \vdots & \vdots \\ a_{n1}^{(0)} & a_{n2}^{(0)} & \cdots & a_{nn}^{(0)} & b_n^{(0)} \end{bmatrix} \rightarrow \begin{bmatrix} a_{11}^{(0)} & a_{12}^{(0)} & \cdots & a_{1n}^{(0)} & b_1^{(0)} \\ 0 & a_{22}^{(1)} & \cdots & a_{2n}^{(1)} & b_2^{(1)} \\ \vdots & \vdots & & \vdots & \vdots \\ 0 & a_{n2}^{(1)} & \cdots & a_{nn}^{(1)} & b_n^{(1)} \end{bmatrix} \triangleq [A^{(1)} \ b^{(1)}].$$

第 2 到第 n 个方程中 x_1 的系数消为零, 而消元过程中第 2 到第 n 个方程的其他未知量系数也发生了变化. 这些系数的变化公式是怎样的呢? 为消去第 2 个方程的 x_1, 只要:

$$\text{第 2 个方程} - \text{第 1 个方程} \times \left(\frac{a_{21}^{(0)}}{a_{11}^{(0)}}\right),$$

记 $l_{21} = a_{21}^{(0)}/a_{11}^{(0)}$ 是两个方程的比例系数. 这时 $a_{21}^{(1)} = 0$, 而第二行其他系数和右端常数项有

$$a_{2j}^{(1)} = a_{2j}^{(0)} - l_{21}a_{1j}^{(0)}, \quad j = 2,3,\cdots,n,$$
$$b_2^{(1)} = b_2^{(0)} - l_{21}b_1^{(0)}.$$

对一般情况, 第 i 个方程的系数变化公式是将上面公式中的行下标 2 改成 i, 其中 $i = 3,4,\cdots,n$, 从而得到消 x_1 的计算流程:

$$\begin{cases} \text{对于} i = 2,3,\cdots,n, \\ \quad l_{i1} = a_{i1}^{(0)}/a_{11}^{(0)} : a_{i1}^{(1)} = 0, \\ \quad \begin{bmatrix} \text{对于} j = 2,3,\cdots,n, \\ a_{ij}^{(1)} = a_{ij}^{(0)} - l_{i1}a_{1j}^{(0)}, \end{bmatrix} \\ \quad b_i^{(1)} = b_i^{(0)} - l_{i1}b_1^{(0)}. \end{cases}$$

仿此继续进行消元, 假设进行了 $k-1$ 步, 消完 $x_1,x_2,\cdots,x_{k-1}$ 后的增广矩阵为

$$[A^{(k-1)}\ b^{(k-1)}] = \begin{bmatrix} a_{11}^{(0)} & a_{12}^{(0)} & \cdots & a_{1k}^{(0)} & \cdots & a_{1n}^{(0)} & b_{1}^{(0)} \\ 0 & a_{22}^{(1)} & \cdots & a_{2k}^{(1)} & \cdots & a_{2n}^{(1)} & b_{2}^{(1)} \\ \vdots & \vdots & & \vdots & & \vdots & \vdots \\ 0 & 0 & \cdots & a_{kk}^{(k-1)} & \cdots & a_{kn}^{(k-1)} & b_{k}^{(k-1)} \\ \vdots & \vdots & & \vdots & & \vdots & \vdots \\ 0 & 0 & \cdots & a_{nk}^{(k-1)} & \cdots & a_{nn}^{(k-1)} & b_{n}^{(k-1)} \end{bmatrix}.$$

第 k 步消元的目标是消去第 $k+1$ 到第 n 个方程中的 x_k, 假定 $a_{kk}^{(k-1)} \neq 0$, 只要将前面流程中表示变化次数的上标 1 替换成 k, 0 替换成 $k-1$, 就得到第 k 步消元计算流程如下:

$$\begin{bmatrix} 对于 i = k+1, \cdots, n, \\ \quad l_{ik} = a_{ik}^{(k-1)}/a_{kk}^{(k-1)} : a_{ik}^{(k)} = 0, \\ \quad \begin{bmatrix} 对于 j = k+1, \cdots, n, \\ a_{ij}^{(k)} = a_{ij}^{(k-1)} - l_{ik} a_{kj}^{(k-1)}, \end{bmatrix} \\ \quad b_{i}^{(k)} = b_{i}^{(k-1)} - l_{ik} b_{k}^{(k-1)}. \end{bmatrix}$$

直到 $k = n-1$ 时, 消元过程结束, 相应的增广矩阵为

$$[A^{(n-1)}\ b^{(n-1)}] = \begin{bmatrix} a_{11}^{(0)} & a_{12}^{(0)} & \cdots & a_{1n}^{(0)} & b_{1}^{(0)} \\ & a_{22}^{(1)} & \cdots & a_{2n}^{(1)} & b_{2}^{(1)} \\ & & \ddots & \vdots & \vdots \\ & & & a_{nn}^{(n-1)} & b_{n}^{(n-1)} \end{bmatrix},$$

此时, $A^{(n-1)}$ 是一个上三角矩阵, $[A^{(n-1)}\ b^{(n-1)}]$ 对应的同解方程组最后一个方程是仅含 x_n 的一元一次方程.

注意:

(1) $\begin{cases} l_{ik} = a_{ik}^{(k-1)}/a_{kk}^{(k-1)}, \\ \begin{bmatrix} 对于 j = k+1, \cdots, n, \\ a_{ij}^{(k)} = a_{ij}^{(k-1)} - l_{ik} a_{kj}^{(k-1)} \end{bmatrix} \end{cases}$ 和 (2) $\begin{cases} 对于 j = k+1, \cdots, n, \\ a_{ij}^{(k)} = a_{ij}^{(k-1)} - (a_{ik}^{(k-1)}/a_{kk}^{(k-1)}) a_{kj}^{(k-1)}, \end{cases}$

3.2 高斯消元法

两公式相同，但 l_{ik} 在 j 循环外作一次除法是一次运算，而在 j 循环内作一次除法是 $n-k$ 次运算. 总的来讲，消元过程的流程为

$$\begin{cases} 对于 k = 1, 2, \cdots, n-1, \\ \quad \begin{bmatrix} 对于 i = k+1, \cdots, n, \\ l_{ik} = a_{ik}^{(k-1)}/a_{kk}^{(k-1)} \; : \; a_{ik}^{(k)} = 0, \\ \begin{bmatrix} 对于 j = k+1, \cdots, n, \\ a_{ij}^{(k)} = a_{ij}^{(k-1)} - l_{ik} a_{kj}^{(k-1)}, \end{bmatrix} \\ b_i^{(k)} = b_i^{(k-1)} - l_{ik} b_k^{(k-1)}, \end{bmatrix} \end{cases}$$

这是一个三重循环过程.

再来考虑回代过程：最后一个方程为 $a_{nn}^{(n-1)} x_n = b_n^{(n-1)}$，所以 $x_n = \dfrac{b_n^{(n-1)}}{a_{nn}^{(n-1)}}$，然后再依次计算 $x_{n-1}, x_{n-2}, \cdots, x_{i+1}$，第 i 个方程为

$$a_{ii}^{(i-1)} x_i + a_{i,\,i+1}^{(i-1)} x_{i+1} + \cdots + a_{in}^{(i-1)} x_n = b_i^{(i-1)},$$

而此时 $x_{i+1}, x_{i+2}, \cdots, x_n$ 已全部计算出，则

$$x_i = (b_i^{(i-1)} - a_{i,\,i+1}^{(i-1)} x_{i+1} - \cdots - a_{in}^{(i-1)} x_n)/a_{ii}^{(i-1)}.$$

因此，回代公式为

$$x_n = b_n^{(n-1)}/a_{nn}^{(n-1)},$$
$$x_i = \left(b_i^{(i-1)} - a_{i,\,i+1}^{(i-1)} x_{i+1} - \cdots - a_{in}^{(i-1)} x_n \right)/a_{ii}^{(i-1)}, \quad i = n-1, \cdots, 2, 1.$$

关于存储问题，对于 $A^{(0)}, A^{(1)}, \cdots, A^{(n-1)}$ 不必要分别存储，例如在第一步消元后，$a_{ij}^{(0)}$ 变成 $a_{ij}^{(1)}$，原来的 $a_{ij}^{(0)}$ 已没必要存储，而 $a_{i1}^{(1)} = 0, i = 2, 3, \cdots, n$ 也不必进行赋值，因为该数据在回代过程中没有用. 现引进符号 := 表示赋值，而不是普通意义下的等号. 给出高斯消元法的计算流程如下：

$$\begin{cases} 对于 k = 1, 2 \cdots, n-1, \\ \quad \begin{bmatrix} 对于 i = k+1, \cdots, n, \\ l_{ik} := a_{ik}/a_{kk}, \\ \begin{bmatrix} 对于 j = k+1, \cdots, n, \\ a_{ij} := a_{ij} - l_{ik} a_{kj}, \end{bmatrix} \\ b_i := b_i - l_{ik} b_k, \end{bmatrix} \end{cases}$$

$$\begin{cases} x_n = b_n/a_{nn}; \\ 对于 i = n-1, n-2, \cdots, 1, \\ \quad x_i := b_i, \\ \quad \begin{bmatrix} 对于 j = i+1, \cdots, n, \\ x_i := x_i - a_{ij}x_j, \end{bmatrix} \\ \quad x_i := x_i/a_{ii}. \end{cases}$$

从计算过程可以看出, 当 $a_{kk}^{(k-1)} = 0$ 时, 流程终止. 高斯消元法能顺利进行的条件是 $a_{kk}^{(k-1)} \neq 0$ $(k = 1, 2, \cdots, n)$, 此时, 称 $a_{kk}^{(k-1)}$ 为**主元**. 而系数矩阵 A 的各阶顺序主子式均不为 0 时, 恰好能够实现这一条件, 有如下结论.

定理 3.1 高斯消元法能进行到底的充要条件是系数矩阵 A 的各阶顺序主子式不为零.

证明 下面只证必要性.

引进记号 $\Delta_1 = a_{11}, \Delta_2 = \begin{vmatrix} a_{11} & a_{12} \\ a_{21} & a_{22} \end{vmatrix}, \cdots, \Delta_n = \det(A)$, 采用归纳法证明.

当 $k = 1$ 时, $\Delta_1 = a_{11} \neq 0$, 有 $a_{11}^{(0)} = a_{11} \neq 0$, 定理显然成立.

现设 $\Delta_1 \neq 0, \Delta_2 \neq 0, \cdots, \Delta_{k-1} \neq 0$, 有 $a_{ii}^{(i-1)} \neq 0 (i = 1, 2, \cdots, k-1)$, 现在要证当 $\Delta_k \neq 0$ 时有 $a_{kk}^{(k-1)} \neq 0$.

由 $a_{ii}^{(i-1)} \neq 0 (i = 1, 2, \cdots, k-1)$, 于是用高斯消元法可将 $A^{(0)}$ 约化为 $A^{(k-1)}$, 即

$$A^{(0)} \to A^{(k-1)} = \begin{bmatrix} a_{11}^{(0)} & a_{12}^{(0)} & \cdots & a_{1k}^{(0)} & \cdots & a_{1n}^{(0)} \\ & a_{22}^{(1)} & \cdots & a_{2k}^{(1)} & \cdots & a_{2n}^{(1)} \\ & & \ddots & \vdots & & \vdots \\ & & & a_{kk}^{(k-1)} & \cdots & a_{kn}^{(k-1)} \\ & & & \vdots & & \vdots \\ & & & a_{nk}^{(k-1)} & \cdots & a_{nn}^{(k-1)} \end{bmatrix},$$

所以

$$\begin{bmatrix} a_{11} & a_{12} & \cdots & a_{1k} \\ a_{21} & a_{22} & \cdots & a_{2k} \\ \vdots & \vdots & & \vdots \\ a_{k1} & a_{k2} & \cdots & a_{kk} \end{bmatrix} \xrightarrow{约化为} \begin{bmatrix} a_{11}^{(0)} & a_{12}^{(0)} & \cdots & a_{1k}^{(0)} \\ & a_{22}^{(1)} & \cdots & a_{2k}^{(1)} \\ & & \ddots & \vdots \\ & & & a_{kk}^{(k-1)} \end{bmatrix},$$

$$\Delta_k = \begin{vmatrix} a_{11} & a_{12} & \cdots & a_{1k} \\ a_{21} & a_{22} & \cdots & a_{2k} \\ \vdots & \vdots & & \vdots \\ a_{k1} & a_{k2} & \cdots & a_{kk} \end{vmatrix} = \begin{vmatrix} a_{11}^{(0)} & a_{12}^{(0)} & \cdots & a_{1k}^{(0)} \\ & a_{22}^{(1)} & \cdots & a_{2k}^{(1)} \\ & & \ddots & \vdots \\ & & & a_{kk}^{(k-1)} \end{vmatrix} = a_{11}^{(0)} a_{22}^{(1)} \cdots a_{kk}^{(k-1)}.$$

由条件 $\Delta_k \neq 0$ 及 $a_{ii}^{(i-1)} \neq 0 (i=1,2,\cdots,k-1)$, 得到 $a_{kk}^{(k-1)} \neq 0$. 定理证毕.

上面证明得出, 高斯顺序消元法能顺利进行的条件是系数矩阵的各阶顺序主子式不等于零, 这就说明了高斯顺序消元法的缺点. 特殊地 $a_{11}=0$, 方程组未必无解, 但高斯顺序消元法的第一步就无法进行. 事实上, 除此之外, 消元过程中, 若主元满足 $\left|a_{kk}^{(k-1)}\right|$ 趋于零, 高斯顺序消元法求解将有可能出现严重失真. 为避免这些情况发生, 下一节介绍求解线性方程组的另一种常用直接法, 列主元消元法.

小 节 测 试

1. 高斯消元法中, 若在某一步消去过程中发现主元非常接近 0, 则可能会导致_____ 问题, 为了避免这一问题, 通常采用_____ 方法调整主元. (填空)

2. 在高斯消元法中, 为了提高数值稳定性, 我们通常采用_____ 主元选取方法, 这种方法可以减少因为除以小数而产生的舍入误差. (填空)

3. 高斯消元法在处理下列哪种类型的矩阵时可能会遇到困难? (单选)
   A. 对角矩阵　　　　　　　　　B. 奇异矩阵
   C. 对称矩阵　　　　　　　　　D. 正定矩阵

4. 在使用高斯消元法求解线性方程组时, 若发现某主元为 0, 则应该: (单选)
   A. 立即判定该线性方程组无解　　B. 尝试通过行交换找到非零主元
   C. 忽略该主元, 继续进行消去操作　D. 修改方程组, 使之有解

5. 高斯消元法在解线性方程组时, 下列哪项操作可能会降低算法的数值稳定性? (单选)
   A. 部分主元选取
   B. 完全主元选取
   C. 在不进行任何行交换的情况下直接消元
   D. 在每步消元后调整主元位置

6. 在使用高斯消元法处理线性方程组时, 以下哪些因素需要特别注意? (多选)
   A. 方程组的矩阵是否为方阵　　　B. 矩阵中是否存在零主元
   C. 是否采用了部分或完全主元选取　D. 线性方程组的解的唯一性

7. 解释为何在某些情况下高斯消元法后的上三角矩阵中出现零行, 这意味着什么? (思考)

8. 当高斯消元法中采用部分主元选取时, 与不采用相比, 解的数值稳定性如何变化? (思考)

习题解析

3.3 列主元消元法

上一节指出, 高斯顺序消元法在 $a_{kk}^{(k-1)}=0(k=1,2,\cdots,n)$ 时无法进行下去, 此时方程组可能有解, 只是方法的问题. 此外, 即使 $a_{kk}^{(k-1)} \neq 0$, 但如果 $\left|a_{kk}^{(k-1)}\right|$ 很小, 在计算 $l_{ik}=\dfrac{a_{ik}^{(k-1)}}{a_{kk}^{(k-1)}}$ 时, $a_{kk}^{(k-1)}$ 要作除数, 会导致舍入误差大大扩大, 带来数值不稳定, 不妨看这样一个简单例子.

例 3.2 用高斯消元法解方程组 $\begin{cases} 10^{-9}x_1+x_2=1, \\ x_1+x_2=2. \end{cases}$

解 首先进行消元

$$\begin{bmatrix} 10^{-9} & 1 & 1 \\ 1 & 1 & 2 \end{bmatrix} \xrightarrow{r_2-\frac{1}{10^{-9}}r_1} \begin{bmatrix} 10^{-9} & 1 & 1 \\ 0 & -10^9 & -10^9 \end{bmatrix}$$

得同解方程组

$$\begin{cases} 10^{-9}x_1+x_2=1, \\ -10^9 x_2=-10^9. \end{cases}$$

再进行回代, 解得 $x_2=1, x_1=0$.

但是, 原方程组的准确解为

$$x_1=\frac{1}{1-10^{-9}}=1.00\cdots 0100\cdots,$$

$$x_2=2-x_1=0.99\cdots 9899\cdots,$$

可以发现近似解严重失真. 追究其原因, 在于主元 $a_{11}^{(0)}=10^{-9}$ 值太小, 在计算 l_{21} 时, 过小主元作为除数, 误差被放大. 因此, 严重误差的发生可能归结为绝对值过小主元的影响.

3.3.1 列主元高斯消元法

解决上述问题的方法之一是按列选主元. 在第 k 次消元时, 从第 k 到第 n 个方程 x_k 的系数 $a_{kk}^{(k-1)},\cdots,a_{nk}^{(k-1)}$ 中取一个绝对值最大的数作主元 $\left|a_{rk}^{(k-1)}\right|=$

3.3 列主元消元法

$\max\limits_{k\leqslant i\leqslant n}\left|a_{ik}^{(k-1)}\right|$, 然后将第 r 行和第 k 行交换 (若 $r\neq k$), 使得 $a_{rk}^{(k-1)}$ 成为新主元 (此时变成了 $a_{kk}^{(k-1)}$), 接下来再按照高斯消元法进行消元计算. 这个过程在计算 l_{ik} 时保证了被除数的绝对值大于等于除数的绝对值, 避免了小主元的出现, 保证了数值稳定性. 这种算法称为**列主元高斯消元法**.

例 3.3 用列主元高斯消元法求解方程组

$$\begin{cases} 12x_1 - 3x_2 + 3x_3 = 15, \\ -18x_1 + 3x_2 - x_3 = -15, \\ x_1 + x_2 + x_3 = 6. \end{cases}$$

解 $[A \ b] = \begin{bmatrix} 12 & -3 & 3 & 15 \\ -18 & 3 & -1 & -15 \\ 1 & 1 & 1 & 6 \end{bmatrix} \xrightarrow[r_1\leftrightarrow r_2]{18\text{最大}} \begin{bmatrix} -18 & 3 & -1 & -15 \\ 12 & -3 & 3 & 15 \\ 1 & 1 & 1 & 6 \end{bmatrix} =$

$[A^{(0)} \ b^{(0)}]$, $l_{21} = -12/18$, $l_{31} = -1/18$, 消元得

$\begin{bmatrix} -18 & 3 & -1 & -15 \\ 0 & -1 & 2.3333 & 5 \\ 0 & 1.1667 & 0.9444 & 5.1667 \end{bmatrix} \xrightarrow{r_2\leftrightarrow r_3} \begin{bmatrix} -18 & 3 & -1 & -15 \\ 0 & 1.1667 & 0.9444 & 5.1667 \\ 0 & -1 & 2.3333 & 5 \end{bmatrix}$

$= [A^{(1)} \ b^{(1)}]$,

$$l_{32} = -1/1.1667,$$

消元得

$$\begin{bmatrix} -18 & 3 & -1 & -15 \\ 0 & 1.1667 & 0.9444 & 5.1667 \\ 0 & 0 & 3.1428 & 9.4285 \end{bmatrix} = [A^{(2)} \ b^{(2)}],$$

回代过程解得

$$x_3 = 3, \quad x_2 = 2, \quad x_1 = 1.$$

需要注意的是, 在实际计算中, 当最大的 $\left|a_{rk}^{(k-1)}\right|$ 也很小时, 求解结果同样会严重失真, 则求解过程应当停止. 设 $\varepsilon > 0$ 是某个很小的数, 当 $\left|a_{rk}^{(k-1)}\right| < \varepsilon$ 时, 过程应该停止, 此时已不是算法的问题, 而是方程组本身的问题.

与高斯顺序消元法相比, 列主元高斯消元法能进行到底的条件相对较弱, 有如下结论.

定理 3.2 列主元消元法能进行到底的充要条件是系数行列式 $|A| \neq 0$.

特别地, 当系数矩阵满足一定特殊性质, 消元法解线性方程组不必选主元, 下面简单介绍这样一种特殊矩阵.

3.3.2 严格对角占优矩阵

定义 3.1 如果矩阵每行对角元的绝对值大于该行非对角元的绝对值之和, 称该矩阵为**严格对角占优矩阵**, 即 $|a_{ii}| > \sum_{j=1,j\neq i}^{n} |a_{ij}|$, $i=1,2,\cdots,n$.

例如, $A = \begin{bmatrix} -5 & 0 & 2 \\ 3 & 8 & 4 \\ 1 & 2 & 10 \end{bmatrix}$ 是严格对角占优矩阵.

对于系数矩阵为严格对角占优矩阵的方程组, $a_{kk}^{(k-1)}$ 已经是绝对值最大的, 用消元法求解时可以不必选主元.

定理 3.3 严格对角占优矩阵必是非奇异矩阵.

证明 利用反证法, 假设 A 为奇异矩阵, 则齐次方程组 $Ax=0$ 存在非零解 $x = [x_1, x_2, \cdots, x_n]^{\mathrm{T}}$.

令 $|x_k| = \max_i |x_i|$, 则
$$|x_k| > 0.$$

已知 $Ax=0$ 的第 k 个方程为
$$\sum_{j=1}^{n} a_{kj} x_j = 0,$$

从而
$$a_{kk} = -\frac{1}{x_k} \sum_{\substack{j=1 \\ j\neq k}}^{n} a_{kj} x_j. \tag{3.3.1}$$

(3.3.1) 两边同时取绝对值, 得

$$|a_{kk}| = \left| \frac{1}{x_k} \sum_{\substack{j=1 \\ j\neq k}}^{n} a_{kj} x_j \right| \leqslant \sum_{\substack{j=1 \\ j\neq k}}^{n} |a_{kj}| \left| \frac{x_j}{x_k} \right| \leqslant \sum_{\substack{j=1 \\ j\neq k}}^{n} |a_{kj}|,$$

这与 A 是严格对角占优矩阵相矛盾, 所以 A 为非奇异矩阵, 由此得证.

小 节 测 试

1. 在列主元高斯消元法中, 如果第 k 步发现当前列从第 k 行开始往下所有元素都是零, 这意味着线性方程组_____. (填空)

2. 在使用列主元高斯消元法处理线性方程组时, 为了避免除以零或过小的数造成的数值不稳定问题, 算法在每一步消去前会进行_____, 即选择当前列绝对值_____ 的元素作为主元. (填空)

3. 当实现列主元高斯消元法时, 为了确保算法的效率和准确性, 除了在每一步优化主元选择外, 还应该注意到_____ 和_____, 这两者都是影响算法执行效率和结果准确性的重要因素. (填空)

4. 在列主元高斯消元法中, 列主元指的是什么? (单选)
   A. 当前列中所有元素的和
   B. 当前列中数值最小的元素
   C. 当前进行消元操作的列中, 从当前行开始往下, 绝对值最大的元素
   D. 系数矩阵的对角线元素

5. 关于列主元高斯消元法, 以下哪些陈述是正确的? (多选)
   A. 它总能保证找到线性方程组的唯一解
   B. 它可能需要行交换来提高数值稳定性
   C. 它适用于所有类型的方阵, 包括奇异矩阵
   D. 在某些情况下, 它可以揭示方程组的解的性质, 如无解或有无限多解

6. 解释为何列主元高斯消元法比普通的高斯消元法更稳定? (思考)

7. 比较高斯消元法和列主元高斯消元法在处理具有接近零的主元时的差异. (思考)

习题解析

3.4 LU 分解

高斯消元法是直接求解线性方程组最主要的方法之一, 其消元过程共有 $n-1$ 步, 通过施行初等行变换, 将增广矩阵 $[A^{(0)}\ b^{(0)}]$ 依次变换至 $[A^{(n-1)}\ b^{(n-1)}]$. 由初等矩阵与初等变换的等价关系知, 对增广矩阵 $[A^{(k)}\ b^{(k)}](k=0,1,\cdots,n-1)$ 施行初等行变换相当于对其左乘相应的初等矩阵. 基于此, 可以从矩阵理论的角度重新研究高斯消元法. 以 $n=3$ 来举例说明. 三元方程组 $Ax=b$ 的增广矩阵为

$$[A^{(0)}\ b^{(0)}] = \begin{bmatrix} a_{11}^{(0)} & a_{12}^{(0)} & a_{13}^{(0)} & b_1^{(0)} \\ a_{21}^{(0)} & a_{22}^{(0)} & a_{23}^{(0)} & b_2^{(0)} \\ a_{31}^{(0)} & a_{32}^{(0)} & a_{33}^{(0)} & b_3^{(0)} \end{bmatrix},$$

执行两次初等行变换,

$$\xrightarrow[r_3-l_{31}r_1]{r_2-l_{21}r_1} \begin{bmatrix} a_{11}^{(0)} & a_{12}^{(0)} & a_{13}^{(0)} & b_1^{(0)} \\ 0 & a_{21}^{(1)} & a_{23}^{(1)} & b_2^{(1)} \\ 0 & a_{32}^{(1)} & a_{33}^{(1)} & b_3^{(1)} \end{bmatrix} = [A^{(1)}\ b^{(1)}],$$

这相当于对 $[A^{(0)}\ b^{(0)}]$ 左乘相应初等矩阵

$$M_1 = \begin{bmatrix} 1 & 0 & 0 \\ -l_{21} & 1 & 0 \\ 0 & 0 & 1 \end{bmatrix} \quad \text{和} \quad M_2 = \begin{bmatrix} 1 & 0 & 0 \\ 0 & 1 & 0 \\ -l_{31} & 0 & 1 \end{bmatrix},$$

使 $M_2 M_1 [A^{(0)}\ b^{(0)}] = [A^{(1)}\ b^{(1)}]$,其中 $l_{21} = a_{21}^{(0)}/a_{11}^{(0)}$,$l_{31} = a_{31}^{(0)}/a_{11}^{(0)}$.

再对 $[A^{(1)}\ b^{(1)}]$ 进行初等行变换,

$$\xrightarrow{r_3 - l_{32} r_2} \begin{bmatrix} a_{11}^{(0)} & a_{12}^{(0)} & a_{13}^{(0)} & b_1^{(0)} \\ 0 & a_{22}^{(1)} & a_{23}^{(1)} & b_2^{(1)} \\ 0 & 0 & a_{33}^{(2)} & b_3^{(2)} \end{bmatrix} = [A^{(2)}\ b^{(2)}],$$

这相当于对 $[A^{(1)}\ b^{(1)}]$ 左乘相应初等矩阵

$$M_3 = \begin{bmatrix} 1 & 0 & 0 \\ 0 & 1 & 0 \\ 0 & -l_{32} & 1 \end{bmatrix},$$

其中 $l_{32} = a_{32}^{(1)}/a_{22}^{(1)}$,使得 $M_3 [A^{(1)}\ b^{(1)}] = [A^{(2)}\ b^{(2)}]$.

注意到 $M_3 M_2 M_1 A^{(0)} = A^{(2)}$,记 $U = A^{(2)}$,则 U 是一个上三角矩阵,且 $M_3 M_2 M_1 A = U$. 由于 M_1, M_2, M_3 都是可逆矩阵,则 $A = M_1^{-1} M_2^{-1} M_3^{-1} U$,其中

$$M_1^{-1} = \begin{bmatrix} 1 & 0 & 0 \\ l_{21} & 1 & 0 \\ 0 & 0 & 1 \end{bmatrix}, \quad M_2^{-1} = \begin{bmatrix} 1 & 0 & 0 \\ 0 & 1 & 0 \\ l_{31} & 0 & 1 \end{bmatrix}, \quad M_3^{-1} = \begin{bmatrix} 1 & 0 & 0 \\ 0 & 1 & 0 \\ 0 & l_{32} & 1 \end{bmatrix}.$$

记

$$L = M_1^{-1} M_2^{-1} M_3^{-1} = \begin{bmatrix} 1 & 0 & 0 \\ l_{21} & 1 & 0 \\ l_{31} & l_{32} & 1 \end{bmatrix},$$

L 是下三角矩阵. 此时矩阵 A 分解成一个下三角矩阵 L 和一个上三角矩阵 U 的乘积,$A = LU$.

3.4.1 几种常见的 LU 分解

定义 3.2 若方阵 A 可以分解成一个下三角矩阵 L 和上三角矩阵 U 的乘积,即

$$A = LU,$$

3.4 LU 分解

则称这种分解为方阵 A 的一种**三角分解**或者 **LU 分解**. 特别地, 若 L 是单位下三角矩阵, 称该分解为 **Doolittle 分解**; 若 U 是单位上三角矩阵, 称该分解为 **Crout 分解**.

假设 n 阶方阵 A 的各阶顺序主子式均不等于 0, 则根据高斯消元法的消元过程可以作出 A 的 Doolittle 分解, 且这种分解唯一. 然而, 对任意与 A 同阶的非奇异对角阵 D, 有

$$A = (LD)(D^{-1}U) = L'U',$$

这也是 A 的一种三角分解. 这说明矩阵的三角分解并不唯一. 为了讨论矩阵 A 三角分解的唯一性, 将 A 分解为

$$A = LDU,$$

其中 L, U 分别是单位下、上三角矩阵, D 是一个对角阵, 称该分解为矩阵 A 的 **LDU 分解**.

3.4.2 LU 分解法解线性方程组

假设对矩阵 A 已进行了 LU 分解:

$$A = LU,$$

则方程组 $Ax = b$ 可以改写为

$$LUx = b.$$

令 $y = Ux$, 则 $Ly = b$. 解原方程组 $Ax = b$ 转化为解两个三角方程组

$$Ly = b,$$
$$Ux = y.$$

与原方程组 $Ax = b$ 相比, 这两个三角方程组是极易求解的. 具体地, 先求解下三角形方程组 $Ly = b$, 按从上至下的顺序逐次解得 $y_1, y_2, \cdots, y_n$; 再求解上三角形方程组 $Ux = y$, 按自下而上的顺序逐步解出 $x_n, x_{n-1}, \cdots, x_1$.

但并不是所有的矩阵都有这种三角分解. 由前面的分析, 矩阵的三角分解实质上是从矩阵理论的角度解释高斯消元法, 那么矩阵 A 能进行 LU 分解的充要条件与高斯消元法能顺利进行的充要条件一致, 有如下结论.

定理 3.4 矩阵 A 能进行 LU 分解的充要条件是 A 的各阶顺序主子式均不为零, 即

$$\det(A_1) = a_{11} \neq 0, \quad \det(A_2) = \begin{vmatrix} a_{11} & a_{12} \\ a_{21} & a_{22} \end{vmatrix} \neq 0, \quad \cdots, \quad \det(A) \neq 0.$$

证明 现用矩阵理论来研究高斯消元法.

设约化主元素 $a_{kk}^{(k-1)} \neq 0$ $(k=1,2,\cdots,n-1)$. 由于对 A 施行初等行变换相当于用初等矩阵左乘 A, 于是高斯消元法第 1 步:

$$A^{(0)}x = b^{(0)} \to A^{(1)}x = b^{(1)}$$

等价于

$$L_1 A^{(0)} = A^{(1)}, \quad L_1 b^{(0)} = b^{(1)},$$

其中

$$L_1 = \begin{bmatrix} 1 & & & \\ -l_{21} & 1 & & \\ \vdots & & \ddots & \\ -l_{n1} & & & 1 \end{bmatrix}.$$

第 k 步消元过程:

$$A^{(k-1)}x = b^{(k-1)} \to A^{(k)}x = b^{(k)}$$

等价于

$$L_k A^{(k-1)} = A^{(k)}, \quad L_k b^{(k-1)} = b^{(k)} \quad (k=2,\cdots,n-1), \tag{3.4.1}$$

其中

$$L_k = \begin{bmatrix} 1 & & & & & & \\ & 1 & & & & & \\ & & \ddots & & & & \\ & & & 1 & & & \\ & & & & 1 & & \\ & & & & -l_{k+1,k} & 1 & \\ & & & & \vdots & & \ddots \\ & & & & -l_{nk} & & & 1 \end{bmatrix}.$$

k 列

反复利用递推公式 (3.4.1), 则有

$$L_{n-1}\cdots L_2 L_1 A^{(0)} = A^{(n-1)} \equiv U, \tag{3.4.2}$$

$$L_{n-1}\cdots L_2 L_1 b^{(0)} = b^{(n-1)}.$$

由式 (3.4.2) 得到

$$A = (L_1^{-1} L_2^{-1} \cdots L_{n-1}^{-1}) U \equiv LU, \tag{3.4.3}$$

其中

$$L_k^{-1} = \begin{bmatrix} 1 & & & & & & & \\ & 1 & & & & & & \\ & & \ddots & & & & & \\ & & & 1 & & & & \\ & & & & 1 & & & \\ & & & & l_{k+1,k} & 1 & & \\ & & & & \vdots & & \ddots & \\ & & & & l_{nk} & & & 1 \end{bmatrix},$$

k 列

$$L = \begin{bmatrix} 1 & & & & \\ l_{21} & 1 & & & \\ l_{31} & l_{32} & 1 & & \\ \vdots & \vdots & & \ddots & \\ l_{n1} & l_{n2} & \cdots & & 1 \end{bmatrix}, \quad U = \begin{bmatrix} a_{11}^{(0)} & a_{12}^{(0)} & \cdots & a_{1n}^{(0)} \\ & a_{22}^{(1)} & \cdots & a_{2n}^{(1)} \\ & & \ddots & \vdots \\ & & & a_{nn}^{(n-1)} \end{bmatrix}.$$

L 为由乘数构成的单位下三角阵, U 为上三角阵, 式 (3.4.3) 表明, 由矩阵理论来分析高斯消元法, 得到一个重要结果, 即在 $a_{kk}^{(k-1)} \neq 0$ $(k=1,2,\cdots,n)$ 的条件下, 高斯消元法实质上是将 A 分解为两个三角矩阵的乘积 $A = LU$.

显然, 如果 $a_{ii}^{(i-1)} \neq 0$ $(i=1,2,\cdots,n)$, 由高斯消元法及行列式性质, 则有

$$\det(A_1) = a_{11}^{(0)} \neq 0,$$
$$\det(A_i) = a_{11}^{(0)} \cdots a_{ii}^{(i-1)} \neq 0 \quad (i=2,3,\cdots,n),$$

其中

$$A_1 = (a_{11}), \quad A_i = \begin{bmatrix} a_{11} & \cdots & a_{1i} \\ \vdots & & \vdots \\ a_{i1} & \cdots & a_{ii} \end{bmatrix}.$$

反之, 可用归纳法证明, 如果 A 的各阶顺序主子式 $\det(A_i) \neq 0$ $(i=1,2,\cdots,n)$, 则 $a_{ii}^{(i-1)} \neq 0$ $(i=1,2,\cdots,n)$.

3.4.3 LU 分解的紧凑格式

我们不必在高斯消元法过程中产生 L 和 U, 而是直接用矩阵 A 来进行 LU 分解, 这称为 LU 分解的紧凑格式. 下面导出计算公式, 考虑 Doolittle 分解, 由 $A = LU$ 得

$$\begin{bmatrix} a_{11} & a_{12} & a_{13} & \cdots & a_{1n} \\ a_{21} & a_{22} & a_{23} & \cdots & a_{2n} \\ a_{31} & a_{32} & a_{33} & \cdots & a_{3n} \\ \vdots & \vdots & \vdots & & \vdots \\ a_{n1} & a_{n2} & a_{n3} & \cdots & a_{nn} \end{bmatrix}$$

$$= \begin{bmatrix} 1 & 0 & 0 & \cdots & 0 \\ l_{21} & 1 & 0 & \cdots & 0 \\ l_{31} & l_{32} & 1 & \cdots & 0 \\ \vdots & \vdots & \vdots & & \vdots \\ l_{n1} & l_{n2} & l_{n3} & \cdots & 1 \end{bmatrix} \begin{bmatrix} u_{11} & u_{12} & u_{13} & \cdots & u_{1n} \\ 0 & u_{22} & u_{23} & \cdots & u_{2n} \\ 0 & 0 & u_{33} & \cdots & u_{3n} \\ \vdots & \vdots & \vdots & & \vdots \\ 0 & 0 & 0 & \cdots & u_{nn} \end{bmatrix}.$$

利用矩阵乘法,得

$$\begin{cases} a_{1j} = u_{1j}, & j = 1, 2, \cdots, n, \\ a_{ij} = \sum_{k=1}^{i-1} l_{ik} u_{kj} + u_{ij}, & i = 2, 3, \cdots, n,\ j \geqslant i, \\ a_{ij} = \sum_{k=1}^{j} l_{ik} u_{kj}, & i = 2, 3, \cdots, n,\ j < i, \end{cases}$$

由此可以得到 $l_{ij}(i>j)$ 和 $u_{ij}(i \leqslant j)$ 的计算公式:

(1) 先计算 U 的第一行 $u_{1j} = a_{1j}(j=1,2,\cdots,n)$.

(2) 在 U 的第 $1,2,\cdots,j$ 行和 L 的第 $1,2,\cdots,j-1$ 列计算出来后再计算 L 的第 j 列:

$$l_{ij} = \left(a_{ij} - \sum_{k=1}^{j-1} l_{ik} u_{kj} \right) \Big/ u_{jj}.$$

(3) 在 U 的第 $1,2,\cdots,i-1$ 行和 L 的第 $1,2,\cdots,i-1$ 列均计算出来后再计算 U 的第 i 行:

$$u_{ij} = a_{ij} - \sum_{k=1}^{i-1} l_{ik} u_{kj} \quad (j = i, \cdots, n).$$

(4) 计算的过程是: U 第 1 行, L 第 1 列, U 第 2 行, L 第 2 列, $\cdots$, 顺序计算. 计算流程如下:

$$\begin{cases} 对于 j = 1, 2, \cdots, n, \\ u_{1j} = a_{1j}, l_{j1} = a_{j1}/u_{11}; \end{cases}$$

3.4 LU 分解

$$\begin{cases} \text{对于}\, r = 2, 3, \cdots, n, \\ \quad \begin{bmatrix} \text{对于}\, j = r, r+1, \cdots, n, \\ u_{rj} = a_{rj} - \sum_{k=1}^{r-1} l_{rk} u_{kj}, \end{bmatrix} \\ \quad \begin{bmatrix} \text{对于}\, i = r+1, \cdots, n, \\ l_{ir} = \left(a_{ir} - \sum_{k=1}^{r-1} l_{ik} u_{kr} \right) \Big/ u_{rr}. \end{bmatrix} \end{cases}$$

这称为 **LU 分解的紧凑格式**, 其计算结果与高斯消元法所得结果完全一致, 但它却避免了中间步骤的计算, 直接通过矩阵 A 的元素计算得到矩阵 A 的三角分解矩阵 L 与 U, 这种直接三角分解算法简单、易于编程实现, 下面举一个简单例子.

例 3.4 利用 LU 分解求解线性方程组

$$\begin{cases} 2x_1 + 3x_2 - 4x_3 + x_4 = 7, \\ 5x_1 + 8x_2 - 7x_3 + 3x_4 = 21, \\ -4x_1 - 5x_2 + 11x_3 + 2x_4 = -16, \\ 2x_1 + 5x_2 + 5x_3 + 3x_4 = 18. \end{cases}$$

解 第一步, 依据 LU 分解的紧凑格式得

$$A = \begin{bmatrix} 2 & 3 & -4 & 1 \\ 5 & 8 & -7 & 3 \\ -4 & -5 & 11 & 2 \\ 2 & 5 & 5 & 3 \end{bmatrix} = \begin{bmatrix} 1 & 0 & 0 & 0 \\ 2.5 & 1 & 0 & 0 \\ -2 & 2 & 1 & 0 \\ 1 & 4 & 1 & 1 \end{bmatrix} \begin{bmatrix} 2 & 3 & -4 & 1 \\ 0 & 0.5 & 3 & 0.5 \\ 0 & 0 & -3 & 3 \\ 0 & 0 & 0 & -3 \end{bmatrix} = LU.$$

第二步, 求解下三角方程组 $Ly = b$,

$$\begin{bmatrix} 1 & 0 & 0 & 0 \\ 2.5 & 1 & 0 & 0 \\ -2 & 2 & 1 & 0 \\ 1 & 4 & 1 & 1 \end{bmatrix} \begin{bmatrix} y_1 \\ y_2 \\ y_3 \\ y_4 \end{bmatrix} = \begin{bmatrix} 7 \\ 21 \\ -16 \\ 18 \end{bmatrix},$$

解得 $y_1 = 7$, $y_2 = 3.5$, $y_3 = -9$, $y_4 = 6$.

第三步, 求解上三角方程组 $Ux = y$,

$$\begin{bmatrix} 2 & 3 & -4 & 1 \\ 0 & 0.5 & 3 & 0.5 \\ 0 & 0 & -3 & 3 \\ 0 & 0 & 0 & -3 \end{bmatrix} \begin{bmatrix} x_1 \\ x_2 \\ x_3 \\ x_4 \end{bmatrix} = \begin{bmatrix} 7 \\ 3.5 \\ -9 \\ 6 \end{bmatrix},$$

解得 $x_1 = 2$, $x_2 = 3$, $x_3 = 1$, $x_4 = -2$.

小 节 测 试

1. 在 LU 分解中, 矩阵 L 是一个_____ 矩阵, 其对角线元素通常设置为_____, 而矩阵 U 是一个_____ 矩阵. (填空)

2. LU 分解在求解线性方程组 $Ax = b$ 时, 首先利用分解得到的 L 和 U, 通过解决方程_____ 来找到 y, 然后通过解决方程_____ 来找到最终的解 x. (填空)

3. LU 分解的目的是什么? (单选)

  A. 减少线性方程组求解时的计算量   B. 增加矩阵计算的复杂度

  C. 仅用于求解对称矩阵   D. 用于将矩阵分解为行阵和列阵

4. 在进行 LU 分解时, 哪些条件是必须考虑的? (多选)

  A. 矩阵必须是方阵   B. 矩阵必须是非奇异的

  C. 必须使用部分主元选取   D. 矩阵可以是对称的或非对称的

5. 关于 LU 分解, 以下哪些说法是正确的? (多选)

  A. LU 分解可以应用于任何方阵

  B. LU 分解后的 L 矩阵的对角元素通常设为 1

  C. LU 分解有助于简化线性方程组的求解

  D. 每个方阵都有唯一的 LU 分解

6. 辨析 LU 分解和高斯消元法在解线性方程组时的不同之处. (思考)

7. 讨论在 LU 分解中使用部分选主元和完全选主元的差异及其对分解过程的影响. (思考)

习题解析

3.5 平方根法

在工程数值计算领域, 正定矩阵广泛存在于物理系统的数学建模中, 其结构特性源于实际问题的内在规律. 例如, 结构力学有限元分析中的刚度矩阵不仅因 Maxwell-Betti 互易定理天然保持对称性, 更因系统弹性势能的物理正定性而严格满足矩阵正定条件. 针对此类特殊矩阵, 传统三角分解理论可进一步优化为平方根法——一种基于 Cholesky 分解原理的高效数值算法. 该方法通过将系数矩阵

3.5 平方根法

唯一分解为下三角矩阵与其转置矩阵的乘积, 将原方程组转化为两个顺序求解的三角系统, 显著降低计算复杂度. 相较于常规消元法, 平方根法无须选主元操作, 其递推过程中隐含的对角占优特性天然抑制舍入误差传播, 从而在保证数值稳定性的同时, 实现内存占用的优化 (仅需存储单三角矩阵). 该算法在电磁场分析、最优化理论及统计建模等领域展现出普适性, 成为处理大规模正定系统的核心数值工具.

3.5.1 正定矩阵

定义 3.3 若 $A \in \mathbb{R}^{n \times n}$ 满足下述条件, 称 A 为**正定矩阵**.
(1) A 对称, 即 $A^\mathrm{T} = A$.
(2) 对任意非零向量 $x \in \mathbb{R}^n$, 则有 $(Ax, x) = x^\mathrm{T} A x > 0$.

定理 3.5 若矩阵 A 是正定矩阵, 则 A 有唯一的三角分解, 且 A 可以唯一分解为
$$A = LL^\mathrm{T},$$
其中 L 是下三角矩阵, L 的对角元素为正, L^T 是 L 的转置, 即

$$A = \begin{bmatrix} l_{11} & & & \\ l_{21} & l_{22} & & \\ \vdots & \vdots & \ddots & \\ l_{n1} & l_{n2} & \cdots & l_{nn} \end{bmatrix} \begin{bmatrix} l_{11} & l_{21} & \cdots & l_{n1} \\ & l_{22} & \cdots & l_{n2} \\ & & \ddots & \vdots \\ & & & l_{nn} \end{bmatrix} = LL^\mathrm{T},$$

这种分解称为 **Cholesky 分解**. 下面实现分解 $A = LL^\mathrm{T}$ 的递推公式以及求解公式.

由矩阵乘法可知, 对角元 $a_{jj} = l_{j1}^2 + l_{j2}^2 + \cdots + l_{jj}^2, j = 1, 2, \cdots, n$; 在 L 的第 $1, 2, \cdots, j-1$ 列对角元素均计算完成后得

$$l_{jj} = \sqrt{a_{jj} - l_{j1}^2 - l_{j2}^2 - \cdots - l_{j,j-1}^2} = \sqrt{a_{jj} - \sum_{k=1}^{j-1} l_{jk}^2},$$

当 $i > j$ 时, $a_{ij} = l_{i1}l_{j1} + l_{i2}l_{j2} + \cdots l_{ij}l_{jj}$; 在 L 的第 $1, 2, \cdots, j-1$ 列下三角元素均计算完成后

$$l_{ij} = (a_{ij} - l_{i1}l_{j1} - l_{i2}l_{j2} - \cdots - l_{i,j-1}l_{j,j-1})/l_{jj} = \left(a_{ij} - \sum_{k=1}^{j-1} l_{ik}l_{jk}\right)\Big/l_{jj},$$

计算按 L 的第 1 列, 第 2 列, $\cdots$, 第 n 列的次序进行. 计算流程如下:

$$l_{11} = \sqrt{a_{11}}, \quad l_{i1} = a_{i1}/l_{11},$$

$$\left[\begin{array}{l}\text{对于}j=2,3,\cdots n,\\ l_{jj}=\sqrt{a_{jj}-\sum_{k=1}^{j-1}l_{jk}^2},\end{array}\right.\quad \left[\begin{array}{l}\text{对于}i=j+1,\cdots,n,\\ l_{ij}=\left(a_{ij}-\sum_{k=1}^{j-1}l_{ik}l_{jk}\right)\Big/l_{jj}.\end{array}\right.$$

3.5.2 平方根法求解线性方程组

在上述 Cholesky 分解结果的基础上, 得到解正定系数矩阵线性方程组的平方根法计算公式:

$y_1 := b_1/l_{11}$ (解 $Ly=b$),

$$\left\{\begin{array}{l}\text{对于}i=2,3,\cdots,n,\\ y_i:=\left(b_i-\sum_{k=1}^{i-1}l_{ik}y_k\right)\Big/l_{ii};\end{array}\right.$$

$x_n := y_n/l_{nn}$ (解 $L^\mathrm{T}x=y$),

$$\left\{\begin{array}{l}\text{对于}i=n-1,\cdots,2,1,\\ x_i:=\left(y_i-\sum_{k=i+1}^{n}l_{ki}x_k\right)\Big/l_{ii}.\end{array}\right.$$

例 3.5 用平方根法求解方程组

$$\begin{bmatrix} 5 & -4 & 1 \\ -4 & 6 & -4 \\ 1 & -4 & 6 \end{bmatrix} \begin{bmatrix} x_1 \\ x_2 \\ x_3 \end{bmatrix} = \begin{bmatrix} 2 \\ -1 \\ -1 \end{bmatrix}.$$

解 记

$$\begin{bmatrix} 5 & -4 & 1 \\ -4 & 6 & -4 \\ 1 & -4 & 6 \end{bmatrix} = \begin{bmatrix} l_{11} & & \\ l_{21} & l_{22} & \\ l_{31} & l_{32} & l_{33} \end{bmatrix} \begin{bmatrix} l_{11} & l_{21} & l_{31} \\ & l_{22} & l_{32} \\ & & l_{33} \end{bmatrix},$$

$l_{11} = \sqrt{5}, \quad l_{21} = -4/\sqrt{5}, \quad l_{31} = 1/\sqrt{5},$

$l_{22} = \sqrt{a_{22}-l_{21}^2} = \sqrt{14/5}, \quad l_{32} = (a_{32}-l_{31}l_{21})/l_{22} = -16/\sqrt{70},$

$l_{33} = \sqrt{a_{33}-l_{31}^2-l_{32}^2} = \sqrt{15/7},$

3.5 平方根法

$$L = \begin{bmatrix} \sqrt{5} & 0 & 0 \\ -4/\sqrt{5} & \sqrt{14/5} & 0 \\ 1/\sqrt{5} & -16/\sqrt{70} & \sqrt{15/7} \end{bmatrix}.$$

解 $Ly = b$ 得

$$y_1 = 2/\sqrt{5},$$
$$y_2 = (b_2 - l_{21}y_1)/l_{22} = 3/\sqrt{70},$$
$$y_3 = (b_3 - l_{31}y_1 - l_{32}y_2)/l_{33} = -\sqrt{5/21}.$$

解 $L^T x = y$ 得

$$x_3 = y_3/l_{33} = -1/3,$$
$$x_2 = (y_2 - l_{32}x_3)/l_{22} = -1/6,$$
$$x_1 = (y_1 - l_{21}x_2 - l_{31}x_3)/l_{11} = 1/3.$$

值得注意的是, 平方根法不需要选主元 (矩阵正定), 约需 $n^3/6$ 次乘法的工作量, 是高斯消元法的一半 (由对称性引起), 且具有算法稳定性. 但缺点是要进行 n 次开方运算, 这有可能损失精度和增加运算量. 为避免开方, Cholesky 分解有个改进的版本, 即将正定矩阵 A 分解成 $A = LDL^T$, 其中 L 是单位下三角矩阵, D 是对角线元素均为正数的对角矩阵, 这一分解称为 **LDL^T 分解**, 是 Cholesky 分解的变形或者称为**改进的平方根分解**.

小 节 测 试

1. 平方根法是用于求解_____方程组的数值方法, 特别适用于_____矩阵. (填空)

2. 在平方根法中, 原矩阵 A 可以分解为 L 和 L^T 的乘积, 其中 L 是一个_____矩阵. (填空)

3. 使用平方根法求解 $Ax = b$ 时, 首先将 A 分解为_____, 然后通过前向替换和后向替换求解 y 和 x. (填空)

4. 在进行平方根法分解时, 若原矩阵 A 不是正定的, 则分解可能会失败. 这种情况下, 应该首先考虑 (单选)

    A. 改用高斯消元法

    B. 对矩阵进行预处理, 使之成为正定的

    C. 直接求逆

    D. 使用迭代方法

5. 平方根法求解 $Ax = b$ 的步骤中, 不包括 (单选)

　　A. 矩阵分解　　　　　　　　B. 前向替换

　　C. 后向替换　　　　　　　　D. 矩阵对角化

6. 如果矩阵 A 可以用平方根法分解, 那么 A 的特征值必须是 (单选)

　　A. 全部大于 0　　　　　　　B. 全部小于 0

　　C. 不为 0　　　　　　　　　D. 可以为 0

7. 在利用平方根法解线性方程组 $Ax = b$ 时, 若已知 A 是正定矩阵, 但解向量 x 的计算结果不稳定, 这可能是因为 (单选)

　　A. 矩阵 A 的条件数过大　　　B. 方程组的设定有误

　　C. 线性方程组不存在唯一解　　D. 平方根法不适用于此类方程组

8. 在进行平方根法分解时, 以下哪些因素会影响分解的准确性? (多选)

　　A. 计算机算术的精度　　　　B. 矩阵的维度

　　C. 矩阵元素的数值范围　　　D. 矩阵是否满秩

9. 解释平方根法与 LU 分解在解线性方程组时的不同. (思考)

10. 说明为什么平方根法不适用于非对称矩阵. (思考)

3.6　追　赶　法

在工程计算与科学建模中, 三对角线性方程组的求解具有显著的理论价值与工程普适性. 此类系统的系数矩阵呈现非零元素仅分布于主对角线及其相邻次对角线的稀疏结构, 广泛存在于三次样条插值、热传导方程差分格式离散化及振动系统离散模型等场景. 针对此类特殊矩阵结构, 追赶法通过将矩阵的 LU 分解过程优化为仅需 $O(n)$ 量级运算的高效算法, 显著降低传统高斯消元法的 $O(n^3)$ 计算复杂度. 其原理在于利用三对角矩阵的带状稀疏特性, 将分解过程简化为前驱 (消元) 与回代两阶段递推计算, 并通过保持对角占优特性抑制舍入误差积累, 从而在无须选主元条件下实现数值稳定性. 该方法兼具计算高效性 (内存占用仅 $O(n)$)、算法鲁棒性及程序易实现性, 成为处理大规模三对角系统的标准数值工具, 在计算流体力学、结构动力学等领域持续发挥关键作用.

3.6.1　三对角矩阵

定义 3.4　设带状形式的方程组 $Ax = d$, 即

$$\begin{cases} b_1 x_1 + c_1 x_2 & = d_1, \\ a_2 x_1 + b_2 x_2 + c_2 x_3 & = d_2, \\ \quad\quad\quad \cdots\cdots & \\ a_{n-1} x_{n-2} + b_{n-1} x_{n-1} + c_{n-1} x_n & = d_{n-1}, \\ a_n x_{n-1} + b_n x_n & = d_n, \end{cases} \quad (3.6.1)$$

方程组的系数矩阵为

$$A = \begin{bmatrix} b_1 & c_1 & & & & \\ a_2 & b_2 & c_2 & & & \\ & a_3 & b_3 & c_3 & & \\ & & \ddots & \ddots & \ddots & \\ & & & a_{n-1} & b_{n-1} & c_{n-1} \\ & & & & a_n & b_n \end{bmatrix}, \qquad (3.6.2)$$

其对角元为 $b_1, b_2, \cdots, b_n$, 后次对角线上的元素为 $c_1, c_2, \cdots, c_{n-1}$, 前次对角线上的元素为 $a_2, a_3, \cdots, a_n$, 称 (3.6.1) 中矩阵 A 为**三对角矩阵**, 相应的方程组 (3.6.2) 称为**三对角方程组**.

定理 3.6 若 (3.6.2) 中三对角矩阵 A 满足

(1) $|b_1| > |c_1| > 0$,

(2) $|b_i| \geqslant |a_i| + |c_i|, a_i c_i \neq 0, i = 2, \cdots, n-1$,

(3) $|b_n| > |a_n| > 0$,

则对矩阵 A 的 LU 分解能进行, 且分解是唯一的.

如果对 A 进行 LU 分解, 即 $A = LU$, 且

$$L = \begin{bmatrix} 1 & & & & & \\ l_2 & 1 & & & & \\ & l_3 & 1 & & & \\ & & \ddots & \ddots & & \\ & & & l_{n-1} & 1 & \\ & & & & l_n & 1 \end{bmatrix}, \quad U = \begin{bmatrix} u_1 & c_1 & & & & \\ & u_2 & c_2 & & & \\ & & u_3 & c_3 & & \\ & & & \ddots & \ddots & \\ & & & & u_{n-1} & c_{n-1} \\ & & & & & u_n \end{bmatrix},$$

称它们为**二对角矩阵**, 其中 U 的后次对角线上元素与 A 后次对角线相应位置元素相同.

利用矩阵乘法可得

$$b_1 = u_1, \quad a_i = l_i u_{i-1}, \quad i = 2, 3, \cdots, n, \quad b_i = l_i c_{i-1} + u_i, \quad i = 2, 3, \cdots, n,$$

从而可以得到 $u_1 = b_1, l_i = a_i/u_{i-1}, i = 2, 3, \cdots, n, u_i = b_i - l_i c_{i-1}, i = 2, 3, \cdots, n$.

3.6.2 追赶法求解线性方程组

实现三对角矩阵 A 的 LU 分解后, 求解三对角方程组 $Ax = d$ 便等价于求解两个三角形方程组

$$Ly = d,$$
$$Ux = y.$$

先解下三角形方程组 $Ly = d$ 得

$$y_1 = d_1, \quad y_k = d_k - l_k y_{k-1}, \quad k = 2, 3, \cdots, n.$$

再解上三角形方程组 $Ux = y$ 得

$$x_n = y_n/u_n, \quad x_k = (y_k - c_k x_{k+1})/u_k, \quad k = n-1, \cdots, 2, 1.$$

追赶法的计算流程为

$$u_1 = b_1, \quad y_1 = d_1,$$

$$\begin{cases} \text{对于} i = 2, 3, \cdots, n, \\ \quad l_i = a_i/u_{i-1}, \\ \quad u_i = b_i - c_{i-1} l_i, \\ \quad y_i = d_i - l_i y_{i-1}, \end{cases} \tag{3.6.3}$$

$$x_n = y_n/u_n,$$

$$\begin{cases} \text{对于} i = n-1, \cdots, 2, 1, \\ \quad x_i = (y_i - c_i x_{i+1})/u_i. \end{cases} \tag{3.6.4}$$

第一个循环 (3.6.3) 计算 $y_1 \to y_2 \to \cdots \to y_n$ 的过程称为**追的过程**, 该过程相当于消元过程; 第二个循环 (3.6.4) 计算 $x_n \to x_{n-1} \to \cdots \to x_1$ 的过程称为**赶的过程**, 该过程相当于回代过程. 因此, 该方法称为**追赶法**, 举例如下.

例 3.6 用追赶法求解方程组

$$\begin{bmatrix} 4 & 2 & 0 & 0 \\ 1 & 4 & 1 & 0 \\ 0 & 1 & 4 & 1 \\ 0 & 0 & 2 & 4 \end{bmatrix} \begin{bmatrix} x_1 \\ x_2 \\ x_3 \\ x_4 \end{bmatrix} = \begin{bmatrix} -1 \\ 0 \\ 0 \\ 0 \end{bmatrix}.$$

解 记

$$\begin{bmatrix} 4 & 2 & 0 & 0 \\ 1 & 4 & 1 & 0 \\ 0 & 1 & 4 & 1 \\ 0 & 0 & 2 & 4 \end{bmatrix} = \begin{bmatrix} b_1 & c_1 & & \\ a_2 & b_2 & c_2 & \\ & a_3 & b_3 & c_3 \\ & & a_4 & b_4 \end{bmatrix}, \quad \begin{bmatrix} -1 \\ 0 \\ 0 \\ 0 \end{bmatrix} = \begin{bmatrix} d_1 \\ d_2 \\ d_3 \\ d_4 \end{bmatrix}.$$

设分解

3.6 追赶法

$$\begin{bmatrix} b_1 & c_1 & & \\ a_2 & b_2 & c_2 & \\ & a_3 & b_3 & c_3 \\ & & a_4 & b_4 \end{bmatrix} = \begin{bmatrix} 1 & & & \\ l_2 & 1 & & \\ & l_3 & 1 & \\ & & l_4 & 1 \end{bmatrix} \begin{bmatrix} u_1 & 2 & & \\ & u_2 & 1 & \\ & & u_3 & 1 \\ & & & u_4 \end{bmatrix}.$$

追的过程:

$$u_1 = b_1 = 4, \quad y_1 = d_1 = -1,$$
$$l_2 = a_2/u_1 = 1/4, \quad u_2 = b_2 - c_1 l_2 = 7/2, \quad y_2 = d_2 - l_2 y_1 = 1/4,$$
$$l_3 = a_3/u_2 = 2/7, \quad u_3 = b_3 - c_2 l_3 = 26/7, \quad y_3 = d_3 - l_3 y_2 = -1/14,$$
$$l_4 = a_4/u_3 = 7/13, \quad u_4 = b_4 - c_3 l_4 = 45/13, \quad y_4 = d_4 - l_4 y_3 = 1/26.$$

赶的过程:

$$x_4 = y_4/u_4 = 1/90, \quad x_3 = (y_3 - c_3 x_4)/u_3 = -1/45,$$
$$x_2 = (y_2 - c_2 x_3)/u_2 = 7/90, \quad x_1 = (y_1 - c_1 x_2)/u_1 = -13/45.$$

小节测试

1. 追赶法中, 在进行前向替换计算中间变量 (追的过程) 时, 如果中间变量记为 y_i, 且已知 d_i 为常数项向量的元素, 则 y_i 的计算公式为_____. (填空)

2. 追赶法中, 在后向替换步骤 (赶的过程) 中, 如果最终解向量为 x, 则 x_i 的计算公式为_____, 这里假设追赶法的最后一个方程已经被简化为只含有 x_n 的表达式. (填空)

3. 追赶法适用于哪种类型的线性方程组? (单选)
   A. 任意线性方程组   B. 正定线性方程组
   C. 三对角线性方程组   D. 稀疏线性方程组

4. 在追赶法中, 下列哪个步骤不是必须的? (单选)
   A. 计算 LU 分解   B. 前向替换
   C. 后向替换   D. 矩阵转置

5. 追赶法中 LU 分解的特点是什么? (单选)
   A. L 和 U 分别为下三角和上三角矩阵
   B. L 和 U 都是对角矩阵
   C. L 是单位下三角矩阵, U 是上三角矩阵
   D. L 和 U 的非零元素只出现在对角线上

6. 探讨追赶法在处理对角占优三对角线性方程组时的数值稳定性, 并分析其对解的精度的影响. (思考)

7. 比较追赶法与高斯消元法在求解三对角线性方程组时的效率和存储需求差异. (思考)

8. 在某些特殊情况下, 追赶法可能不适用或者需要修改. 讨论这些特殊情况并提出可能的解决方案. (思考)

习题解析

3.7 案 例

3.7.1 问题背景

经济学中产业关联是产业融合的基础和前提, 产业之间必须有关联才能够发生产业融合, 基于产业关联的视角, 分析产业之间的投入产出数据, 可以得到产业特征、经济效益、中间投入、中间需求等各方面发展情况. 这类投入产出问题模型最终化归为求解一个线性方程组. 本案例以某乡镇的三个企业构成的经济系统为例, 说明投入产出在经济分析中的应用, 以及求解线性方程组在实际应用中的基本思路和方法.

该乡镇有甲、乙、丙三家企业. 甲企业每生产 1 元产品消耗 0.25 元乙企业产品和 0.25 元丙企业产品; 乙企业每生产 1 元产品消耗 0.65 元甲企业产品、0.25 元自产产品和 0.05 元丙企业产品; 丙企业每生产 1 元产品消耗 0.5 元甲企业产品和 0.1 元乙企业产品. 若三家企业接到外来订单分别为 50 万元、60 万元、40 万元, 则三家企业各生产多少才满足内外需求?

3.7.2 数学模型

设一个生产周期内, 甲、乙、丙三家企业生产总价值分别是 x_1, x_2, x_3 (万元), 则可建立如下非齐次线性方程组:

$$\begin{cases} 0x_1 + 0.65x_2 + 0.5x_3 + 50 = x_1, \\ 0.25x_1 + 0.25x_2 + 0.1x_3 + 60 = x_2, \\ 0.25x_1 + 0.05x_2 + 0x_3 + 40 = x_3. \end{cases}$$

该方程反映了三家企业内部消耗价值 + 外部需求价值 = 总产品价值, 称为分配平衡方程组. 该方程组可写成如下矩阵形式:

$$Ax + y = x,$$

其中

$$A = \begin{bmatrix} 0 & 0.65 & 0.5 \\ 0.25 & 0.25 & 0.1 \\ 0.25 & 0.05 & 0 \end{bmatrix}, \quad x = \begin{bmatrix} x_1 \\ x_2 \\ x_3 \end{bmatrix}, \quad y = \begin{bmatrix} 50 \\ 60 \\ 40 \end{bmatrix}.$$

经济学中矩阵 A 称作直接消耗矩阵, 该矩阵中元素 a_{ij} 被称为直接消耗系数, 向量 x 称为产出向量, y 称为最后需求向量.

3.7.3 计算方法

由 $Ax+y=x$ 得 $(E-A)x=y$，即

$$\begin{bmatrix} 1 & -0.65 & -0.5 \\ -0.25 & 0.75 & -0.1 \\ -0.25 & -0.05 & 1 \end{bmatrix} \begin{bmatrix} x_1 \\ x_2 \\ x_3 \end{bmatrix} = \begin{bmatrix} 50 \\ 60 \\ 40 \end{bmatrix},$$

对该线性方程组增广矩阵执行初等行变换以消元，变成行阶梯形矩阵，即

$$\begin{bmatrix} 1 & -0.65 & -0.5 & 50 \\ -0.25 & 0.75 & -0.1 & 60 \\ -0.25 & -0.05 & 1 & 40 \end{bmatrix} \rightarrow \begin{bmatrix} 1 & -0.65 & -0.5 & 50 \\ 0 & 0.5875 & -0.2250 & 72.5000 \\ 0 & 0 & 0.7936 & 78.7234 \end{bmatrix},$$

新增广矩阵对应等价方程组为

$$\begin{cases} x_1 - 0.65x_2 - 0.5x_3 = 50, \\ 0.5875x_2 - 0.2250x_3 = 72.5000, \\ 0.7936x_3 = 78.7234, \end{cases}$$

回代解得

$$x = \begin{bmatrix} x_1 \\ x_2 \\ x_3 \end{bmatrix} = \begin{bmatrix} 204.5040 \\ 161.3941 \\ 99.1957 \end{bmatrix}.$$

由此可知这一生产周期中，甲、乙、丙三家企业应生产总产值分别为 204.5040 万元、161.3941 万元以及 99.1957 万元时才能满足内外需求.

3.7.4 编程实现

调用函数程序如下:

```
function[RA,RB,n,X]=gaus(A,b)
B=[Ab];
n=length(b);
RA=rank(A);RB=rank(B);cha=RB-RA;
if cha>0
    disp('因为RB>RA，所以方程组无解.')
    return
end
if RA==RB
    if RA==n
```

```
            disp('因为RB=RA=n，所以方程组解唯一.')
            X=zeros(n,1);
            for p=1:n-1
                for k=p+1:n
                    m=B(k,p)/B(p,p);
                    B(k,p:n+1)=B(k,p:n+1)-m*B(p,p:n+1);
                end
            end
            b=B(1:n,n+1);
            A=B(1:n,1:n);
            X(n)=b(n)/A(n,n);
            for q=n-1:-1:1
                X(q)=(b(q)-sum(A(q,q+1:n)*X(q+1:n)))/A(q,q);
            end
        else
            disp('因为RA=RB<n，所以方程组有无穷多解.')
        end
end
```

执行程序如下：

```
A=[1,-0.65,-0.5;-0.25,0.75,-0.1;-0.25,-0.05,1];
b=[50;60;40];
[RA,RB,n,X]=gaus(A,b)
```

运行结果为

```
因为RB=RA=n，所以方程组解唯一.
RA=3
RB=3
n=3
X=[204.5040; 161.3941; 99.1957]
```

3.8 章节测试

理论题：

1. 在使用高斯消元法解线性方程组时，主元的选择是为了 (单选)
   A. 增加计算量   B. 减少计算误差
   C. 加快计算速度   D. 简化方程组
2. 若方程组 $Ax=b$ 在数值上求解时表现出不稳定性，可能的原因是什么？(单选)
   A. A 是稀疏矩阵   B. A 的条件数很大

C. b 向量的元素很大　　　　　　D. A 的行列式接近零

3. 在进行矩阵分解时,哪些因素可能影响算法的选择?(多选)

　　A. 矩阵的大小和稠密度　　　　　B. 矩阵的特征值分布

　　C. 计算资源的限制　　　　　　　D. 矩阵是否正定

4. 高斯消元法求解线性方程组的过程中可能遇到哪些问题?(多选)

　　A. 舍入误差积累　　　　　　　　B. 主元选取不当导致数值不稳定

　　C. 计算复杂度高　　　　　　　　D. 需要额外的内存空间

5. 在数值分析中,哪些方法可以用来估计线性方程组解的误差?(多选)

　　A. 前向误差分析　　　　　　　　B. 后向误差分析

　　C. 条件数估计　　　　　　　　　D. 迭代改进

6. 相比于传统的 LU 分解,部分选主元 LU 分解的主要改进是 (单选)

　　A. 减少计算时间　　　　　　　　B. 提高解的精度

　　C. 增加稳定性　　　　　　　　　D. 减少内存使用

7. 在数值计算中,如果矩阵 A 的条件数很低,这意味着什么?(单选)

　　A. A 接近奇异,解可能不稳定　　B. A 远离奇异,解比较稳定

　　C. A 必须是对称矩阵　　　　　　D. A 必须是非方阵

8. 高斯消元法总是能找到线性方程组的唯一解. (判断)

9. 任何线性方程组都可以通过 LU 分解来求解. (判断)

10. 在矩阵的 LU 分解中,如果进行部分选主元,则 U 矩阵的对角线上元素_____ 为零. (填空)

11. 矩阵 A 被称为正定的,如果对于所有非零向量 x,$x^{\mathrm{T}} A x$ 总是_____. (填空)

12. 讨论高斯消元法在求解大型稀疏矩阵时可能面临的问题,并提出相应的解决方案. (思考)

13. 比较高斯消元法和 LU 分解法在解线性方程组时的优势和局限性. (思考)

计算题:

1. 利用高斯消元法解下列线性方程组

$$\begin{cases} 2x_1 + 2x_2 + 3x_3 = 3, \\ 4x_1 + 7x_2 + 7x_3 = 2, \\ -2x_1 + 4x_2 + 5x_3 = -7. \end{cases}$$

2. 利用高斯消元法解下列线性方程组

$$\begin{bmatrix} 1 & 4 & -2 & 3 \\ 2 & 2 & 0 & 4 \\ 3 & 0 & -1 & 2 \\ 1 & 2 & 2 & -3 \end{bmatrix} \begin{bmatrix} x_1 \\ x_2 \\ x_3 \\ x_4 \end{bmatrix} = \begin{bmatrix} 6 \\ 2 \\ 1 \\ 8 \end{bmatrix}.$$

3. 利用列主元消元法解方程组

$$\begin{cases} 0.0001x_1 + 2.0000x_2 = 4.0000, \\ 1.0000x_1 + 2.0000x_2 = 2.0000. \end{cases}$$

4. 利用列主元消元法解方程组

$$\begin{cases} 2x_1 + 3x_2 + 4x_3 = 6, \\ 3x_1 + 5x_2 + 2x_3 = 5, \\ 4x_1 + 3x_2 + 30x_3 = 32, \end{cases}$$

并求其系数行列式的值.

5. 证明: 设 $A \in \mathbb{R}^{n \times n}$. 若 A 的顺序主子式 $\det A_k \neq 0 (k = 1, 2, \cdots, n)$, 则存在唯一的 Crout 分解

$$A = LU,$$

其中 L 为非奇异的下三角矩阵, U 为单位上三角矩阵.

6. 求三阶方阵

$$A = \begin{bmatrix} 2 & -3 & 2 \\ 1 & -2 & 2 \\ 3 & -1 & 4 \end{bmatrix}$$

的 Doolittle 分解、LU 分解和 Crout 分解.

7. 求下列三对角方阵的三角分解,

$$\begin{bmatrix} 2 & 1 & & & \\ 1 & 3 & 1 & & \\ & 1 & 5 & 1 & \\ & & 1 & 7 & 1 \\ & & & 1 & 11 \end{bmatrix}.$$

8. 对下列矩阵进行 GG^{T} 分解 (Cholesky 分解),

$$A = \begin{bmatrix} 10 & 7 & 8 & 7 \\ 7 & 5 & 6 & 5 \\ 8 & 6 & 10 & 9 \\ 7 & 5 & 9 & 10 \end{bmatrix}.$$

9. 利用 Doolittle 分解法解方程组，并写出 L, U 矩阵，

$$\begin{cases} x_1 + 2x_2 + 3x_3 = 14, \\ 2x_1 + 5x_2 + 4x_3 = 18, \\ 3x_1 + 2x_2 + 5x_3 = 22. \end{cases}$$

10. 用追赶法求解下列方程组

$$\begin{bmatrix} 3 & 1 & 0 & 0 \\ 1 & 4 & 1 & 0 \\ 0 & 1 & 6 & 1 \\ 0 & 0 & 2 & 8 \end{bmatrix} \begin{bmatrix} x_1 \\ x_2 \\ x_3 \\ x_4 \end{bmatrix} = \begin{bmatrix} 10 \\ 11 \\ 30 \\ 48 \end{bmatrix}.$$

11. 对下列矩阵进行 LDL^{T} 分解，并证明 A 为正定矩阵，

$$A = \begin{bmatrix} 4 & 2 & 4 \\ 2 & 10 & -1 \\ 4 & -1 & 6 \end{bmatrix}.$$

12. 判断下列矩阵当 a 为何值时是正定矩阵，

$$A = \begin{bmatrix} 6 & 7 & 5 \\ 7 & 13 & a \\ 5 & a & 6 \end{bmatrix},$$

并用平方根法求当 $a = 8$ 时方程组 $Ax = b$ 的解，其中 $b = [9, 10, 9]^{\mathrm{T}}$.

习题解析

第 4 章 解线性方程组的迭代法

4.1 迭代法概述

对于低维稠密矩阵, 直接法 (如 LU 分解) 因其确定性求解过程及精确解的可达性而被广泛采用. 然而, 面对科学工程计算中涌现的高维稀疏线性系统 (如偏微分方程离散化生成的带状矩阵、社交网络图谱的邻接矩阵等), 传统直接法因内存复杂度与计算复杂度的阶次过高而失效. 此时, 迭代法凭借其内存效率 (仅存储非零元素) 与渐近收敛特性成为更优解.

针对线性方程组

$$Ax = b, \tag{4.1.1}$$

其中 $A \in \mathbb{R}^{n \times n}$ 是 n 阶非奇异矩阵, $x, b \in \mathbb{R}^n$ 均是 n 维列向量, 欲利用迭代法进行求解, 关键在于构造迭代格式. 现将 A 分裂为矩阵 N 和 P 的差:

$$A = N - P \quad (\text{其中 } N \text{ 为非奇异矩阵}),$$

则方程组 (4.1.1) 可以表示为

$$Nx = Px + b,$$

由于 N 为非奇异矩阵, 从而有

$$x = N^{-1}Px + N^{-1}b.$$

若设 $B = N^{-1}P, f = N^{-1}b$, 此时原方程组变形为等价的方程组:

$$x = Bx + f. \tag{4.1.2}$$

从而根据等价方程组 (4.1.2) 建立迭代格式:

$$x^{(k+1)} = Bx^{(k)} + f, \quad k = 0, 1, 2, \cdots, \tag{4.1.3}$$

其中 k 表示迭代次数. 适当选取初始向量 $x^{(0)}$, 代入格式 (4.1.3), 每一步由 $x^{(k)}$ 计算出 $x^{(k+1)}$, $k = 0, 1, 2, \cdots$, 从而得到向量序列: $x^{(0)}, x^{(1)}, \cdots, x^{(k)}, \cdots$, 记作 $\{x^{(k)}\}_{k=0}^{\infty}$. 这种方法称为解线性方程组的**迭代法**, n 阶矩阵 B 称为该迭代法的**迭代矩阵**. 迭代法的过程图如图 4.1 所示.

4.1 迭代法概述

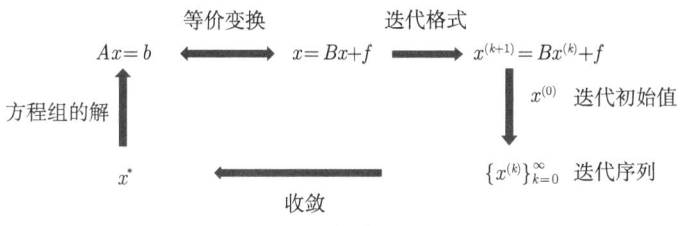

图 4.1　迭代法的过程图

对于任意一个等价线性方程组 $x=Bx+f$，由迭代法产生的向量序列 $\{x^{(k)}\}_{k=0}^{\infty}$ 是否一定逐步逼近此线性方程组的解呢？答案是不一定。下面先给出向量序列和矩阵序列收敛的定义.

定义 4.1　设 $c=[c_1,c_2,\cdots,c_n]^{\mathrm{T}}$，$x^{(k)}=[x_1^{(k)},x_2^{(k)},\cdots,x_n^{(k)}]^{\mathrm{T}}$，$k=0,1,2,\cdots$，如果 $k\to\infty$ 时，向量 $x^{(k)}$ 的每一个分量 $x_i^{(k)}$ 均收敛，即 $\lim\limits_{k\to\infty}x_i^{(k)}=c_i$，$i=1,2,\cdots,n$，则称**向量序列** $\{x^{(k)}\}_{k=0}^{\infty}$ **收敛**，且称向量 c 为向量序列 $\{x^{(k)}\}_{k=0}^{\infty}$ 的**极限向量**，记作 $\lim\limits_{k\to\infty}x^{(k)}=c$.

定义 4.2　设有矩阵序列 $\{A_k\}\subseteq\mathbb{R}^{n\times n}$，$A_k=\left(a_{ij}^{(k)}\right)\in\mathbb{R}^{n\times n}$ 及 $A=(a_{ij})\in\mathbb{R}^{n\times n}$，如果 n^2 个数列极限存在且有 $\lim\limits_{k\to\infty}a_{ij}^{(k)}=a_{ij}$，$i,j=1,2,\cdots,n$，则称**矩阵序列** $\{A_k\}$ **收敛于矩阵** A，记作 $\lim\limits_{k\to\infty}A_k=A$.

例 4.1　求向量 $x^{(k)}=\left[\dfrac{k}{k+1},\dfrac{1}{k^2}+2,\mathrm{e}^{-k}\sin k\right]^{\mathrm{T}}$ 的收敛值.

解　因为

$$\lim_{k\to\infty}\frac{k}{k+1}=1,\quad \lim_{k\to\infty}\frac{1}{k^2}+2=2,\quad \lim_{k\to\infty}\mathrm{e}^{-k}\sin k=0,$$

所以

$$\lim_{k\to\infty}x^{(k)}=[1,2,0]^{\mathrm{T}}.$$

例 4.2　证明 $A=\begin{bmatrix}1/2 & 0\\ 1/4 & 1/2\end{bmatrix}$ 是一个收敛矩阵.

证明　由题可知，

$$A^2=\begin{bmatrix}1/4 & 0\\ 1/4 & 1/4\end{bmatrix},\quad A^3=\begin{bmatrix}1/8 & 0\\ 3/16 & 1/8\end{bmatrix},$$

$$A^4 = \begin{bmatrix} 1/16 & 0 \\ 1/8 & 1/16 \end{bmatrix}, \cdots, A^k = \begin{bmatrix} (1/2)^k & 0 \\ k/2^{k+1} & (1/2)^k \end{bmatrix}.$$

因为

$$\lim_{k \to \infty} (1/2)^k = 0, \quad \lim_{k \to \infty} k/2^{k+1} = 0,$$

所以 A 是一个收敛矩阵.

如果由迭代格式 $x^{(k+1)} = Bx^{(k)} + f$ 计算得到的向量序列 $\{x^{(k)}\}_{k=0}^{\infty}$ 收敛, 即 $\lim\limits_{k \to \infty} x^{(k)}$ 存在, 不妨记作 x^*, 则称该**迭代法是收敛的**; 否则, 称该迭代法不收敛或发散. 在向量序列 $\{x^{(k)}\}_{k=0}^{\infty}$ 收敛情况下, 设其极限为 $x^* = [x_1^*, x_2^*, \cdots, x_n^*]^T$, 在迭代格式 $x^{(k+1)} = Bx^{(k)} + f$ 两边分别取极限 $\lim\limits_{k \to \infty} x^{(k+1)} = \lim\limits_{k \to \infty} (Bx^{(k)} + f)$ 得 $x^* = Bx^* + f$, 即 x^* 是 $x = Bx + f$ 的解, 也就是说: x^* 是线性方程组 $Ax = b$ 的解.

小 节 测 试

1. 在求解非线性方程时, 通常需要先将方程转化为 _____ 形式. (填空)
2. 在迭代法中, 常需要设定一个 _____ 作为停止条件. (填空)
3. 当迭代法的迭代序列在一定条件下不断循环波动, 而不收敛于解时, 我们称这种情况为 (单选)

  A. 收敛   B. 超线性收敛
  C. 发散   D. 渐近稳定

4. 在迭代法中, 以下哪些条件可能导致迭代序列不收敛? (多选)

  A. 迭代方法选择不当   B. 初始猜测值距离解过远
  C. 迭代步长设定不合理   D. 停止条件过于严格

5. 请简要描述迭代法的基本思想, 并举例说明其在实际问题中的应用. (思考)

习题解析

4.2 向量与矩阵的范数

为了研究线性方程组迭代法的收敛性和近似解的误差估计, 需要对向量以及矩阵引进某种度量, 即引入向量和矩阵的范数概念. 在数值分析中, 范数作为度量向量和矩阵 "大小" 的数学工具, 不仅为误差分析提供了定量化标准, 还为算法稳定性研究奠定了理论基础. 特别地, 矩阵范数与其特征值、条件数等性质密切相关, 这些性质直接影响线性系统的求解难度和数值敏感性. 通过范数理论, 我们能够精确刻画迭代过程中误差传播机制, 预测算法收敛速度, 并为计算方案的优化提供理论依据. 基于这些概念, 便可以进一步研究与探讨解线性方程组的方法以及方程组本身的性质.

4.2.1 向量范数

定义 4.3 若向量 $x \in \mathbb{R}^n$, $x = [x_1, x_2, \cdots, x_n]^T$ 的某个实值函数 $N(x) \stackrel{\text{记}}{=} \|x\|$ 满足

(1) 正定性, 即 $\|x\| \geqslant 0$ 且 $\|x\| = 0$ 的充分必要条件是 $x = 0$;
(2) 齐次性, 即 $\|\alpha x\| = |\alpha| \|x\|$ ($\alpha \in \mathbb{R}$);
(3) 三角不等式, 即对 $x, y \in \mathbb{R}^n$, 总有

$$\|x + y\| \leqslant \|x\| + \|y\|,$$

则称 $N(x) = \|x\|$ 为 $\mathbb{R}^n$ 上**向量 x 的范数** (或模).

向量范数的种类有很多, 例如

$$N_1(x) = |x_1| + |x_2| + \cdots + |x_n|,$$
$$N_2(x) = \sqrt{(x_1^2 + x_2^2 + \cdots + x_n^2)},$$
$$N_3(x) = \max_{1 \leqslant i \leqslant n} |x_i|$$

都是 $x \in \mathbb{R}^n$ 的实值函数, 且容易验证它们都满足正定性、齐次性及三角不等式, 因此都是向量 x 的范数, 我们依次称它们为**向量 x 的 "1" 范数、"2" 范数和 "∞" 范数**, 并分别记为 $\|x\|_1, \|x\|_2$ 和 $\|x\|_\infty$, 即

向量 x 的 "1" 范数:

$$\|x\|_1 = \sum_{i=1}^n |x_i|; \tag{4.2.1}$$

向量 x 的 "2" 范数:

$$\|x\|_2 = \sqrt{\sum_{i=1}^n |x_i|^2}; \tag{4.2.2}$$

向量 x 的 "∞" 范数:

$$\|x\|_\infty = \max_{1 \leqslant i \leqslant n} |x_i|. \tag{4.2.3}$$

向量 x 的 "1" 范数、"2" 范数和 "∞" 范数是最常用的向量范数.

例 4.3 设 $x = [-1, 2, -6]^T$, 求 $\|x\|_1, \|x\|_2, \|x\|_\infty$.

解 由定义 (4.2.1)—(4.2.3) 可知

$$\|x\|_1 = |-1| + |2| + |-6| = 9,$$
$$\|x\|_2 = \sqrt{(-1)^2 + 2^2 + (-6)^2} = \sqrt{41},$$
$$\|x\|_\infty = \max\{|-1|, |2|, |-6|\} = 6.$$

例 4.4 在二维平面上分别画出 "1" 范数和 "∞" 范数等于 1 的图形.

解 设 $X = [x, y]^{\mathrm{T}}$, 则

$$\|X\|_1 = |x| + |y|, \quad \|X\|_\infty = \max\{|x|, |y|\}.$$

由题意得

$$|x| + |y| = 1, \quad \max\{|x|, |y|\} = 1,$$

所求图形如图 4.2 所示.

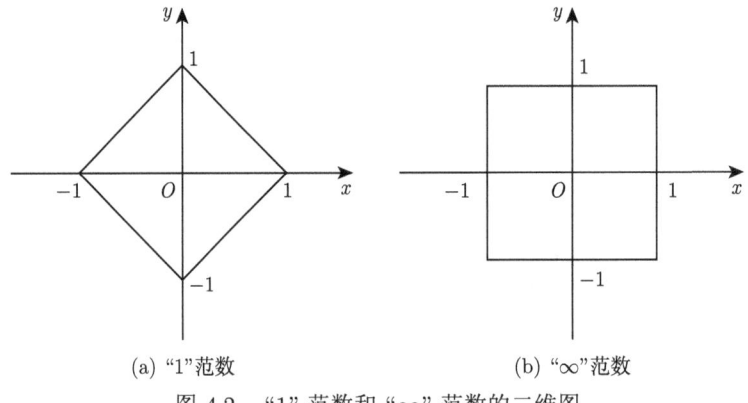

(a) "1"范数   (b) "∞"范数

图 4.2 "1" 范数和 "∞" 范数的二维图

定理 4.1 (向量范数等价性) 设 $\|x\|_s, \|x\|_t$ 为 $\mathbb{R}^n$ 上向量 x 的任意两种范数, 则存在常数 $c_1, c_2 > 0$, 使得对一切 $x \in \mathbb{R}^n$ 有

$$c_1 \|x\|_s \leqslant \|x\|_t \leqslant c_2 \|x\|_s.$$

证明 只要就 $\|x\|_s = \|x\|_\infty$ 证明上式成立即可, 即证明存在常数 $c_1, c_2 > 0$, 使 $c_1 \leqslant \dfrac{\|x\|_t}{\|x\|_\infty} \leqslant c_2$, 对一切 $x \in \mathbb{R}^n$ 且 $x \neq 0$.

考虑函数

$$f(x) = \|x\|_t \geqslant 0, \quad x \in \mathbb{R}^n,$$

记 $S = \{x | \|x\|_\infty = 1, x \in \mathbb{R}^n\}$, 则 S 是一个有限闭集, 由于 $f(x)$ 为 S 上的连续函数, 所以 $f(x)$ 于 S 上达到最大最小值, 即存在 $x', x'' \in S$ 使得

$$f(x') = \min_{x \in S} f(x) = c_1, \quad f(x'') = \max_{x \in S} f(x) = c_2.$$

设 $x \in \mathbb{R}^n$ 且 $x \neq 0$, 则

$$\frac{x}{\|x\|_\infty} \in S,$$

从而有

$$c_1 \leqslant f\left(\frac{x}{\|x\|_\infty}\right) \leqslant c_2,$$

显然 $c_1, c_2 > 0$, 上式为

$$c_1 \leqslant \left\|\frac{x}{\|x\|_\infty}\right\|_t \leqslant c_2,$$

即

$$c_1 \|x\|_\infty \leqslant \|x\|_t \leqslant c_2 \|x\|_\infty, \quad \forall x \in \mathbb{R}^n.$$

引入向量范数概念后, 向量序列极限可以用向量范数来描述, 在上述有限维空间向量范数具有等价性定理条件下, 有如下向量序列收敛的充要性定理.

定理 4.2 (向量序列收敛的充要条件) $\lim_{k \to \infty} x^{(k)} = x^* \Leftrightarrow \lim_{k \to \infty} \|x^{(k)} - x^*\| = 0$, 其中 $\|\cdot\|$ 为向量的任一种范数.

证明 显然, $\lim_{k \to \infty} x^{(k)} = x^* \Leftrightarrow \lim_{k \to \infty} \|x^{(k)} - x^*\|_\infty = 0$, 而对于 $\mathbb{R}^n$ 上任一种范数 $\|\cdot\|$, 由范数等价性定理, 存在常数 $c_1, c_2 > 0$ 使

$$c_1 \|x^{(k)} - x^*\|_\infty \leqslant \|x^{(k)} - x^*\| \leqslant c_2 \|x^{(k)} - x^*\|_\infty,$$

于是又有

$$\lim_{k \to \infty} \|x^{(k)} - x^*\|_\infty = 0 \Leftrightarrow \lim_{k \to \infty} \|x^{(k)} - x^*\| = 0.$$

4.2.2 矩阵范数

定义 4.4 若矩阵 $A \in \mathbb{R}^{n \times n}$ 的某个实值函数 $N(A) \stackrel{(记)}{=} \|A\|$ 满足
(1) 正定性, 即 $\|A\| \geqslant 0$, 且 $\|A\| = 0$ 的充分必要条件是 $A = 0$;
(2) 齐次性, 即 $\|\alpha A\| = |\alpha| \|A\| (\alpha \in \mathbb{R})$;
(3) 三角不等式, 即 $\forall A, B \in \mathbb{R}^{n \times n}$ 总有

$$\|A+B\| \leqslant \|A\| + \|B\|;$$

(4) 矩阵乘法不等式, 即 $\forall A, B \in \mathbb{R}^{n \times n}$ 总有

$$\|AB\| \leqslant \|A\| \|B\|,$$

则称 $N(A) = \|A\|$ 为 $\mathbb{R}^{n \times n}$ 上**矩阵 A 的范数** (或**模**).

与向量范数一样, 矩阵范数的种类也有很多. 由于在许多应用问题中, 矩阵和向量常常具有一定关系, 这就要求矩阵范数与向量范数相 "协调", 即满足矩阵、向量乘法的相容性

$$\|Ax\| \leqslant \|A\| \|x\|.$$

满足矩阵、向量乘法相容性的矩阵范数有很多, 例如对于给定的向量范数 $\|x\|_r$ ($r=1, 2, \infty$ 或其他), 容易验证, 矩阵 A 的实值函数

$$\|A\|_r = \max_{\substack{x \neq 0 \\ x \in \mathbb{R}^n}} \frac{\|Ax\|_r}{\|x\|_r} \tag{4.2.4}$$

满足定义 4.4 中的条件 (1)—(3), 且由 (4.2.4) 式可看出对任意向量 x, 不等式

$$\|Ax\|_r \leqslant \|A\|_r \|x\|_r$$

成立, 即满足矩阵、向量乘法相容性, 于是

$$\|ABx\|_r \leqslant \|A\|_r \|Bx\|_r \leqslant \|A\|_r \|B\|_r \|x\|_r.$$

当 x 为任意非零向量时, 有

$$\frac{\|ABx\|_r}{\|x\|_r} \leqslant \|A\|_r \|B\|_r,$$

故

$$\|AB\|_r = \max_{\substack{x \neq 0 \\ x \in \mathbb{R}^n}} \frac{\|ABx\|_r}{\|x\|_r} \leqslant \|A\|_r \|B\|_r,$$

即满足定义 4.4 中条件 (4). 因此, 按 (4.2.4) 式定义的实值函数 $\|A\|_r$ 是矩阵 A 的范数, 称为**算子范数**, 也称为**从属范数**. 表 4.1 给出了矩阵 $A = (a_{ij})_{n \times n}$ 三种常用算子范数的定义与计算公式, 其中 $\lambda_{\max}(A^T A)$ 是矩阵 $A^T A$ 的最大特征值.

4.2 向量与矩阵的范数

表 4.1 矩阵 $A = (a_{ij})_{n \times n}$ 三种常用算子范数的定义与计算公式

范数名称	记号	定义	计算公式
"1" 范数 (又名列模)	$\|A\|_1$	$\max\limits_{\substack{x \neq 0 \\ x \in \mathbb{R}^n}} \dfrac{\|Ax\|_1}{\|x\|_1}$	$\max\limits_{1 \leqslant j \leqslant n} \sum\limits_{i=1}^{n} |a_{ij}|$
"2" 范数 (又名谱模)	$\|A\|_2$	$\max\limits_{\substack{x \neq 0 \\ x \in \mathbb{R}^n}} \dfrac{\|Ax\|_2}{\|x\|_2}$	$\sqrt{\lambda_{\max}(A^{\mathrm{T}}A)}$
"∞" 范数 (又名行模)	$\|A\|_\infty$	$\max\limits_{\substack{x \neq 0 \\ x \in \mathbb{R}^n}} \dfrac{\|Ax\|_\infty}{\|x\|_\infty}$	$\max\limits_{1 \leqslant i \leqslant n} \sum\limits_{j=1}^{n} |a_{ij}|$

例 4.5 设矩阵 $A = \begin{bmatrix} 2 & -1 \\ -2 & 4 \end{bmatrix}$, 求 $\|A\|_1, \|A\|_2, \|A\|_\infty$.

解 由上述计算公式可得

$$\|A\|_1 = \max\{2+|-2|, |-1|+4\} = 5, \quad \|A\|_\infty = \max\{2+|-1|, |-2|+4\} = 6,$$

计算

$$A^{\mathrm{T}}A = \begin{bmatrix} 2 & -2 \\ -1 & 4 \end{bmatrix} \begin{bmatrix} 2 & -1 \\ -2 & 4 \end{bmatrix} = \begin{bmatrix} 8 & -10 \\ -10 & 17 \end{bmatrix}.$$

由 $|\lambda E - A^{\mathrm{T}}A| = 0$, 可得 $A^{\mathrm{T}}A$ 的特征值为 $\lambda_1 \approx 23.466, \lambda_2 \approx 1.534$, 故

$$\|A\|_2 = \sqrt{23.466} \approx 4.844.$$

定理 4.3 若 $\|A\| < 1$, 则 $I \pm A$ 为可逆矩阵, 且

$$\|(I \pm A)^{-1}\| \leqslant \frac{1}{1 - \|A\|}, \tag{4.2.5}$$

其中 $\|\cdot\|$ 指的是矩阵的算子范数.

证明 若 $I \pm A$ 不可逆, 则 $(I \pm A)x = 0$ 有非零解, 即存在非零向量 x_0 使得

$$\pm A x_0 = -x_0,$$

此时,

$$\frac{\|Ax_0\|}{\|x_0\|} = 1, \quad \|A\| \geqslant 1,$$

与已知条件 $\|A\| < 1$ 矛盾. 另外,

$$(I \pm A)^{-1} \pm A(I \pm A)^{-1} = (I \pm A)(I \pm A)^{-1} = I,$$

$$(I \pm A)^{-1} = I \mp A(I \pm A)^{-1},$$

$$\left\|(I \pm A)^{-1}\right\| \leqslant 1 + \|A\| \cdot \left\|(I \pm A)^{-1}\right\|,$$

从而有

$$\left\|(I \pm A)^{-1}\right\| \leqslant \frac{1}{1 - \|A\|}.$$

4.2.3 谱半径

下面讨论特征值与范数以及收敛性之间的关系.

定义 4.5 设 $A = (a_{ij}) \in \mathbb{R}^{n \times n}$, 若存在数 λ (实数或复数) 和非零向量 $x = [x_1, x_2, \cdots, x_n]^{\mathrm{T}} \in \mathbb{R}^n$, 使得

$$Ax = \lambda x,$$

则称 λ 为 A 的**特征值**, x 为 A 对应于 λ 的**特征向量**. A 的全体特征值称为 A 的**谱**, 记作 $\sigma(A)$, 即 $\sigma(A) = \{\lambda_1, \lambda_2, \cdots, \lambda_n\}$, 记

$$\rho(A) = \max_{1 \leqslant i \leqslant n} |\lambda_i|, \tag{4.2.6}$$

称为矩阵 A 的**谱半径**.

定理 4.4 对任意 $A \in \mathbb{R}^{n \times n}$, $\|\cdot\|$ 为任一算子范数, 则

$$\rho(A) \leqslant \|A\|. \tag{4.2.7}$$

证明 设 λ 为 A 的任一特征值, $x \neq 0$ 使得 $Ax = \lambda x$, 由相容性条件, 得

$$|\lambda| \|x\| = \|\lambda x\| = \|Ax\| \leqslant \|A\| \cdot \|x\|.$$

注意到 $\|x\| \neq 0$, 则得 $|\lambda| \leqslant \|A\|$, 即 $\rho(A) \leqslant \|A\|$.

一个与迭代法有关的矩阵序列收敛性概念可以用谱半径来描述.

定理 4.5 设 $B \in \mathbb{R}^{n \times n}$, 则 $B^k \to 0$ (零矩阵) $(k \to \infty)$ 的充分必要条件是 B 所有特征值满足 $|\lambda_i(B)| < 1$ 或 B 的谱半径 $\rho(B) < 1$ $(i = 1, 2, \cdots, n)$.

小 节 测 试

1. "1" 范数也称为_____ 范数, 表示向量中所有分量的_____. (填空)
2. "2" 范数 (欧几里得范数) 是向量_____ 的平方根. (填空)
3. 矩阵 A 的谱半径定义为_____. (填空)
4. 向量的 "2" 范数通常比 "1" 范数更适合衡量向量的稀疏性. (判断)
5. Frobenius 范数等价于矩阵的所有元素绝对值之和. (判断)

6. 对于向量的范数,下列哪些性质是正确的? (多选)
   A. 非负性　　　　　　　　　　B. 齐次性
   C. 三角不等式　　　　　　　　D. 正定性
7. 对于矩阵 A, 当其 Frobenius 范数为 0 时, 表示 (单选)
   A. 矩阵 A 是零矩阵　　　　　B. 矩阵 A 是单位矩阵
   C. 矩阵 A 是对称矩阵　　　　D. 矩阵 A 是正定矩阵
8. 当向量的无穷范数为 1 时, 表示向量的 (单选)
   A. 所有分量都相等　　　　　　B. 所有分量的绝对值之和为 1
   C. 至少有一个分量的绝对值为 1　D. 所有分量的平方和为 1
9. 对于矩阵范数,下列说法正确的是 (单选)
   A. 任意矩阵都可以定义矩阵范数
   B. 矩阵的条件数等于其谱半径
   C. 矩阵的 Frobenius 范数等于其所有特征值之和的平方根
   D. 任意两个矩阵的范数之和等于它们的和的范数
10. 谱范数和 Frobenius 范数之间有何区别? 它们在何种情况下被优先使用? (思考)
11. 为什么在某些情况下, 使用 "1" 范数和无穷范数来衡量矩阵可能比谱范数更合适? (思考)
12. 谱半径对于评估迭代方法的收敛性有何重要意义? 请举例说明.(思考)
13. 谱半径可以用来评估矩阵的收敛性,但是在实际计算中有哪些局限性? (思考)

习题解析

4.3 雅可比迭代法

4.3.1 雅可比迭代法的分量形式

设方程组 $Ax = b$ 满足 $a_{ii} \neq 0, i = 1, 2, \cdots, n$. 将方程组变形为

$$\begin{cases} x_1 = (b_1 - a_{12}x_2 - a_{13}x_3 - \cdots - a_{1n}x_n)/a_{11}, \\ x_2 = (b_2 - a_{21}x_1 - a_{23}x_3 - \cdots - a_{2n}x_n)/a_{22}, \\ \quad \cdots \cdots \\ x_n = (b_n - a_{n1}x_1 - a_{n2}x_2 - \cdots - a_{n,n-1}x_{n-1})/a_{nn}, \end{cases}$$

即将第 i 个方程 $\sum_{j=1}^{i-1} a_{ij}x_j + a_{ii}x_i + \sum_{j=i+1}^{n} a_{ij}x_j = b_i$ 变形为

$$x_i = \left(b_i - \sum_{j=1}^{i-1} a_{ij}x_j - \sum_{j=i+1}^{n} a_{ij}x_j\right)\bigg/a_{ii}.$$

下面给出雅可比 (Jacobi) 迭代法的分量计算公式

$$\begin{cases} x_1^{(k+1)} = \left(b_1 - a_{12}x_2^{(k)} - a_{13}x_3^{(k)} - \cdots - a_{1n}x_n^{(k)}\right)\big/a_{11}, \\ x_2^{(k+1)} = \left(b_2 - a_{21}x_1^{(k)} - a_{23}x_3^{(k)} - \cdots - a_{2n}x_n^{(k)}\right)\big/a_{22}, \\ \quad\cdots\cdots \\ x_n^{(k+1)} = \left(b_n - a_{n1}x_1^{(k)} - a_{n2}x_2^{(k)} - \cdots - a_{n,n-1}x_{n-1}^{(k)}\right)\big/a_{nn}. \end{cases} \quad (4.3.1)$$

一般可以写成

$$\begin{cases} \text{对于} k = 0, 1, 2, \cdots, n, \\ \quad \begin{bmatrix} \text{对于} i = 1, 2, \cdots, n, \\ x_i^{(k+1)} = \left(b_i - \sum_{j=1, j\neq i}^{n} a_{ij}x_j^{(k)}\right)\bigg/a_{ii}. \end{bmatrix} \end{cases} \quad (4.3.2)$$

例 4.6 用雅可比迭代法解线性方程组

$$\begin{cases} 4x_1 - x_2 + x_3 = 7, \\ 4x_1 - 8x_2 + x_3 = -21, \\ -2x_1 + x_2 + 5x_3 = 15. \end{cases}$$

要求计算精度 10^{-2}.

解 先将原方程组改写为

$$\begin{cases} x_1 = \dfrac{1}{4}(7 + x_2 - x_3), \\ x_2 = \dfrac{1}{8}(21 + 4x_1 + x_3), \\ x_3 = \dfrac{1}{5}(15 + 2x_1 - x_2). \end{cases}$$

其迭代格式为

4.3 雅可比迭代法

$$\begin{cases} x_1^{(k+1)} = \dfrac{1}{4}(7 + x_2^{(k)} - x_3^{(k)}), \\ x_2^{(k+1)} = \dfrac{1}{8}(21 + 4x_1^{(k)} + x_3^{(k)}), \\ x_3^{(k+1)} = \dfrac{1}{5}(15 + 2x_1^{(k)} - x_2^{(k)}). \end{cases}$$

取 $x^{(0)} = [0,0,0]^T$, 其计算结果如表 4.2 所示.

表 4.2 雅可比迭代法的迭代序列表

k	$x_1^{(k)}$	$x_2^{(k)}$	$x_3^{(k)}$	$\left\| x^{(k)} - x^{(k-1)} \right\|_\infty$
0	0	0	0	—
1	1.7500	2.6250	3.0000	3.0000
2	1.6563	3.8750	3.1750	1.2500
3	1.9250	3.8500	2.8875	0.2875
4	1.9906	3.9484	3.0000	0.1125
5	1.9871	3.9953	3.0066	0.0469
6	1.9972	3.9944	2.9958	0.0108
7	1.9996	3.9981	3.0000	0.0042

由表 4.2 可以看出, 在计算精度 10^{-2} 的要求下, 迭代到第七次收敛, 方程的解为 $x^{(7)} = [1.9996, 3.9981, 3.0000]^T$.

4.3.2 雅可比迭代法的矩阵形式

在计算机上以迭代法的分量形式来实现迭代法解方程组, 而分析迭代法的收敛性则需要研究迭代矩阵, 所以下面推导雅可比迭代法的矩阵形式, 先将系数矩阵 $A = (a_{ij})_n \in \mathbb{R}^{n \times n}$ 分成三部分

$$A = \begin{bmatrix} a_{11} & & & \\ & a_{22} & & \\ & & \ddots & \\ & & & a_{nn} \end{bmatrix} + \begin{bmatrix} 0 & & & \\ a_{21} & 0 & & \\ \vdots & \vdots & \ddots & \\ a_{n1} & a_{n2} & \cdots & 0 \end{bmatrix} + \begin{bmatrix} 0 & a_{12} & \cdots & a_{1n} \\ & 0 & \cdots & a_{2n} \\ & & \ddots & \vdots \\ & & & 0 \end{bmatrix}$$

$$= D + L + U,$$

其中, D 表示 A 的主对角线矩阵, L 表示 A 的下三角矩阵, U 表示 A 的上三角矩阵, 则求解的方程 $Ax = b$ 可以改写成

$$(D + L + U)x = b,$$

移项得
$$Dx = -(L+U)x + b,$$

由于 D 是对角矩阵且对角元 $a_{ii} \neq 0$ $(i=1,2,\cdots,n)$, 即 D 是可逆矩阵, 从而有
$$x = -D^{-1}(L+U)x + D^{-1}b,$$

进而给出迭代格式
$$x^{(k+1)} = -D^{-1}(L+U)x^{(k)} + D^{-1}b, \tag{4.3.3}$$

式 (4.3.3) 称为**雅可比迭代法的矩阵形式**.

令
$$x^{(k+1)} = B_J x^{(k)} + f_J, \tag{4.3.4}$$

式 (4.3.4) 中 $B_J = -D^{-1}(L+U)$, $f_J = D^{-1}b$, 称 B_J 为**雅可比迭代法的迭代矩阵**.

小 节 测 试

1. 在雅可比迭代法中, 每个未知数的更新公式由原方程组的每一行中的元素和对应的_____ 组成. (填空)

2. 雅可比迭代法的收敛条件是矩阵的_____ 小于 1. (填空)

3. 雅可比迭代法的收敛速度取决于矩阵的_____. (填空)

4. 在雅可比迭代法中, 更新每个未知数时所使用的是前一次迭代中同一行中其他未知数的值. (判断)

5. 当雅可比迭代法中的矩阵是正定矩阵时, 无法保证迭代法的收敛性. (判断)

6. 在雅可比迭代法中, 如果原方程组的对角线元素都为 0, 则 (单选)

    A. 无法进行雅可比迭代

    B. 可以进行雅可比迭代, 但会出现除零错误

    C. 可以进行雅可比迭代, 但收敛速度会变慢

    D. 可以进行雅可比迭代, 但会导致迭代过程发散

7. 雅可比迭代法与高斯–赛德尔迭代法的区别在于: (单选)

    A. 更新每个未知数时所使用的值   B. 迭代停止条件的选择

    C. 迭代矩阵的构造方式   D. 初始猜测值的选取

8. 关于雅可比迭代法的收敛性, 以下哪些因素可能影响它? (多选)

    A. 原方程组的条件数   B. 矩阵的谱半径

    C. 初始猜测值的选取   D. 迭代步长的设定

9. 在雅可比迭代法中,如果矩阵的对角线元素较小,可能会导致:(单选)

    A. 迭代法无法收敛 B. 收敛速度变慢
    C. 迭代法发散   D. 矩阵不满足对称性条件

10. 请简要描述雅可比迭代法的基本思想,并说明其适用范围. (思考)

11. 对于高维问题,雅可比迭代法的效率如何? (思考)

12. 雅可比迭代法的收敛速度受到哪些因素的影响? 如何调整这些因素以加快收敛速度? (思考)

13. 与其他迭代方法相比,雅可比迭代法有何优缺点? 在什么情况下适合使用雅可比迭代法? (思考)

习题解析

4.4 高斯–赛德尔迭代法

4.4.1 高斯–赛德尔迭代法的分量形式

在雅可比迭代法中, 计算解向量 $x^{(k+1)}$ 的第 i 个分量 $x_i^{(k+1)}$ 时, 前面 $i-1$ 个分量的新值 $x_1^{(k+1)}, x_2^{(k+1)}, \cdots, x_{i-1}^{(k+1)}$ 已经计算出来. 设想方法收敛, 那么第 $k+1$ 次迭代产生的分量与第 k 次迭代产生的分量相比, 更接近真实解. 为了加快收敛, 在计算 $x_i^{(k+1)}$ 时, 前面的分量可以用新值 $x_1^{(k+1)}, x_2^{(k+1)}, \cdots, x_{i-1}^{(k+1)}$, 后面的分量还没有计算出来, 仍利用旧值 $x_{i+1}^{(k)}, x_{i+2}^{(k)}, \cdots, x_n^{(k)}$. 如此一来, 该方法不仅加速收敛, 还有效节约计算机存储空间, 这就是高斯–赛德尔 (Gauss-Seidel 或 G-S) 迭代法的基本思想.

在雅可比迭代法基础上, 给出高斯–赛德尔迭代法的分量形式:

$$x_i^{(k+1)} = \left(b_i - \sum_{j=1}^{i-1} a_{ij} x_j^{(k+1)} - \sum_{j=i+1}^{n} a_{ij} x_j^{(k)} \right) \Big/ a_{ii}, \quad i = 1, 2, \cdots n, \quad (4.4.1)$$

高斯–赛德尔迭代法可以视为雅可比迭代法的一种改进.

例 4.7 用高斯–赛德尔迭代法解线性方程组

$$\begin{cases} 4x_1 - x_2 + x_3 = 7, \\ 4x_1 - 8x_2 + x_3 = -21, \\ -2x_1 + x_2 + 5x_3 = 15. \end{cases}$$

要求计算精度 10^{-2}.

解 先将原方程组改写为

$$\begin{cases} x_1 = \dfrac{1}{4}(7 + x_2 - x_3), \\ x_2 = \dfrac{1}{8}(21 + 4x_1 + x_3), \\ x_3 = \dfrac{1}{5}(15 + 2x_1 - x_2). \end{cases}$$

高斯–赛德尔迭代格式为

$$\begin{cases} x_1^{(k+1)} = \dfrac{1}{4}(7 + x_2^{(k)} - x_3^{(k)}), \\ x_2^{(k+1)} = \dfrac{1}{8}(21 + 4x_1^{(k+1)} + x_3^{(k)}), \\ x_3^{(k+1)} = \dfrac{1}{5}(15 + 2x_1^{(k+1)} - x_2^{(k+1)}). \end{cases}$$

取 $x^{(0)} = [0,0,0]^T$, 其计算结果如表 4.3 所示.

表 4.3　高斯–赛德尔迭代法的迭代序列表

k	$x_1^{(k)}$	$x_2^{(k)}$	$x_3^{(k)}$	$\left\|x^{(k)} - x^{(k-1)}\right\|_\infty$
0	0	0	0	—
1	1.7500	3.5000	3.0000	3.5000
2	1.8750	3.9375	2.9625	0.4375
3	1.9937	3.9922	2.9991	0.1187
4	1.9983	3.9990	2.9995	0.0068

由表 4.3 可以看出, 在计算精度 10^{-2} 的要求下, 迭代到第四次收敛, 方程的解为 $x^{(4)} = [1.9983, 3.9990, 2.9995]^T$.

值得注意的是, 针对上述线性方程组, 采用高斯–赛德尔迭代法, 迭代四次收敛, 这比雅可比迭代法迭代七次收敛的结果好得多. 但这并不能简单说明高斯–赛德尔迭代法一定优于雅可比迭代法. 事实上, 这两种方法的迭代矩阵不同, 雅可比迭代法收敛并不能保证高斯–赛德尔迭代法收敛, 反之亦然. 只有当二者均收敛时, 高斯–赛德尔迭代法比雅可比迭代法速度快 (初始向量相同, 达到相同精度, 所需迭代次数较少).

4.4.2　高斯–赛德尔迭代法的矩阵形式

与 4.3.2 节一样, 首先对系数矩阵进行分解, $A = D + L + U$, 将方程

$$(D + L + U)x = b$$

4.4 高斯–赛德尔迭代法

变形为
$$(D+L)x = -Ux + b,$$

其中 $D+L$ 是一个下三角矩阵, 且对角元 $a_{ii} \neq 0$ ($i=1,2,\cdots,n$), 即 $D+L$ 可逆, 上述方程等价于

$$x = -(D+L)^{-1}Ux + (D+L)^{-1}b.$$

进而得到迭代格式

$$x^{(k+1)} = -(D+L)^{-1}Ux^{(k)} + (D+L)^{-1}b, \qquad (4.4.2)$$

式 (4.4.2) 称为**高斯–赛德尔迭代法的矩阵形式**.

令
$$x^{(k+1)} = B_{\text{G-S}}x^{(k)} + f_{\text{G-S}}, \qquad (4.4.3)$$

式 (4.4.3) 中 $B_{\text{G-S}} = -(D+L)^{-1}U$, $f_{\text{G-S}} = (D+L)^{-1}b$, 称 $B_{\text{G-S}}$ 为**高斯–赛德尔迭代法的迭代矩阵**.

小 节 测 试

1. 在高斯–赛德尔迭代法中, 每个未知数的更新公式会使用该方程组中的 _____. (填空)

2. 对于正定的线性方程组, 高斯–赛德尔迭代法_____. (填空)

3. 在高斯–赛德尔迭代法中, 迭代矩阵的构造方式是将系数矩阵分解为 _____ 和 _____. (填空)

4. 对于条件数较大的线性方程组, 高斯–赛德尔迭代法的收敛速度通常是 (单选)

    A. 很快的 B. 较慢的
    C. 无法确定的 D. 与条件数无关的

5. 对于高维问题, 高斯–赛德尔迭代法相较于雅可比迭代法的效率通常是 (单选)

    A. 更高的 B. 更低的
    C. 相同的 D. 无法确定的

6. 高斯–赛德尔迭代法适用于以下哪些情况? (多选)

    A. 正定的线性方程组 B. 对角占优的线性方程组
    C. 条件数较小的线性方程组 D. 条件数较大的线性方程组

7. 高斯–赛德尔迭代法的收敛性受以下哪些因素影响? (多选)

    A. 迭代矩阵的谱半径 B. 初始猜测值的选取

C. 迭代步长的设定　　　　　　　D. 原方程组的条件数
　8. 高斯–赛德尔迭代法与雅可比迭代法的主要区别在于: (多选)
　　A. 更新每个未知数时所使用的值　　B. 迭代停止条件的选择
　　C. 迭代矩阵的构造方式　　　　　　D. 初始猜测值的选取
　9. 请简要描述高斯–赛德尔迭代法的基本思想, 并说明其适用范围.(思考)
　10. 讨论雅可比迭代法和高斯–赛德尔迭代法的收敛性, 以及影响收敛性的因素. (思考)
　11. 在什么情况下, 雅可比迭代法可能比高斯–赛德尔迭代法更适用? (思考)

习题解析

4.5　SOR 迭代法

4.5.1　SOR 迭代法的分量形式

逐次超松弛 (successive over-relaxation, SOR) 迭代法可以看成是高斯–赛德尔迭代法的加速, 而高斯–赛德尔迭代法是 SOR 迭代法的一种特例. 在高斯–赛德尔迭代法中, 第 $k+1$ 次迭代计算的分量公式为

$$\tilde{x}_i^{(k+1)} = \left(b_i - \sum_{j=1}^{i-1} a_{ij} x_j^{(k+1)} - \sum_{j=i+1}^{n} a_{ij} x_j^{(k)} \right) \bigg/ a_{ii}, \quad i = 1, 2, \cdots, n.$$

在 SOR 迭代中, 我们将旧值 $x_i^{(k)}$ 和高斯–赛德尔迭代法生成的辅助量 $\tilde{x}_i^{(k+1)}$ 作一次加权平均, 作为新值:

$$x_i^{(k+1)} = (1 - \omega) x_i^{(k)} + \omega \tilde{x}_i^{(k+1)}, \tag{4.5.1}$$

就得到 SOR 迭代法的分量形式为

$$x_i^{(k+1)} = (1-\omega) x_i^{(k)} + \omega \left(b_i - \sum_{j=1}^{i-1} a_{ij} x_j^{(k+1)} - \sum_{j=i+1}^{n} a_{ij} x_j^{(k)} \right) \bigg/ a_{ii}, \tag{4.5.2}$$

其中, ω 称为**松弛因子**. SOR 迭代法的过程如图 4.3 所示. 当 $\omega = 1$ 时, SOR 迭代法就是高斯–赛德尔迭代法; 当 $0 < \omega < 1$ 时, SOR 迭代法又称为**低松弛法**; 当 $1 < \omega < 2$ 时, SOR 迭代法又称为**超松弛法**[7,8].

例 4.8　线性方程组

$$\begin{cases} 5x_1 - x_2 - x_3 - x_4 = -4, \\ -x_1 + 10x_2 - x_3 - x_4 = 12, \\ -x_1 - x_2 + 5x_3 - x_4 = 8, \\ -x_1 - x_2 - x_3 + 10x_4 = 34 \end{cases}$$

4.5 SOR 迭代法

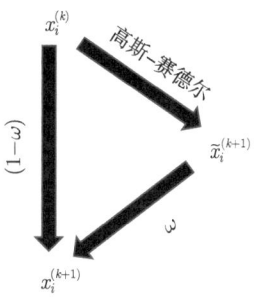

图 4.3 SOR 迭代法

有唯一解 $x^* = [1, 2, 3, 4]^T$, 分别采用雅可比迭代法、高斯–赛德尔迭代法和 SOR 迭代法 (取 $\omega = 1.2$) 来解这个方程组.

解 雅可比迭代公式为

$$\begin{cases} x_1^{(k+1)} = \dfrac{1}{5}(-4 + x_2^{(k)} + x_3^{(k)} + x_4^{(k)}), \\ x_2^{(k+1)} = \dfrac{1}{10}(12 + x_1^{(k)} + x_3^{(k)} + x_4^{(k)}), \\ x_3^{(k+1)} = \dfrac{1}{5}(8 + x_1^{(k)} + x_2^{(k)} + x_4^{(k)}), \\ x_4^{(k+1)} = \dfrac{1}{10}(34 + x_1^{(k)} + x_2^{(k)} + x_3^{(k)}), \end{cases} \quad k = 0, 1, 2, \cdots.$$

取 $x^{(0)} = [0, 0, 0, 0]^T$, 迭代六次计算结果如表 4.4 所示.

表 4.4 雅可比迭代法的迭代结果表

k	$x_1^{(k)}$	$x_2^{(k)}$	$x_3^{(k)}$	$x_4^{(k)}$	$\left\Vert x^{(k)} - x^* \right\Vert_\infty$
0	0	0	0	0	—
1	-0.800000	1.200000	1.600000	3.400000	1.800000
2	0.440000	1.620000	2.360000	3.600000	0.640000
3	0.716000	1.840000	2.732000	3.842000	0.284000
4	0.882800	1.929000	2.879600	3.928800	0.120400
5	0.947480	1.969120	2.948120	3.969140	0.052520
6	0.977276	1.986474	2.977148	3.986472	0.022852

由表 4.4 可以知道, $\left\Vert x^{(6)} - x^* \right\Vert_\infty = 2.2852 \times 10^{-2}$.

高斯–赛德尔迭代公式为

$$\begin{cases} x_1^{(k+1)} = \dfrac{1}{5}(-4 + x_2^{(k)} + x_3^{(k)} + x_4^{(k)}), \\ x_2^{(k+1)} = \dfrac{1}{10}(12 + x_1^{(k+1)} + x_3^{(k)} + x_4^{(k)}), \\ x_3^{(k+1)} = \dfrac{1}{5}(8 + x_1^{(k+1)} + x_2^{(k+1)} + x_4^{(k)}), \\ x_4^{(k+1)} = \dfrac{1}{10}(34 + x_1^{(k+1)} + x_2^{(k+1)} + x_3^{(k+1)}), \end{cases} \quad k = 0, 1, 2, \cdots.$$

取 $x^{(0)} = [0,0,0,0]^{\mathrm{T}}$, 迭代六次计算结果如表 4.5 所示.

表 4.5　高斯-赛德尔迭代法的迭代结果表

k	$x_1^{(k)}$	$x_2^{(k)}$	$x_3^{(k)}$	$x_4^{(k)}$	$\left\|x^{(k)} - x^*\right\|_\infty$
0	0	0	0	0	—
1	−0.800000	1.120000	1.664000	3.598400	1.8
2	0.476480	1.773888	2.769754	3.902012	0.52352
3	0.899131	1.956090	2.949447	3.979467	0.10087
4	0.977001	1.990592	2.989412	3.995701	0.023
5	0.995141	1.998025	2.997773	3.999094	0.00486
6	0.998978	1.999585	2.999531	3.999809	0.00102

由表 4.5 可以知道, $\left\|x^{(6)} - x^*\right\|_\infty = 1.02 \times 10^{-3}$.

SOR 迭代公式为

$$\begin{cases} x_1^{(k+1)} = -0.2x_1^{(k)} + 0.24x_2^{(k)} + 0.24x_3^{(k)} + 0.24x_4^{(k)} - 0.96, \\ x_2^{(k+1)} = 0.12x_1^{(k+1)} - 0.2x_2^{(k)} + 0.12x_3^{(k)} + 0.12x_4^{(k)} + 1.44, \\ x_3^{(k+1)} = 0.24x_1^{(k+1)} + 0.24x_2^{(k+1)} - 0.2x_3^{(k)} + 0.24x_4^{(k)} + 1.92, \\ x_4^{(k+1)} = 0.12x_1^{(k+1)} + 0.12x_2^{(k+1)} + 0.12x_3^{(k+1)} - 0.2x_4^{(k)} + 4.08, \end{cases} \quad k = 0, 1, 2, \cdots.$$

取 $x^{(0)} = [0,0,0,0]^{\mathrm{T}}$, 迭代六次计算结果如表 4.6 所示. 由表 4.6 可以知道, $\left\|x^{(6)} - x^*\right\|_\infty = 5.56 \times 10^{-4}$.

一般地, 如果三种方法均收敛, 则迭代公式的收敛速度: SOR 迭代法 > 高斯-赛德尔迭代法 > 雅可比迭代法.

4.5.2　SOR 迭代法的矩阵形式

依据 SOR 迭代法的分量形式写出矩阵形式如下:

$$x^{(k+1)} = (1-\omega)x^{(k)} + \omega D^{-1}(b - Lx^{(k+1)} - Ux^{(k)}), \tag{4.5.3}$$

4.5 SOR 迭代法

表 4.6　SOR 迭代法的迭代结果表

k	$x_1^{(k)}$	$x_2^{(k)}$	$x_3^{(k)}$	$x_4^{(k)}$	$\left\|x^{(k)} - x^*\right\|_\infty$
0	0	0	0	0	—
1	−0.960000	1.324800	2.007552	4.364682	1.96
2	1.079288	2.069223	3.321656	3.983484	0.321656
3	1.073990	2.031651	2.957059	4.010827	0.07399
4	0.985091	1.988027	3.004735	3.995177	0.01491
5	1.000087	2.002394	2.998491	4.001081	0.002394
6	1.000455	1.999524	3.000556	3.999848	0.000556

对式 (4.5.3) 两边同时左乘 D,

$$Dx^{(k+1)} = (1-\omega)Dx^{(k)} + \omega(b - Lx^{(k+1)} - Ux^{(k)}),$$

移项得

$$(D + \omega L)x^{(k+1)} = [(1-\omega)D - \omega U]x^{(k)} + \omega b,$$

对上式两边同时左乘 $(D + \omega L)^{-1}$ 得

$$x^{(k+1)} = (D + \omega L)^{-1}[(1-\omega)D - \omega U]x^{(k)} + \omega(D + \omega L)^{-1}b, \quad (4.5.4)$$

式 (4.5.4) 称为 **SOR 迭代法的矩阵形式**.

令

$$x^{(k+1)} = B_{\text{SOR}} x^{(k)} + f_{\text{SOR}},$$

其中 $B_{\text{SOR}} = (D + \omega L)^{-1}[(1-\omega)D - \omega U]$, $f_{\text{SOR}} = \omega(D + \omega L)^{-1}b$, 称 B_{SOR} 为 **SOR 迭代法的迭代矩阵**.

小 节 测 试

1. SOR 迭代法是一种对方程组进行_____ 的迭代法. (填空)
2. SOR 迭代法中, 当 $\omega = 1$ 时, 退化为_____ 迭代法. (填空)
3. 在 SOR 迭代法中, 若参数 ω 取得适当, 其收敛速度通常_____. (填空)
4. SOR 迭代法中的迭代矩阵包含了方程组的_____. (填空)
5. SOR 迭代法的收敛速度受松弛因子 ω 的选择影响, 通常选择 $\omega = 1$ 可以得到最快的收敛速度. (判断)
6. 在 SOR 迭代法中, 松弛因子 ω 的取值范围通常为 $0 < \omega < 2$. (判断)
7. SOR 迭代法的收敛速度受以下哪个因素影响最大? (单选)

    A. 松弛因子 ω 的选取   B. 初始猜测值的选取
    C. 方程组的条件数   D. 迭代次数的设定

8. SOR 迭代法与高斯–赛德尔迭代法的主要区别是什么？(单选)
    A. 更新每个未知数时所使用的值   B. 迭代停止条件的选择
    C. 迭代矩阵的构造方式   D. 初始猜测值的选取

9. SOR 迭代法的优点包括：(多选)
    A. 可以加速收敛速度   B. 可以克服正定条件的限制
    C. 对初始猜测值不敏感   D. 易于并行计算

10. 请简要描述 SOR 迭代法的基本思想，并解释为什么它能加快收敛速度. (思考)

11. SOR 迭代法适用于哪些类型的线性方程组？在什么情况下，它可能不适用或效果不佳？(思考)

12. SOR 迭代法中的超松弛因子 ω 的作用是什么？如何选择合适的 ω 值以加快收敛速度？(思考)

13. SOR 迭代法与其他迭代方法 (如雅可比迭代法和高斯–赛德尔迭代法) 相比有何优势和劣势？(思考)

14. 在实际应用中，你会如何选择 SOR 迭代法的松弛因子 ω 和停止条件，以确保迭代方法的有效性和稳定性？(思考)

4.6 迭代法的收敛性

4.6.1 迭代法基本定理

设有方程组 $x = Bx + f$，且 x^* 是方程组的解，即满足

$$x^* = Bx^* + f, \tag{4.6.1}$$

迭代法公式为

$$x^{(k+1)} = Bx^{(k)} + f. \tag{4.6.2}$$

为研究解向量序列 $\{x^{(k)}\}_{k=0}^{\infty}$ 的收敛性，引进误差向量 $e^{(k+1)} = x^{(k+1)} - x^*$，利用两个公式作差 (4.6.1)–(4.6.2)，得误差向量的递推公式

$$e^{(k+1)} = Be^{(k)}, \quad k = 0, 1, 2, \cdots.$$

于是，

$$e^{(k)} = Be^{(k-1)} = \cdots = B^k e^{(0)}, \tag{4.6.3}$$

其中 $e^{(0)} = x^{(0)} - x^*$.

4.6 迭代法的收敛性

由式 (4.6.3) 可知, 考察 $\{x^{(k)}\}$ 的收敛性, 关键在于研究迭代矩阵 B 满足何种条件下, 使得 $e^{(k)} \to \theta$ (当 $k \to \infty$ 时).

定理 4.6 设方程组 $x = Bx + f$ 有唯一解, $x^{(0)}$ 和 f 是任意向量, 迭代公式 $x^{(k+1)} = Bx^{(k)} + f, k = 0, 1, 2, \cdots$ 收敛的充要条件是 $B^k \to 0, k \to \infty$.

证明 由 $\lim\limits_{k\to\infty} A_k = A \Leftrightarrow \forall x \neq \theta, \lim\limits_{k\to\infty} A_k x = Ax$, 易证 $\lim\limits_{k\to\infty} B^k = 0 \Leftrightarrow \lim\limits_{k\to\infty} B^k e^{(0)} = \theta$, 即 $\lim\limits_{k\to\infty} e^{(k)} = \theta$.

由前面介绍的矩阵序列收敛概念与谱半径之间的关系, 有如下迭代法的基本定理, 该定理描述了迭代法收敛的充分必要条件.

定理 4.7 设方程组 $x = Bx + f$ 有唯一解, $x^{(0)}$ 和 f 是任意向量, 那么迭代公式 $x^{(k+1)} = Bx^{(k)} + f, k = 0, 1, 2, \cdots$ 收敛的充要条件是 $\rho(B) < 1$.

另外, 如果对式 (4.6.3) 两边同时取范数, 并利用范数的相容性得

$$\left\| e^{(k)} \right\| = \left\| B^k e^{(0)} \right\| \leqslant \|B\|^k \left\| e^{(0)} \right\|.$$

于是, 当迭代矩阵 B 满足 $\|B\| < 1$ 时, 则 $x^{(k)} - x^* = e^{(k)} \to \theta$ (当 $k \to \infty$ 时), 即迭代法 (4.6.2) 收敛, 所以利用迭代矩阵 B 的范数可以建立判别迭代法收敛的充分条件.

例 4.9 分析用雅可比迭代法解线性方程组的收敛性

$$\begin{cases} 8x_1 - 3x_2 + 2x_3 = 20, \\ 4x_1 + 11x_2 - x_3 = 33, \\ 6x_1 + 3x_2 + 12x_3 = 36. \end{cases}$$

解 雅可比迭代矩阵

$$B_J = -D^{-1}(L+U) = -\begin{bmatrix} 8 & & \\ & 11 & \\ & & 12 \end{bmatrix}^{-1} \begin{bmatrix} 0 & -3 & 2 \\ 4 & 0 & -1 \\ 6 & 3 & 0 \end{bmatrix}$$

$$= \begin{bmatrix} 0 & 3/8 & -1/4 \\ -4/11 & 0 & 1/11 \\ -1/2 & -1/4 & 0 \end{bmatrix},$$

令特征多项式 $|\lambda E - B_J| = 0$, 即

$$\lambda^3 + \frac{3}{88}\lambda + \frac{7}{176} = 0,$$

解得 $\lambda_1 = -0.3082, \lambda_2 = 0.1541 + 0.3245\text{i}, \lambda_3 = 0.1541 - 0.3245\text{i}$.

由 $|\lambda_i| < 1, i = 1, 2, 3$ 得 $\rho(B_J) < 1$, 故雅可比迭代法解该方程组收敛.

4.6.2 特殊方程组迭代法收敛性

定理 4.8 对于方程组 $Ax = b$,

(1) 若 A 是严格对角占优矩阵, 则雅可比迭代法和高斯–赛德尔迭代法均收敛.

(2) 若 A 是正定矩阵, 则高斯–赛德尔迭代法收敛.

证明 下面仅证明结论 (1).

① 先证明解 $Ax = b$ 的雅可比迭代法收敛.

因为 A 为严格对角占优矩阵, 所以

$$|a_{ii}| > \sum_{\substack{j=1 \\ j \neq i}}^{n} |a_{ij}|, \quad i = 1, 2, \cdots, n,$$

即

$$\sum_{\substack{j=1 \\ j \neq i}}^{n} \left| \frac{a_{ij}}{a_{ii}} \right| < 1, \quad i = 1, 2, \cdots, n.$$

雅可比迭代法的迭代矩阵为 $B_J = -D^{-1}(L+U)$, 由此有

$$\|B_J\|_\infty = \max_{1 \leqslant i \leqslant n} \sum_{\substack{j=1 \\ j \neq i}}^{n} \left| \frac{a_{ij}}{a_{ii}} \right| < 1,$$

从而解 $Ax = b$ 的雅可比迭代法收敛.

② 再证明高斯–赛德尔迭代法收敛.

由假设可知 $a_{ii} \neq 0 \ (i = 1, 2, \cdots, n)$, 而解方程组 $Ax = b$ 的高斯–赛德尔迭代法的迭代矩阵为 $B_{\text{G-S}} = -(D+L)^{-1}U$, 考虑 $B_{\text{G-S}}$ 的特征值, 令

$$|\lambda E - B_{\text{G-S}}| = |\lambda E + (D+L)^{-1}U| = |(D+L)^{-1}| \cdot |\lambda(D+L) + U| = 0,$$

由于 $|(D+L)^{-1}| \neq 0$, 所以

$$|\lambda(D+L) + U| = 0.$$

记

$$C = \lambda(D+L) + U = \begin{vmatrix} \lambda a_{11} & a_{12} & \cdots & a_{1n} \\ \lambda a_{21} & \lambda a_{22} & \cdots & a_{2n} \\ \vdots & \vdots & & \vdots \\ \lambda a_{n1} & \lambda a_{n2} & \cdots & \lambda a_{nn} \end{vmatrix}.$$

4.6 迭代法的收敛性

以下证明当 $|\lambda| \geqslant 1$ 时, $|C| \neq 0$. 若该结论成立, 则 $|C| = 0$ 的根均满足 $|\lambda| < 1$, 亦即 $\rho(B_{\text{G-S}}) < 1$. 于是, 由定理 4.7 知高斯–赛德尔迭代法收敛.

事实上, 由于 A 为严格对角占优矩阵, 故有

$$|\lambda| \cdot |a_{ii}| > \sum_{\substack{j=1 \\ j \neq i}}^{n} |\lambda| \cdot |a_{ij}|, \quad i = 1, 2, \cdots, n.$$

当 $|\lambda| \geqslant 1$ 时, 有

$$|\lambda| \cdot |a_{ii}| > \sum_{j=1}^{i-1} |\lambda| \cdot |a_{ij}| + \sum_{j=i+1}^{n} |a_{ij}|, \quad i = 1, 2, \cdots, n.$$

这说明矩阵 C 为严格对角占优矩阵, 由定理 3.3 知 $|\lambda(D+L)+U| \neq 0$, 从而 $\rho(B_{\text{G-S}}) < 1$, 再由定理 4.7 知高斯–赛德尔迭代法收敛.

例 4.10 在线性方程组 $Ax = b$ 中,

$$A = \begin{bmatrix} 1 & a & a \\ a & 1 & a \\ a & a & 1 \end{bmatrix}.$$

证明当 $-\dfrac{1}{2} < a < 1$ 时, 高斯–赛德尔迭代法收敛; 而雅可比迭代法只在 $-\dfrac{1}{2} < a < \dfrac{1}{2}$ 时收敛.

证明 对于高斯–赛德尔迭代法收敛, 只要证当 $-\dfrac{1}{2} < a < 1$ 时 A 正定.

由 A 的顺序主子式 $\Delta_2 = \begin{vmatrix} 1 & a \\ a & 1 \end{vmatrix} = 1 - a^2 > 0$, 得 $|a| < 1$.

而 $\Delta_3 = \det A = 1 + 2a^3 - 3a^2 = (1-a)^2(1+2a) > 0$, 得 $a > -\dfrac{1}{2}$.

于是得 $-\dfrac{1}{2} < a < 1$ 时, $\Delta_1 > 0, \Delta_2 > 0, \Delta_3 > 0$, 即 $-\dfrac{1}{2} < a < 1$ 时, 矩阵 A 正定, 此时高斯–赛德尔迭代法收敛.

对于雅可比迭代矩阵

$$B_{\text{J}} = \begin{bmatrix} 0 & -a & -a \\ -a & 0 & -a \\ -a & -a & 0 \end{bmatrix},$$

有 $\det(\lambda E - B_J) = \lambda^3 - 3\lambda a^2 + 2a^3 = (\lambda - a)^2(\lambda + 2a) = 0$, 当 $\rho(B_J) = |2a| < 1$, 即 $|a| < \frac{1}{2}$ 时, 雅可比迭代法收敛.

例如当 $a = 0.8$ 时, 高斯–赛德尔迭代法收敛, 而 $\rho(B_J) = 1.6 > 1$, 雅可比迭代法不收敛.

例 4.11 设 $Ax = b$ 的系数矩阵

$$A = \begin{bmatrix} 10 & -2 & -1 \\ -2 & 10 & -1 \\ -1 & -2 & 5 \end{bmatrix}.$$

判断解该方程的雅可比迭代法和高斯–赛德尔迭代法的收敛性.

解 由于

$$|a_{11}| = 10 > |-2| + |-1| = |a_{12}| + |a_{13}|,$$
$$|a_{22}| = 10 > |-2| + |-1| = |a_{21}| + |a_{23}|,$$
$$|a_{33}| = 5 > |-1| + |-2| = |a_{31}| + |a_{32}|,$$

即 A 是严格对角占优矩阵, 故雅可比迭代法和高斯–赛德尔迭代法均收敛.

关于 SOR 迭代法有下述收敛性定理.

定理 4.9 若线性方程组 $Ax = b$ 的系数矩阵 A 为正定矩阵, 且 $0 < \omega < 2$, 则解此线性方程组的 SOR 迭代法收敛.

小 节 测 试

1. 在迭代法中, 收敛性是指迭代序列逐渐接近方程的解, 当迭代序列趋于稳定时称为_____. (填空)

2. 在迭代法中, 如果迭代序列无法收敛于方程的解, 而是无限循环或发散, 则称为_____. (填空)

3. 收敛速度是指迭代序列收敛到方程解的_____. (填空)

4. 谱半径是用来评估迭代方法收敛性的重要指标之一, 它表示迭代矩阵的_____. (填空)

5. 在迭代法中, 如果迭代矩阵的谱半径大于 1, 则迭代方法一定收敛. (判断)

6. 当迭代矩阵的谱半径等于 1 时, 迭代法一定收敛. (判断)

7. 迭代法的收敛性只与迭代步长有关, 与初始猜测值和迭代次数无关. (判断)

8. 如果迭代矩阵的谱半径小于 1, 则迭代方法一定收敛. (判断)

9. 迭代法的收敛性与下列哪个因素密切相关? (单选)

  A. 初始猜测值的选取   B. 迭代次数的设定

C. 方程组的条件数 D. 迭代步长的选取

10. 下列哪个条件是判断迭代方法收敛的充分条件? (单选)
    A. 谱半径小于 1 B. 迭代步长等于 1
    C. 迭代矩阵的迹等于 1 D. 初始猜测值等于解向量

11. 若 A 是正定矩阵, 以下哪种迭代方法一定收敛? (单选)
    A. 雅可比迭代法 B. 高斯–赛德尔迭代法
    C. SOR 迭代法 D. 都可能收敛

12. 当严格对角占优矩阵 A 满足什么条件时, 雅可比迭代法和高斯–赛德尔迭代法都一定收敛? (单选)
    A. 矩阵 A 的对角线元素均为正数
    B. 矩阵 A 的对角线元素绝对值都大于非对角线元素绝对值之和
    C. 矩阵 A 的对角线元素绝对值都小于非对角线元素绝对值之和
    D. 矩阵 A 的对角线元素之和等于非对角线元素之和

13. 哪些因素可能导致迭代法不收敛? (多选)
    A. 迭代步长过小 B. 初始猜测值距离解过远
    C. 迭代矩阵的谱半径大于 1 D. 迭代方法的迭代次数过多

14. 下列哪些因素可能影响迭代法的收敛速度? (多选)
    A. 迭代步长的选取 B. 初始猜测值的选取
    C. 迭代矩阵的条件数 D. 迭代方法的迭代次数

15. 谱半径是评估迭代法收敛性的一个重要指标, 它的大小与迭代法的收敛性有何关系? 如何利用谱半径来判断迭代法的收敛性? (思考)

习题解析

4.7 方程组的误差分析

4.7.1 方程组的性态

线性方程组

$$Ax = b,$$

其中 $A \in \mathbb{R}^{n \times n}$ 为非奇异矩阵, x 为方程组的精确解. 将实际应用问题归结为解线性方程组 $Ax = b$ 时, 系数矩阵 A 或常数项 b 的元素是经由测量得到, 或者是计算的结果. 考虑到测量常带有某些观测误差, 计算常包含舍入误差, 因此处理的实际矩阵是 $A + \delta A$ 或者实际右端项是 $b + \delta b$, 其中 δA, δb 分别表示稀疏矩阵和常数项的微小误差 (扰动或摄动). 下面来研究矩阵 A 或常数项 b 的微小误差对方程组解的影响, 也就是方程组的性态问题.

先观察一个简单例子.

例 4.12 设有线性方程组

$$\begin{bmatrix} 1 & 0.99 \\ 0.99 & 0.98 \end{bmatrix} \begin{bmatrix} x_1 \\ x_2 \end{bmatrix} = \begin{bmatrix} 1.99 \\ 1.97 \end{bmatrix},$$

记 $Ax = b$, 精确解为 $x = [1,1]^{\mathrm{T}}$. 考虑常数项的微小变化对线性方程组解的影响.

解 考虑线性方程组

$$\begin{bmatrix} 1 & 0.99 \\ 0.99 & 0.98 \end{bmatrix} \begin{bmatrix} x_1 \\ x_2 \end{bmatrix} = \begin{bmatrix} 1.989903 \\ 1.970106 \end{bmatrix},$$

将其表示为 $A(x+\delta x) = b+\delta b$, 其中 $\delta b = [-0.97 \times 10^{-4}, 0.106 \times 10^{-3}]^{\mathrm{T}}$, 可解得该方程组的解为 $x+\delta x = [3, -1.0203]^{\mathrm{T}}$, 可以看到原线性方程组 $Ax = b$ 常数项只有微小变化, 方程组的解却变化很大, 这样的方程组称为病态方程组.

定义 4.6 如果矩阵 A 或常数项 b 的微小变化引起线性方程组 $Ax = b$ 解的巨大变化, 则称此方程组为 "**病态**" **方程组**, 矩阵 A 称为 "**病态**" **矩阵**, 否则称线性方程组为 "**良态**" **方程组**, 矩阵 A 称为 "**良态**" **矩阵**.

值得注意的是, 矩阵的 "病态" 性质是矩阵本身的特性. 下面为找出能刻画方程组病态性质的量, 考查矩阵 A 或常数项 b 的微小误差对解的影响. 即当

$$\left. \begin{array}{l} A \Rightarrow A + \delta A \\ b \Rightarrow b + \delta b \end{array} \right\} x \Rightarrow x + \delta x$$

时, 分析相对误差意义下 $\dfrac{\|\delta A\|}{\|A\|}$ 和 $\dfrac{\|\delta b\|}{\|b\|}$ 对 $\dfrac{\|\delta x\|}{\|x\|}$ 的影响 (设 $b \neq 0$).

首先, 考查常数项 b 的微小误差对解的影响, 假设 A 是精确的, b 有误差 δb, 得到解为 $x + \delta x$, 即

$$A(x + \delta x) = b + \delta b, \tag{4.7.1}$$

根据 (4.7.1) 以及原方程 $Ax = b$, 得

$$A\delta x = \delta b.$$

由于 A 是非奇异矩阵, 故

$$\delta x = A^{-1}\delta b.$$

对上式两边同时取范数, 并利用范数的相容性,

$$\|\delta x\| \leqslant \|A^{-1}\| \cdot \|\delta b\|, \tag{4.7.2}$$

4.7 方程组的误差分析

又

$$\|b\| = \|Ax\| \leqslant \|A\| \cdot \|x\|,$$

即

$$\frac{1}{\|x\|} \leqslant \frac{\|A\|}{\|b\|}. \tag{4.7.3}$$

由 (4.7.2) 和 (4.7.3) 得

$$\frac{\|\delta x\|}{\|x\|} \leqslant \|A\| \cdot \|A^{-1}\| \cdot \frac{\|\delta b\|}{\|b\|}.$$

从而有如下结论.

定理 4.10 设 A 是非奇异矩阵, $Ax = b \neq 0$ 且

$$A(x + \delta x) = b + \delta b,$$

则

$$\frac{\|\delta x\|}{\|x\|} \leqslant \|A^{-1}\| \cdot \|A\| \cdot \frac{\|\delta b\|}{\|b\|}.$$

上式指出解相对误差的上界, 说明当右端常数项 b 有相对误差时, 会引起 $Ax = b$ 解的变化, 且引起解 x 相对误差可能是常数项 b 相对误差的 $\|A^{-1}\| \cdot \|A\|$ 倍.

其次, 考察系数矩阵 A 的微小误差对解 x 的影响. 假设 b 是精确的, A 有误差 δA, 得到解为 $x + \delta x$, 即

$$(A + \delta A)(x + \delta x) = b. \tag{4.7.4}$$

由 (4.7.4) 以及原方程 $Ax = b$ 得

$$(A + \delta A)\delta x = -\delta A x, \tag{4.7.5}$$

式 (4.7.5) 中, 若 δA 不受限制, $A + \delta A$ 可能奇异, 此时方程组无法解, 所以必须对 δA 进行限制, 考虑到 $A + \delta A = A(I + A^{-1}\delta A)$, 同时根据定理 4.3 知, 当 $\|A^{-1}\delta A\| < 1$ 时, $(I + A^{-1}\delta A)^{-1}$ 存在, 且

$$\|(I + A^{-1}\delta A)^{-1}\| \leqslant \frac{1}{1 - \|A^{-1}\|\|\delta A\|}. \tag{4.7.6}$$

将 (4.7.5) 改写为

$$A(I + A^{-1}\delta A)\delta x = -\delta A x,$$

当 $\|A^{-1}\delta A\| < 1$ 时, 由于矩阵 A 与 $I + A^{-1}\delta A$ 均可逆, 此时

$$\delta x = -(I + A^{-1}\delta A)^{-1} A^{-1}\delta A x,$$

两边同时取范数并利用范数的相容性,

$$\frac{\|\delta x\|}{\|x\|} \leqslant \frac{\|A^{-1}\| \cdot \|A\| \cdot \dfrac{\|\delta A\|}{\|A\|}}{1 - \|A^{-1}\| \cdot \|A\| \cdot \dfrac{\|\delta A\|}{\|A\|}}.$$

对应地, 有如下结论.

定理 4.11 设 A 为非奇异矩阵, $Ax = b \neq 0$, 且

$$(A + \delta A)(x + \delta x) = b,$$

如果 $\|A^{-1}\delta A\| < 1$, 那么

$$\frac{\|\delta x\|}{\|x\|} \leqslant \frac{\|A^{-1}\| \cdot \|A\| \cdot \dfrac{\|\delta A\|}{\|A\|}}{1 - \|A^{-1}\| \cdot \|A\| \cdot \dfrac{\|\delta A\|}{\|A\|}}.$$

上式说明当系数矩阵 A 有误差时, 会引起线性方程组 $Ax = b$ 解 x 的变化, 且引起解 x 的相对误差可能是系数矩阵 A 相对误差的 $\|A^{-1}\| \cdot \|A\|$ 倍.

总结系数矩阵 A 以及常数项 b 的相对误差对解相对误差的影响, 发现量 $\|A^{-1}\| \cdot \|A\|$ 越小, 由 A 或 b 的相对误差引起解 x 的相对误差就越小; 相反地, 量 $\|A^{-1}\| \cdot \|A\|$ 越大, 解 x 的相对误差就可能越大. 所以量 $\|A^{-1}\| \cdot \|A\|$ 实际上刻画了解 x 对原始数据变化的灵敏程度, 即刻画了方程组的 "病态" 程度.

4.7.2 条件数

定义 4.7 设 A 是非奇异矩阵, 称数 $\mathrm{cond}(A)_v = \|A^{-1}\|_v \|A\|_v$ 为矩阵 A 的**条件数**, 其中 $\|\cdot\|_v$ 为任一算子范数.

常用的一些条件数:

$$\mathrm{cond}(A)_1 = \|A^{-1}\|_1 \|A\|_1,$$
$$\mathrm{cond}(A)_\infty = \|A^{-1}\|_\infty \|A\|_\infty,$$
$$\mathrm{cond}(A)_2 = \sqrt{\lambda_{\max}(A^{\mathrm{T}}A)/\lambda_{\min}(A^{\mathrm{T}}A)},$$

特别地, 若 $A^{\mathrm{T}} = A$, 则 $\mathrm{cond}(A)_2 = |\lambda|_{\max} / |\lambda|_{\min}$.

4.7 方程组的误差分析

定义 4.8 设 $Ax = b$, A 是非奇异矩阵，如果 $\mathrm{cond}(A) \gg 1$，则称 A 为**坏条件的**，或称 A 为**病态的**. 反之，如果 $\mathrm{cond}(A)$ 相对小，则称 A 为**好条件的**. 若 A 病态，称 $Ax = b$ 为病态方程组.

例 4.13 设 $\begin{bmatrix} 1 & 10^4 \\ 1 & 1 \end{bmatrix} \begin{bmatrix} x_1 \\ x_2 \end{bmatrix} = \begin{bmatrix} 10^4 \\ 2 \end{bmatrix}$，计算 $\mathrm{cond}(A)_\infty$ 并求解该线性方程组.

解 $A = \begin{bmatrix} 1 & 10^4 \\ 1 & 1 \end{bmatrix}$, $A^{-1} = \dfrac{1}{10^4 - 1}\begin{bmatrix} -1 & 10^4 \\ 1 & -1 \end{bmatrix}$,

$$\mathrm{cond}(A)_\infty = \frac{(1+10^4)^2}{10^4 - 1} \approx 10^4.$$

当利用列主元消元法解 $\begin{bmatrix} 1 & 10^4 \\ 1 & 1 \end{bmatrix} \begin{bmatrix} x_1 \\ x_2 \end{bmatrix} = \begin{bmatrix} 10^4 \\ 2 \end{bmatrix}$ 时 (计算到三位数字),

$$[A \ b] \to \begin{bmatrix} 1 & 10^4 & 10^4 \\ 0 & -10^4 & -10^4 \end{bmatrix},$$

于是得到很坏的结果: $x_1 = 0$, $x_2 = 1$.

现对原方程组进行变形

$$\begin{bmatrix} 1 & 10^4 \\ 1 & 1 \end{bmatrix} \begin{bmatrix} x_1 \\ x_2 \end{bmatrix} = \begin{bmatrix} 10^4 \\ 2 \end{bmatrix} \Leftrightarrow \begin{bmatrix} 10^{-4} & 1 \\ 1 & 1 \end{bmatrix} \begin{bmatrix} x_1 \\ x_2 \end{bmatrix} = \begin{bmatrix} 1 \\ 2 \end{bmatrix},$$

记 $A = \begin{bmatrix} 10^{-4} & 1 \\ 1 & 1 \end{bmatrix}$，可计算得到 $\mathrm{cond}(A)_\infty = \dfrac{4}{1 - 10^{-4}} \approx 4$, 利用列主元消元法解 $\begin{bmatrix} 10^{-4} & 1 \\ 1 & 1 \end{bmatrix} \begin{bmatrix} x_1 \\ x_2 \end{bmatrix} = \begin{bmatrix} 1 \\ 2 \end{bmatrix}$, 得到

$$[A \ b] \to \begin{bmatrix} 1 & 1 & 2 \\ 10^{-4} & 1 & 1 \end{bmatrix} \to \begin{bmatrix} 1 & 1 & 2 \\ 0 & 1 & 1 \end{bmatrix},$$

从而得到较好的结果: $x_1 = 1$, $x_2 = 1$.

从上述例子可以看出，病态是解线性方程组中较严重的问题，用选主元的消元法不能解决病态问题，对于病态方程组目前多采用高精度的算术运算，或采用预处理的方法进行解决. 我们在处理实际问题时，应尽量避免产生病态方程组.

小 节 测 试

1. 条件数是用来衡量方程组对输入误差的敏感程度的指标. 条件数越大, 方程组对输入误差的敏感程度_____. (填空)
2. 在求解线性方程组时, 如果条件数很大, 那么方程组通常被认为是_____. (填空)
3. 条件数是一个绝对值, 越接近 1 代表方程组越稳定. (判断)
4. 方程组的条件数越小, 方程组就越不稳定. (判断)
5. 条件数的定义通常是基于哪种范数? (单选)
   A. "1" 范数　　　　　　　　　　B. "2" 范数
   C. 无穷范数　　　　　　　　　　D. Frobenius 范数
6. 如果一个方程组的条件数远大于 1, 通常意味着: (单选)
   A. 方程组很稳定　　　　　　　　B. 方程组很不稳定
   C. 无法确定方程组的稳定性　　　D. 方程组的稳定性与条件数无关
7. 以下哪些因素可能导致方程组的条件数增大? (多选)
   A. 矩阵的奇异性增强
   B. 矩阵的对角元素接近零
   C. 矩阵的条件数不受矩阵的大小影响
   D. 矩阵的列之间相关性增加
8. 哪些方法可用于减小方程组的条件数? (多选)
   A. 对矩阵进行正则化处理
   B. 改变方程组的形式以减少条件数
   C. 对矩阵进行重新排列以减少条件数
   D. 对矩阵进行因式分解以减少条件数
9. 什么是条件数? 为什么要用条件数来衡量方程组的稳定性? (思考)
10. 怎样判断一个线性方程组是否为 "病态" 方程组? (思考)
11. "病态" 矩阵的条件数一般是大于还是小于 1? 为什么? (思考)

习题解析

4.8 案　　例

4.8.1　问题背景

科学与工程生产中大多数实际问题都归结为偏微分方程的定解问题, 由于很难求得这些定解问题的解析解, 或者解析解的形式过于复杂, 有的在经典意义下甚至没有解, 所以人们开始转向求解其数值近似解. 常用的数值解法包括有限差分法、有限元方法和有限体积法等. 在这些方法的作用下, 解偏微分方程的问题最终转化为解线性代数方程组的问题.

以 2018 年全国大学生数学建模竞赛题目 A 题为例 (节选改编). 在高温环境下工作时, 人们要穿着专用服装以避免灼伤, 为设计专用服装, 将体内温度控制在 37°C 的假人放置在实验室的高温环境中, 测量假人皮肤外侧的温度. 为了降低研发成本、缩短研发周期, 需要利用数学模型确定假人皮肤外侧的温度变化情况. 为阐述简单, 对问题进行简化, 改变部分数据, 仅考虑专用服装只有 I 层, 其材料参数值如表 4.7 所示, 实验持续 3600s, 过程中环境温度恒为 75°C, 可测量得到假人皮肤外侧的温度. 试分析专用服装温度分布情况.

表 4.7 专用服装材料的参数值

分层	密度/ (kg/m^3)	比热/ (J/(kg·°C))	热传导率/ (W/(m·°C))	厚度/ mm
I 层	300	1377	0.082	0.6

4.8.2 数学模型

记 $u = u(x,t)$ 为关于位置和时间的温度函数, 分析专用服装的传热过程, 综合考虑各种传热方式、边界和初始条件, 建立非稳态一维传热模型

$$\frac{\partial u}{\partial t} = k^2 \frac{\partial^2 u}{\partial x^2}, \quad (x,t) \in [a,b] \times [0,T],$$

其初值条件为

$$u(x,0) = \varphi(x), \quad x \in [a,b],$$

边值条件为

$$u(a,t) = \alpha(x), \quad t \in [0,T],$$
$$u(b,t) = \beta(x), \quad t \in [0,T],$$

其中常数 $k^2 = \dfrac{\lambda}{c\rho}$, 且 λ, c, ρ 分别表示介质的热传导率、介质的比热以及介质密度.

4.8.3 计算方法

利用有限差分法解上述非稳态一维传热模型. 有限差分法解偏微分方程的步骤主要分为如下三步: 第一步, 区域离散, 即将微分方程的求解区域细分成有限个格点组成的网格, 这些离散点称为网格节点; 第二步, 近似替代, 即利用有限差分公式替代每一个格点的导数; 第三步, 逼近求解, 原问题转化为求解一个线性代数方程组问题, 最后再利用一个插值多项式及其微分来替代微分方程解的过程. 下面简单介绍这三个步骤.

1. 区域离散

首先对空间区域 $[a,b]$ 进行 n 等分, 得到一组离散后的自变量点, 记作 $x_0(=a)$, $x_1, \cdots, x_{n-1}, x_n(=b)$, 相邻两点之间的距离 $h = \dfrac{b-a}{n}$ 称为空间步长; 其次对时间区间 $[0,T]$ 进行 m 等分, 得到一组离散后的自变量点, 记作 $t_0(=0), t_1, \cdots$, $t_{m-1}, t_m(=T)$, 相邻两点之间的距离 $\tau = \dfrac{T}{m}$ 称为时间步长. $u(x_i, t_j)$ 表示温度函数在时间与空间网格节点 $(x_i, t_j), i = 0, 1, \cdots, n, j = 0, 1, \cdots, m$ 处的值.

2. 近似替代

在节点 $(x_i, t_j), i = 1, 2, \cdots, n-1, j = 0, 1, \cdots, m-1$ 处, 利用中心差商公式近似替代对空间的二阶导数, 即

$$\left.\frac{\partial^2 u}{\partial x^2}\right|_{(x_i, t_j)} = \frac{1}{h^2}\left[u(x_{i+1}, t_j) - 2u(x_i, t_j) + u(x_{i-1}, t_j)\right],$$

利用向前差分公式近似代替对时间的一阶导数, 即

$$\left.\frac{\partial u}{\partial t}\right|_{(x_i, t_j)} = \frac{1}{\tau}\left[u(x_i, t_{j+1}) - u(x_i, t_j)\right].$$

用 u_i^j 表示函数值 $u(x_i, t_j)$ 的近似值. 特别地, 根据已知的初始条件和边界条件, 当 $j = 0$ 时, $u_i^0 = \varphi(x_i)$; 当 $i = 0$ 时, $u_0^j = \alpha(t_j)$; 当 $i = n$ 时, $u_n^j = \beta(t_j)$. 由此, 可得到如下差分方程:

$$\frac{1}{\tau}\left[u_i^{j+1} - u_i^j\right] = \frac{k^2}{h^2}\left[u_{i+1}^j - 2u_i^j + u_{i-1}^j\right],$$

整理得如下方程:

$$u_i^{j+1} = \gamma u_{i-1}^j + (1 - 2\gamma) u_i^j + \gamma u_{i+1}^j,$$

其中 $\gamma = \dfrac{k^2 \tau}{h^2}, i = 1, 2, \cdots, n-1, j = 0, 1, \cdots, m-1$.

3. 逼近求解

将上述代数方程组写成矩阵形式如下:

$$\begin{bmatrix} u_1^{j+1} \\ u_2^{j+1} \\ \vdots \\ u_{n-2}^{j+1} \\ u_{n-1}^{j+1} \end{bmatrix} = \begin{bmatrix} 1-2\gamma & \gamma & & & \\ \gamma & 1-2\gamma & \gamma & & \\ & \ddots & \ddots & \ddots & \\ & & \gamma & 1-2\gamma & \gamma \\ & & & \gamma & 1-2\gamma \end{bmatrix} \begin{bmatrix} u_1^j \\ u_2^j \\ \vdots \\ u_{n-2}^j \\ u_{n-1}^j \end{bmatrix} + \begin{bmatrix} \gamma u_0^j \\ 0 \\ \vdots \\ 0 \\ \gamma u_n^j \end{bmatrix}.$$

给定初始向量 $[u_1^0, u_2^0, \cdots, u_{n-2}^0, u_{n-1}^0]^T$，代入方程右端，得到 $[u_1^1, u_2^1, \cdots, u_{n-2}^1, u_{n-1}^1]^T$，再将 $[u_1^1, u_2^1, \cdots, u_{n-2}^1, u_{n-1}^1]^T$ 代入方程右端，得到 $[u_1^2, u_2^2, \cdots, u_{n-2}^2, u_{n-1}^2]^T$，以此类推，这实际上就是解线性方程组的迭代法.

4.8.4 编程实现

调用程序如下：

```
n=60; a=0; b=0.6; h=(b-a)/n;
m=600; T=600; t=T/m;
lambda=8.2*10^(-2); c=1377; rou=300;
gamma=lambda*t/(c*rou*h^2);
alpha=ones(1,m+1)*75;
beta=xlsread('CUMCM-2018-Problem-A-Chinese-Appendix.xlsx','...
    附件2','B3:B603')';
phi=ones(n+1,1)*37; phi(1)=75;
B=zeros(n-1,n-1);
f=zeros(n-1,1);
for i=1:n-2
    B(i,i)=1-2*gamma;
    B(i,i+1)=gamma;
    B(i+1,i)=gamma;
end
B(n-1,n-1)=1-2*gamma;
u=phi(2:n);
U=ones(n+1,m+1)*37;
for k=1:m
    f(1)=gamma*alpha(k);
    f(n-1)=gamma*beta(k);
    u=B*u+f;
    U(2:n,k+1)=u;
end
U(1,:)=alpha;
U(n+1,:)=beta;
x=a:h:b; xx=repmat(x',1,m+1);
y=0:t:T; yy=repmat(y,n+1,1);
mesh(xx,yy,U)
xlabel('x');ylabel('t');zlabel('u')
set(gca, 'FontSize', 12,'FontName','Gabriola');
```

4.9 章节测试

理论题：

1. 条件数衡量系统对输入误差的敏感程度，条件数越大，系统对输入误差的敏感程度越_____．(填空)

2. 条件数通常是基于_____范数定义的．(填空)

3. 在雅可比迭代法中，每个未知数的更新取决于_____次迭代中的值．(填空)

4. 迭代法的收敛性由迭代矩阵的_____决定．(填空)

5. 高斯-赛德尔迭代中，每个变量的更新仅依赖于前一次迭代的值．(判断)

6. 矩阵的谱半径大于 1 始终导致迭代法发散．(判断)

7. 矩阵的条件数是衡量其稳定性的绝对值．(判断)

8. SOR 迭代法是对高斯-赛德尔迭代法的改进，可以加速收敛．(判断)

9. 增加迭代步长总是有助于提高迭代法的收敛速度．(判断)

10. 迭代法的收敛性主要受到以下哪个因素的影响？(单选)

  A. 初始猜测值   B. 迭代步长

  C. 矩阵的谱半径   D. 迭代次数

11. 用来评估迭代法收敛性的谱半径测量的是矩阵的什么特性？(单选)

  A. 对角线元素   B. 特征值

  C. 行列式   D. 条件数

12. 什么是一个 "好" 的条件数？(单选)

  A. 接近 0   B. 接近 1

  C. 接近无穷大   D. 与矩阵的特性无关

13. 雅可比和高斯-赛德尔迭代法的主要区别是什么？(单选)

  A. 更新未知数时使用的值   B. 迭代停止条件的选择

  C. 迭代矩阵的构造方式   D. 初始猜测值的选择

14. 影响迭代法收敛速度的因素包括：(多选)

  A. 矩阵的谱半径   B. 初始猜测值

  C. 迭代步长   D. 原方程组的条件数

15. 以下哪个条件确保了高斯-赛德尔迭代法的收敛？(多选)

  A. 矩阵是正定的   B. 矩阵是严格对角占优的

  C. 矩阵的谱半径小于 1   D. 矩阵是非奇异的

16. SOR 迭代法何时比高斯-赛德尔迭代法更可取？(单选)

  A. 矩阵的谱半径较大   B. 矩阵的条件数较小

4.9 章节测试

C. 迭代步长较大 　　　　　　　　　D. 矩阵的谱半径接近 1

17. 如何减小矩阵的条件数以提高稳定性? (多选)

　　A. 对矩阵进行正则化处理

　　B. 改变方程组的形式以减少条件数

　　C. 对矩阵进行重新排列以减少条件数

　　D. 对矩阵进行因式分解以减少条件数

18. 比较雅可比、高斯–赛德尔和 SOR 迭代法的收敛速度和效率. (思考)

19. 解释迭代系统的误差分析及其在数值计算中的相关性. (思考)

计算题:

1. 已知 $A = \begin{bmatrix} 1 & -2 & 0 \\ -1 & 2 & -1 \\ 0 & -1 & 4 \end{bmatrix}, x = \begin{bmatrix} 2 \\ 1 \\ 3 \end{bmatrix}$, 求范数 $\|Ax\|_1, \|Ax\|_2, \|Ax\|_\infty$, $\|A\|_1, \|A\|_2, \|A\|_\infty$.

2. 已知 $A = \begin{bmatrix} 1 & 2 \\ 3 & 5 \end{bmatrix}$, 求谱半径 $\rho(A)$, 条件数 $\mathrm{cond}(A)_2$.

3. 分别用雅可比迭代法和高斯–赛德尔迭代法解线性方程组

$$\begin{bmatrix} 20 & 2 & 3 \\ 1 & 8 & 1 \\ 2 & -3 & 15 \end{bmatrix} \begin{bmatrix} x_1 \\ x_2 \\ x_3 \end{bmatrix} = \begin{bmatrix} 24 \\ 12 \\ 30 \end{bmatrix},$$

取初始向量 $x^{(0)} = [1,\ 1,\ 1]^{\mathrm{T}}$, 终止条件为 $\|x^{(k+1)} - x^{(k)}\|_\infty < 10^{-3}$.

4. 讨论用雅可比迭代法求解线性方程组

$$\begin{bmatrix} 1 & 2 & -2 \\ 1 & 1 & 1 \\ 2 & 2 & 1 \end{bmatrix} \begin{bmatrix} x_1 \\ x_2 \\ x_3 \end{bmatrix} = \begin{bmatrix} 5 \\ 1 \\ 3 \end{bmatrix}$$

的收敛性. 若收敛, 则取初始向量 $x^{(0)} = [0, 0, 0]^{\mathrm{T}}$ 迭代求解, 终止条件为 $\|x^{(k+1)} - x^{(k)}\|_2 < 10^{-5}$.

5. 设线性方程组

$$\begin{bmatrix} a_{11} & a_{12} \\ a_{21} & a_{22} \end{bmatrix} \begin{bmatrix} x_1 \\ x_2 \end{bmatrix} = \begin{bmatrix} b_1 \\ b_2 \end{bmatrix}, \quad a_{11}a_{22} \neq 0.$$

试证明: 雅可比迭代法收敛的充分必要条件为

$$\left| \frac{a_{12}a_{21}}{a_{11}a_{22}} \right| < 1.$$

6. 设线性方程组 $Ax=b$ 的系数矩阵为

$$A = \begin{bmatrix} 1 & 0.5 & -1 \\ 0 & 1 & 0.5 \\ 0.5 & 1 & 1 \end{bmatrix},$$

试证明: 雅可比迭代法收敛.

7. 讨论用高斯–赛德尔迭代法求解线性方程组

$$\begin{bmatrix} 5 & 2 & 1 \\ -1 & 4 & 2 \\ 2 & -3 & 10 \end{bmatrix} \begin{bmatrix} x_1 \\ x_2 \\ x_3 \end{bmatrix} = \begin{bmatrix} -12 \\ 20 \\ 3 \end{bmatrix}$$

的收敛性. 若收敛, 则取初始向量 $x^{(0)} = [0,0,0]^{\mathrm{T}}$ 迭代求解, 终止条件为 $\|x^{(k+1)} - x^{(k)}\|_2 < 10^{-5}$.

8. 解释为什么高斯–赛德尔迭代法的迭代矩阵 $B_{\mathrm{G\text{-}S}} = -(D+L)^{-1}U$ 至少有一个特征值为零.

9. 设线性方程组 $Ax=b$ 的系数矩阵为

$$A = \begin{bmatrix} 1 & 0.4 & 0.4 \\ 0.4 & 1 & 0.8 \\ 0.4 & 0.8 & 1 \end{bmatrix},$$

试分别讨论雅可比迭代法和高斯–赛德尔迭代法的收敛性.

10. 确定 a 的取值范围, 使得用雅可比迭代法和高斯–赛德尔迭代法解线性方程组

$$\begin{bmatrix} -1 & -3a \\ -2a & 1 \end{bmatrix} \begin{bmatrix} x_1 \\ x_2 \end{bmatrix} = \begin{bmatrix} b_1 \\ b_2 \end{bmatrix}$$

都收敛.

11. 设

$$A = \begin{bmatrix} 10 & a & 0 \\ b & 10 & b \\ 0 & a & 5 \end{bmatrix}$$

为某线性方程组的系数矩阵, 用 a,b 分别表示雅可比迭代法和高斯–赛德尔迭代法收敛的充分必要条件.

12. 设线性方程组 $Ax = b$ 的系数矩阵 A 是按行严格对角占优的, 证明: 高斯–赛德尔迭代法的收敛速度快于雅可比迭代法的收敛速度.

13. 设线性方程组 $Ax = b$ 的系数矩阵为

$$A = \begin{bmatrix} 3 & 0 & -2 \\ 0 & 2 & 1 \\ -2 & 1 & 2 \end{bmatrix},$$

试证明: 用雅可比迭代法和高斯–赛德尔迭代法来求解该方程组都收敛. 进一步, 比较哪种方法收敛快.

14. 设线性方程组

$$\begin{bmatrix} 3.2 & 1 & 1 \\ 1 & 3.7 & 1 \\ 1 & 1 & 4.2 \end{bmatrix} \begin{bmatrix} x_1 \\ x_2 \\ x_3 \end{bmatrix} = \begin{bmatrix} 4 \\ 4.5 \\ 5 \end{bmatrix},$$

写出 SOR 迭代法, 并判断其收敛性.

15. 用 SOR 迭代法, 分别取不同的松弛因子 $\omega = 1.03$, $\omega = 1$, $\omega = 1.1$, 解下面的线性方程组

$$\begin{bmatrix} 4 & 1 & 0 \\ -1 & 4 & -1 \\ 0 & -1 & 4 \end{bmatrix} \begin{bmatrix} x_1 \\ x_2 \\ x_3 \end{bmatrix} = \begin{bmatrix} 1 \\ 4 \\ -3 \end{bmatrix},$$

精确解为 $x^* = [0.5, 1, -0.5]^\mathrm{T}$. 取初始向量 $x^{(0)} = [0, 0, 0]^\mathrm{T}$, 要求当 $\|x^* - x^{(k)}\|_\infty < 10^{-5}$ 时迭代终止, 并且对每一个 ω 值确定迭代次数.

习题解析

第 5 章 函数插值

5.1 插值多项式的基本介绍

5.1.1 问题的提出

在实际问题中常遇到这样的情况, 已知函数 $y = f(x)$, 其在某个区间 $[a,b]$ 上是存在的. 但是, 通过观察或测量或试验只能得到在 $[a,b]$ 区间上有限个离散点 $x_0, x_1, \cdots, x_n$ 上的函数值 $y = f(x_i)$ $(i = 0, 1, \cdots, n)$; 或者 $f(x)$ 的函数表达式是已知的, 但却很复杂而不便于计算, 这时希望用一个简单的函数来描述它的本质特征. 例如本章 5.7 节中展示的案例, 要求设计的汽车车门型线既能满足初始设计阶段勘测或调整经验数据得到的若干型值点及端值条件, 又能满足几何光滑性要求. 因此, 给定一组由测量或实验获得的型值点数据及边界约束条件, 确定一条既通过所有给定数据点又满足几何连续性与工程约束的曲线 (见图 5.1), 即构成插值问题[9, 10].

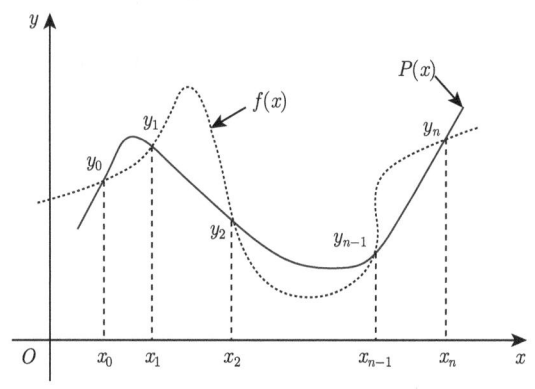

图 5.1 插值函数的几何示意图

5.1.2 插值问题的数学提法

已知函数 $y = f(x)$ 在区间 $[a,b]$ 上存在, 给定 $n+1$ 个点 $a \leqslant x_0 < x_1 < \cdots < x_n \leqslant b$. 已知 $y_i = f(x_i)$ $(i = 0, 1, \cdots, n)$, 求一个函数 $y = P(x)$, 使其满足

$$P(x_i) = y_i \quad (i = 0, 1, \cdots, n), \tag{5.1.1}$$

即要求该函数曲线要经过 $y=f(x)$ 上已知的这 $n+1$ 个点 $(x_0,y_0),(x_1,y_1),\cdots$, (x_n,y_n), 则称 $y=f(x)$ 为被插值函数, $P(x)$ 为插值函数, 称 $x_0,x_1,\cdots,x_n$ 为插值节点, 称条件 (5.1.1) 为插值条件, 寻求插值函数 $P(x)$ 的方法称为插值方法. 若插值函数具有如下形式:

$$p_n(x)=a_0+a_1x+\cdots+a_{n-1}x^{n-1}+a_nx^n, \qquad(5.1.2)$$

则称 $P_n(x)$ 为插值多项式. 本章主要研究插值多项式函数.

5.1.3 插值多项式的存在唯一性

由插值条件 (5.1.1) 可知, 插值多项式 (5.1.2) 需要满足以下方程组:

$$\begin{cases} a_0+a_1x_0+a_2x_0^2+\cdots+a_nx_0^n=y_0, \\ a_0+a_1x_1+a_2x_1^2+\cdots+a_nx_1^n=y_1, \\ \cdots\cdots \\ a_0+a_1x_n+a_2x_n^2+\cdots+a_nx_n^n=y_n. \end{cases} \qquad(5.1.3)$$

显然, 方程组 (5.1.3) 是一个关于未知数 $a_0,a_1,\cdots,a_{n-1},a_n$ 的 $n+1$ 元一次方程组. 由于插值节点 $x_0,x_1,\cdots,x_n$ 互不相同, 可知该方程组的系数矩阵行列式不等于 0,

$$D=\begin{vmatrix} 1 & x_0 & \cdots & x_0^n \\ 1 & x_1 & \cdots & x_1^n \\ \vdots & \vdots & & \vdots \\ 1 & x_n & \cdots & x_n^n \end{vmatrix}=\begin{vmatrix} 1 & 1 & \cdots & 1 \\ x_0 & x_1 & \cdots & x_n \\ \vdots & \vdots & & \vdots \\ x_0^n & x_1^n & \cdots & x_n^n \end{vmatrix}=\prod_{0\leqslant i<j\leqslant n}(x_j-x_i)\neq 0.$$

因此, 方程组 (5.1.3) 存在唯一的解 $a_0,a_1,\cdots,a_{n-1},a_n$, 即满足插值条件 (5.1.1) 的 n 次插值多项式 (5.1.2) 是存在的.

假设还存在满足插值条件 (5.1.1) 且次数不超过 n 的插值多项式 $Q_n(x)$, 则有 $Q_n(x_i)=y_i\ (i=0,1,\cdots,n)$ 成立. 令

$$R_n(x)\stackrel{\triangle}{=}Q_n(x_i)-P_n(x_i), \qquad(5.1.4)$$

则 $R_n(x)$ 仍是一个次数不超过 n 的多项式, 且满足

$$R_n(x_i)=0, \quad i=0,1,\cdots,n.$$

上式说明多项式 $R_n(x)$ 存在 $n+1$ 个零点. 然而由于多项式 $R_n(x)$ 的次数不超过 n, 至多存在 n 个零点. 故

$$R_n(x)\equiv 0,$$

即 $P_n(x) \equiv Q_n(x)$. 因此满足插值条件 (5.1.1) 的多项式 (5.1.2) 是唯一存在的.

5.1.4 插值多项式求解方法概述

虽然可以通过方程组 (5.1.3) 来直接求解插值多项式 (5.1.2) 的多项式系数 $a_0, a_1, \cdots, a_{n-1}, a_n$, 比如说高斯消元法等, 但是该方法在插值节点较多的时候, 比较繁琐, 不易计算. 本章重点介绍拉格朗日 (Lagrange)、牛顿 (Newton) 两种整体插值多项式法, 以及三种分段插值多项式法, 包括分段线性插值、分段埃尔米特 (Hermite) 插值和样条插值. 拉格朗日插值采用基本多项式 (即插值基函数) 的线性组合来构造插值多项式, 具有形式对称、便于计算的优点, 但是当增加插值节点来提高插值精度时, 之前的插值基函数需要重新构造, 因而方法的灵活性不足, 而牛顿插值可以较好地避免这一问题, 在增加新的节点时, 先前的计算可以重复使用. 但是两种方法在高次插值的时候, 容易出现龙格 (Runge) 现象 (见图 5.2), 即在插值区间的两端容易出现较大的误差, 而且该误差不会随着插值节点的增多而有所改善.

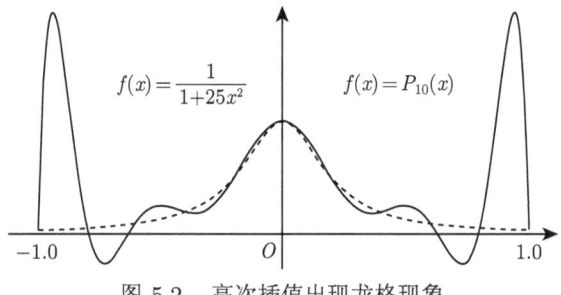

图 5.2 高次插值出现龙格现象

分段插值则可以较好地克服高次插值带来的龙格现象. 分段插值多项式在插值区间上具有如下形式:

$$\varphi(x) = \begin{cases} \varphi_0(x), & x \in [x_0, x_1], \\ \varphi_1(x), & x \in [x_1, x_2], \\ \cdots\cdots \\ \varphi_{n-1}(x), & x \in [x_{n-1}, x_n]. \end{cases}$$

分段线性插值要求插值多项式 $\varphi(x)$ 在每个插值小区间 $[x_i, x_{i+1}]$ 上是一个线性函数, 而在整个插值区间 $[a, b]$ 上是连续函数. 因而, 虽然分段线性插值函数整体上连续, 但是在插值节点处不可导. 分段埃尔米特插值多项式在每个插值小区间 $[x_i, x_{i+1}]$ 上是三次多项式函数, 而在整个插值区间 $[a, b]$ 上是一次连续可微函数, 故在插值节点处存在一阶导数, 函数的光滑性得到提高. 虽然样条插值多项式

在每个插值小区间 $[x_i, x_{i+1}]$ 上仍是三次多项式函数, 但在整个插值区间 $[a,b]$ 上是二次连续可微函数, 故在插值节点处存在二阶导数, 函数的光滑性进一步提高.

小 节 测 试

1. 对于 $n+1$ 个不同的点, 存在一个唯一的 n 次多项式穿过这些点. (判断)

2. 在多项式插值中, 如果数据点含有噪声, 增加插值多项式的次数总能提高插值的精度. (判断)

3. 以下哪项是使用高次多项式插值的缺点? (单选)

    A. 计算效率高   B. 数值稳定性

    C. 龙格现象   D. 实现简单

4. 关于多项式插值, 以下哪些陈述是正确的? (多选)

    A. 它基于构造一个完全符合一组点的多项式的原理

    B. 多项式插值总是为任何函数提供最佳近似

    C. 插值多项式的次数随着数据点的增加而增加

    D. 多项式插值可用于估计函数的导数

5. 解释为什么高次多项式插值可能不适合处理实际数据, 尤其是当数据点很多时. (思考)

习题解析

5.2 拉格朗日插值

5.2.1 拉格朗日线性插值

已知函数 $f(x)$ 在区间 $[x_k, x_{k+1}]$ 的端点上的函数值 $y_k = f(x_k), y_{k+1} = f(x_{k+1})$, 求一个一次函数 $y = P_1(x)$ 使得 $y_k = P_1(x_k), y_{k+1} = P_1(x_{k+1})$. 其几何意义是已知平面上两点 $(x_k, y_k), (x_{k+1}, y_{k+1})$, 求一条直线过该已知两点.

由直线的点斜式公式可知: $P_1(x) = y_k + \dfrac{y_{k+1} - y_k}{x_{k+1} - x_k}(x - x_k)$, 把此式按照 y_k 和 y_{k+1} 写成两项

$$P_1(x) = \frac{x - x_{k+1}}{x_k - x_{k+1}} y_k + \frac{x - x_k}{x_{k+1} - x_k} y_{k+1},$$

记

$$l_k(x) = \frac{x - x_{k+1}}{x_k - x_{k+1}}, \quad l_{k+1}(x) = \frac{x - x_k}{x_{k+1} - x_k},$$

并称它们为一次插值基函数 (见图 5.3).

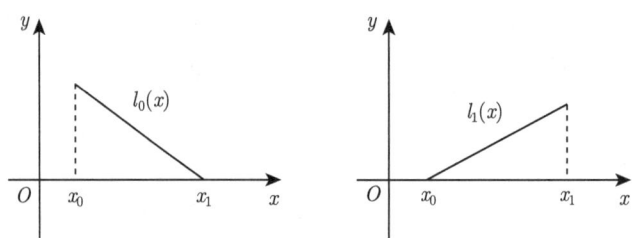

图 5.3 拉格朗日线性插值基函数 $l_0(x), l_1(x)$

该插值基函数的特点满足

$$l_k(x_k) = 1, \quad l_k(x_{k+1}) = 0,$$

$$l_{k+1}(x_k) = 0, \quad l_{k+1}(x_{k+1}) = 1.$$

从而 $P_1(x) = y_k l_k(x) + y_{k+1} l_{k+1}(x)$, 此形式称为拉格朗日插值多项式. 其中, 插值基函数与 y_k, y_{k+1} 无关, 而由插值节点 x_k, x_{k+1} 所决定. 一次插值多项式是插值基函数的线性组合, 相应的组合系数是该点的函数值 y_k, y_{k+1}.

例 5.1 已知 $\lg 10 = 1, \lg 20 = 1.3010$, 利用一次插值多项式求 $\lg 12$ 的近似值.

解 由题可知

$$f(x) = \lg x, \quad f(10) = 1, \quad f(20) = 1.3010,$$

不妨设

$$x_0 = 10, \quad x_1 = 20, \quad y_0 = 1, \quad y_1 = 1.3010,$$

则插值多项式为

$$l_0(x) = \frac{x-20}{10-20} = -\frac{1}{10}(x-20), \quad l_1(x) = \frac{x-10}{20-10} = \frac{1}{10}(x-10),$$

于是, 拉格朗日一次插值多项式为

$$P_1(x) = y_0 l_0(x) + y_1 l_1(x) = -\frac{1}{10}(x-20) + \frac{1.3010}{10}(x-10),$$

故

$$P_1(12) = -\frac{1}{10}(12-20) + \frac{1.3010}{10}(12-10) = 1.0602,$$

即 $\lg 12$ 由 $\lg 10$ 和 $\lg 20$ 两个值的线性插值得到, 且具有两位有效数字 (精确值 $\lg 12 = 1.0792$).

5.2.2 拉格朗日二次插值多项式

已知函数 $y = f(x)$ 在点 x_{k-1}, x_k, x_{k+1} 上的函数值 $y_{k-1} = f(x_{k-1}), y_k = f(x_k), y_{k+1} = f(x_{k+1})$. 求一个次数不超过二次的多项式 $P_2(x)$, 使其满足 $P_2(x_{k-1}) = y_{k-1}, P_2(x_k) = y_k, P_2(x_{k+1}) = y_{k+1}$. 其几何意义为: 已知平面上的三个点 $(x_{k-1}, y_{k-1}), (x_k, y_k), (x_{k+1}, y_{k+1})$, 求一条二次抛物线, 使得该抛物线经过这三个点.

设有三个插值节点 x_{k-1}, x_k, x_{k+1}, 构造三个插值基函数 (见图 5.4), 要求满足:
(1) 插值基函数为二次多项式;
(2) 它们的函数值满足表 5.1.

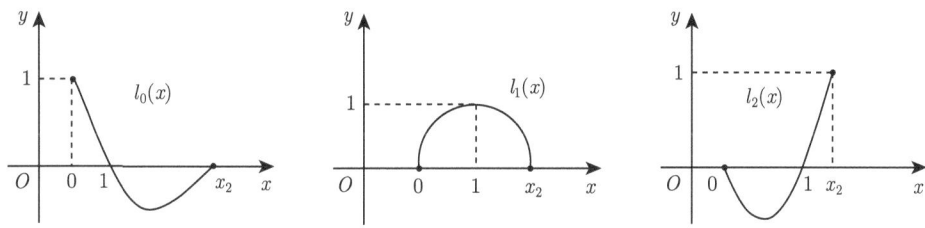

图 5.4 拉格朗日二次插值基函数 $l_0(x), l_1(x), l_2(x)$

表 5.1 基函数值

	x_{k-1}	x_k	x_{k+1}
$l_{k-1}(x)$	1	0	0
$l_k(x)$	0	1	0
$l_{k+1}(x)$	0	0	1

因为 $l_{k-1}(x_k) = 0, l_{k-1}(x_{k+1}) = 0$, 故 $l_{k-1}(x)$ 有因子 $(x-x_k)(x-x_{k+1})$, 而其已经是一个二次多项式, 仅相差一个常数倍, 可设 $l_{k-1}(x) = a(x-x_k)(x-x_{k+1})$, 又因为 $l_{k-1}(x_{k-1}) = 1$, 故 $a(x_{k-1}-x_k)(x_{k-1}-x_{k+1}) = 1$, 得

$$a = \frac{1}{(x_{k-1} - x_k)(x_{k-1} - x_{k+1})},$$

从而

$$l_{k-1}(x) = \frac{(x-x_k)(x-x_{k+1})}{(x_{k-1}-x_k)(x_{k-1}-x_{k+1})}, \quad l_k(x) = \frac{(x-x_{k-1})(x-x_{k+1})}{(x_k-x_{k-1})(x_k-x_{k+1})},$$

$$l_{k+1}(x) = \frac{(x-x_{k-1})(x-x_k)}{(x_{k+1}-x_{k-1})(x_{k+1}-x_k)}.$$

由上述可知, 拉格朗日二次插值多项式

$$P_2(x) = y_{k-1}l_{k-1}(x) + y_k l_k(x) + y_{k+1}l_{k+1}(x)$$

是三个二次插值多项式的线性组合, 因而其是次数不超过二次的多项式, 且满足 $P_2(x_i) = y_i (i = k-1, k, k+1)$.

例 5.2 已知 $\lg 10 = 1, \lg 15 = 1.1761, \lg 20 = 1.3010$, 利用拉格朗日二次插值多项式求 $\lg 12$ 的近似值.

解 设 $x_0 = 10, x_1 = 15, x_2 = 20$, 则

$$l_0(x) = \frac{(x-15)(x-20)}{(10-15)(10-20)} = \frac{1}{50}(x-15)(x-20),$$

$$l_1(x) = \frac{(x-10)(x-20)}{(15-10)(15-20)} = -\frac{1}{25}(x-10)(x-20),$$

$$l_2(x) = \frac{(x-10)(x-15)}{(20-10)(20-15)} = \frac{1}{50}(x-10)(x-15),$$

故

$$\begin{aligned} P_2(x) &= y_0 l_0(x) + y_1 l_1(x) + y_1 l_2(x) \\ &= \frac{1}{50}(x-20)(x-15) - \frac{1.1761}{25}(x-10)(x-20) + \frac{1.3010}{50}(x-10)(x-15) \\ &= -0.0010x^2 + 0.0608x + 0.4942. \end{aligned}$$

所以

$$\begin{aligned} P_2(12) &= \frac{1}{50}(12-20)(12-15) - \frac{1.1761}{25}(12-10)(12-20) \\ &\quad + \frac{1.3010}{50}(12-10)(12-15) \\ &= 1.0766. \end{aligned}$$

利用三个点进行抛物线插值得到的 $\lg 12$ 的近似值, 与精确值 $\lg 12 = 1.0792$ 相比, 具有 3 位有效数字, 精度提高了.

5.2.3 拉格朗日 n 次插值多项式

已知函数 $y = f(x)$ 在 $n+1$ 个不同的点 $x_0, x_1, \cdots, x_n$ 上的函数值分别为 $y_0, y_1, \cdots, y_n$, 求一个次数不超过 n 的多项式 $P_n(x)$, 使其满足 $P_n(x_i) = y_i (i = 0, 1, \cdots, n)$, 即 $n+1$ 个不同的点可以唯一决定一个 n 次多项式. 过 $n+1$ 个不同的点分别决定 $n+1$ 个 n 次插值基函数 $l_0(x), l_1(x), \cdots, l_n(x)$. 每个插值基函数 $l_i(x)$ 满足:

(1) $l_i(x)$ 是 n 次多项式;

(2) $l_i(x_i) = 1$, 而在插值节点 x_k 处有 n 个 $l_i(x_k) = 0 \ (k \neq i)$.

由于 $l_i(x_k) = 0 \ (k \neq i)$, 故 $l_i(x)$ 有因子

$$(x - x_0) \cdots (x - x_{i-1})(x - x_{i+1}) \cdots (x - x_n),$$

因其已经是 n 次多项式, 故而仅相差一个常数因子.

令

$$l_i(x) = a(x - x_0) \cdots (x - x_{i-1})(x - x_{i+1}) \cdots (x - x_n),$$

由 $l_i(x_i) = 1$, 可知

$$a = \frac{1}{(x_i - x_0) \cdots (x_i - x_{i-1})(x_i - x_{i+1}) \cdots (x_i - x_n)},$$

进而得到

$$l_i(x) = \frac{(x - x_0) \cdots (x - x_{i-1})(x - x_{i+1}) \cdots (x - x_n)}{(x_i - x_0) \cdots (x_i - x_{i-1})(x_i - x_{i+1}) \cdots (x_i - x_n)}.$$

$P_n(x)$ 是 $n+1$ 个 n 次插值基本多项式 $l_0(x), l_1(x), \cdots, l_n(x)$ 的线性组合. 相应的组合系数是 $y_0, y_1, \cdots, y_n$, 即

$$P_n(x) = y_0 l_0(x) + y_1 l_1(x) + \cdots + y_n l_n(x) = \sum_{k=0}^{n} y_k l_k(x),$$

从而 $P_n(x)$ 是一个次数不超过 n 的多项式, 且满足 $P_n(x_i) = y_i (i = 0, 1, \cdots, n)$.

例 5.3 求过点 (2, 0), (4, 3), (6, 5), (8, 4), (10, 1) 的拉格朗日插值多项式.

解 用 4 次插值多项式对上述 5 个点进行插值, 列表 5.2.

表 5.2 插值节点值

x_i	2	4	6	8	10
y_i	0	3	5	4	1

可得

$$l_0(x) = \frac{(x-4)(x-6)(x-8)(x-10)}{(2-4)(2-6)(2-8)(2-10)} = \frac{1}{384}(x-4)(x-6)(x-8)(x-10),$$

$$l_1(x) = \frac{(x-2)(x-6)(x-8)(x-10)}{(4-2)(4-6)(4-8)(4-10)} = -\frac{1}{96}(x-2)(x-6)(x-8)(x-10),$$

$$l_2(x) = \frac{(x-2)(x-4)(x-8)(x-10)}{(6-2)(6-4)(6-8)(6-10)} = \frac{1}{64}(x-2)(x-4)(x-8)(x-10),$$

$$l_3(x) = \frac{(x-2)(x-4)(x-6)(x-10)}{(8-2)(8-4)(8-6)(8-10)} = -\frac{1}{96}(x-2)(x-4)(x-6)(x-10),$$

$$l_4(x) = \frac{(x-2)(x-4)(x-6)(x-8)}{(10-2)(10-4)(10-6)(10-8)} = \frac{1}{384}(x-2)(x-4)(x-6)(x-8),$$

所以

$$\begin{aligned}P_4(x) &= y_0 l_0(x) + y_1 l_1(x) + y_2 l_2(x) + y_3 l_3(x) + y_4 l_4(x) \\ &= 0 \times \frac{1}{384}(x-4)(x-6)(x-8)(x-10) \\ &\quad - \frac{3}{96}(x-2)(x-6)(x-8)(x-10) + \frac{5}{64}(x-2)(x-4)(x-8)(x-10) \\ &\quad - \frac{4}{96}(x-2)(x-4)(x-6)(x-10) + \frac{1}{384}(x-2)(x-4)(x-6)(x-8) \\ &= \frac{1}{128}x^4 - \frac{19}{96}x^3 + \frac{47}{32}x^2 - \frac{65}{24}x + 1.\end{aligned}$$

5.2.4 拉格朗日插值多项式的截断误差

在 $[a,b]$ 上用多项式 $P_n(x)$ 来近似代替函数 $f(x)$, 其截断误差记作 $R_n(x)$, $R_n(x) = f(x) - P_n(x)$. 当 x 在插值节点 x_i 上时 $R_n(x_i) = f(x_i) - P_n(x_i) = 0$. 下面来估计截断误差 $R_n(x)$.

定理 5.1 设函数 $y = f(x)$ 的 n 阶导数 $y = f^n(x)$ 在 $[a,b]$ 上连续, $y = f^{n+1}(x)$ 在 (a,b) 上存在, 插值节点为 $a \leqslant x_0 < x_1 < \cdots < x_n \leqslant b$, $P_n(x)$ 是拉格朗日 n 次插值多项式. 则对任意 $x \in [a,b]$ 有

$$R_n(x) = \frac{1}{(n+1)!} f^{(n+1)}(\xi) \omega_n(x),$$

其中 $\xi \in (a,b)$, ξ 依赖于 x, 且 $\omega_n(x) = (x - x_0)(x - x_1) \cdots (x - x_n)$.

证明 由插值多项式的要求 $R_n(x_i) = f(x_i) - P_n(x_i) = 0 \ (k = 1, 2, \cdots, n)$. 设 $R_n(x) = K(x)(x - x_0)(x - x_1) \cdots (x - x_n) = K(x) \omega_n(x)$, 其中 $K(x)$ 是待

定系数; 固定 $x \in [a,b]$ 且 $x \neq x_k, k = 1, 2, \cdots, n$, 作函数

$$H(t) = f(t) - P_n(t) - K(t)(t-x_0)\cdots(t-x_k),$$

则 $H(x_k) = 0, k = 1, 2, \cdots, n$, 且 $H(x) = f(x) - P_n(x_i) - R_n(x) = 0$, 所以 $H(t)$ 在 $[a,b]$ 上有 $n+2$ 个零点. 反复使用罗尔中值定理: 存在 $\xi \in (a,b)$, 使 $H^{n+1}(\xi) = 0$; 因为 $P_n(t)$ 是 n 次多项式. 故 $P_n^{(n+1)}(\xi) = 0$, 而 $\omega_n(t) = (t-x_0)(t-x_1)\cdots(t-x_n)$ 是首项系数为 1 的 $n+1$ 次多项式. 故有 $\omega_n^{(n+1)}(t) = (n+1)!$, 于是

$$H^{(n+1)}(\xi) = f^{(n+1)}(\xi) - (n+1)!K(x) = 0,$$

得

$$K(x) = \frac{1}{(n+1)!}f^{(n+1)}(\xi),$$

所以

$$R_n(x) = \frac{1}{(n+1)!}f^{(n+1)}(\xi)\omega_n(x).$$

设 $\max\limits_{a \leqslant x \leqslant b}|f^{(n+1)}(x)| \leqslant M_{n+1}$, 则 $|R_n(x)| \leqslant \dfrac{1}{(n+1)!}M_{n+1}\omega_n(x)$.

易知, 线性插值的截断误差为

$$R_1(x) = \frac{1}{2}f^{(2)}(\xi)(x-x_0)(x-x_1),$$

二次插值的截断误差为

$$R_2(x) = \frac{1}{6}f^{(3)}(\xi)(x-x_0)(x-x_1)(x-x_2).$$

例 5.4　分析例 5.1 和例 5.2 中计算 $\lg 12$ 的截断误差.

解　在例 5.1 中, 用 $\lg 10$ 和 $\lg 20$ 计算 $\lg 12$,

$$P_1(12) = 1.0602, \quad \lg 12 = 1.0792, \quad e = |1.0792 - 1.0602| = 0.0190,$$

估计误差:

$$f(x) = \lg x, \quad f''(x) = -\frac{1}{(\ln 10)x^2}.$$

当 $x \in [10, 20]$ 时, $|f''(\xi)| \leqslant \dfrac{1}{(\ln 10)10^2} = 0.0043$,

$$\left|\frac{1}{2}f''(\xi)(12-10)(12-20)\right| \leqslant 8 \times 0.0043 = 0.0344.$$

在例 5.2 中, 用 $\lg 10, \lg 15$ 和 $\lg 20$, 计算 $\lg 12$,

$$P_2(12) = 1.0766, \quad e = |1.0792 - 1.0766| = 0.0026,$$

估计误差:

$$|f'''(x)| \leqslant \frac{2}{\ln 10 \cdot x^3}, \quad |f'''(\xi)| \leqslant \frac{2}{\ln 10 \cdot 10^3} = 0.0009,$$

$$|R_2(12)| = \left|\frac{1}{3!}f'''(\xi)(12-10)(12-20)\right| \leqslant \frac{1}{6} \times 0.0009 \times 2 \times 8 = 0.0024.$$

例 5.5 $x_0, x_1, \cdots, x_n$ 是 $n+1$ 个不同的插值节点, 其插值基函数为 $l_i(x)$, $i = 0, 1, \cdots, n$, 求证: 对于 $k \leqslant n$, $x_0^k l_0(x) + x_1^k l_1(x) + \cdots + x_n^k l_n(x) = x^k$.

证明 设 $f(x) = x^k$, 故 $f(x_i) = x_i^k$, 其 $n+1$ 个插值节点的插值多项式为

$$P_n(x) = x_0^k l_0(x) + x_1^k l_1(x) + \cdots + x_n^k l_n(x),$$

其余项为

$$R_n(x) = \frac{1}{(n+1)!} f^{(n+1)}(\xi) \omega_n(x),$$

因为 $f(x) = x^k$ 是 k 次多项式 $(k \leqslant n)$, $f^{(n+1)}(x) = 0$, 故 $R_n(x) = 0$, 所以

$$f(x) = P_n(x) + R_n(x) = P_n(x),$$

即

$$x_0^k l_0(x) + x_1^k l_1(x) + \cdots + x_n^k l_n(x) = x^k.$$

此外, 当 $k = 0$ 时, 有

$$l_0(x) + l_1(x) + \cdots + l_n(x) = 1.$$

小 节 测 试

1. 拉格朗日插值多项式的次数总是等于插值节点数减一. (判断)

2. 拉格朗日插值法适用于任何函数的插值, 不论其是否连续或光滑. (判断)

3. 对于任意两个不同的插值节点集合, 相应的拉格朗日插值多项式必然不同. (判断)

4. 拉格朗日插值公式中, 每个基本多项式 $l_i(x)$ 的次数是与_____ 数量相同的. (填空)

5. 拉格朗日插值公式是一个加权和,其中权重由_____ 多项式给出. (填空)

6. 拉格朗日插值中的每个拉格朗日基函数 $l_i(x)$ 在其对应的插值节点 x_i 处的值为_____, 而在其他插值节点处的值为_____. (填空)

7. 在拉格朗日插值中, 如果添加一个新的插值节点, 则下列哪项描述是正确的? (单选)

   A. 只需重新计算新的基本多项式

   B. 必须完全重新构造拉格朗日插值多项式

   C. 插值多项式的次数保持不变

   D. 新的插值节点不会影响其他基本多项式

8. 在拉格朗日插值中, 为了减少计算量和提高效率, 通常推荐的做法是 (单选)

   A. 增加插值节点的数量

   B. 减少插值节点的数量

   C. 使用特殊的数值算法来计算拉格朗日基函数

   D. 始终使用高次多项式进行插值

9. 在拉格朗日插值中, 以下哪些因素会影响插值多项式的精度? (多选)

   A. 插值节点的分布   B. 插值节点的数量

   C. 函数的光滑性   D. 插值多项式的次数

10. 拉格朗日插值的哪些特性需要特别注意以避免数值问题? (多选)

    A. 高次多项式导致的龙格现象

    B. 插值节点过多导致的计算复杂度增加

    C. 插值节点的选择和分布

    D. 插值多项式的系数稳定性

11. 在进行拉格朗日插值时, 以下哪些因素可以帮助提高插值的准确性和效率? (多选)

    A. 选择合适的插值节点

    B. 控制插值多项式的次数

    C. 应用数值稳定的算法

    D. 增加更多的插值节点以获取更高的精度

12. 讨论拉格朗日插值法在处理不同数据分布时的表现, 以及如何选择最佳的插值节点分布以避免龙格现象. (思考)

13. 分析拉格朗日插值在处理周期性数据时的适用性, 并给出改善插值效果的建议. (思考)

习题解析

5.3 牛顿插值

5.3.1 差商

设函数 $f(x)$ 在 $n+1$ 个互异插值节点 $x_0, x_1, \cdots, x_n$ 上的函数值为 $f(x_0), f(x_1), \cdots, f(x_n)$, 或者记为 $y_0, y_1, \cdots, y_n$.

(1) 一阶差商: 称 $\dfrac{f(x_0) - f(x_1)}{x_0 - x_1}$ 为 $f(x)$ 关于节点 x_0, x_1 的一阶差商, 记为 $f[x_0, x_1]$.

(2) 二阶差商: 称 $\dfrac{f[x_0, x_1] - f[x_1, x_2]}{x_0 - x_2}$ 为 $f(x)$ 关于节点 x_0, x_1, x_2 的二阶差商. 记为 $f[x_0, x_1, x_2]$.

(3) n 阶差商: 递归地用 $n-1$ 阶差商来定义 n 阶差商.

$$f[x_0, x_1, \cdots, x_n] = \frac{f[x_0, x_1, \cdots, x_{n-1}] - f[x_1, x_2, \cdots, x_n]}{x_0 - x_n}$$

称为 $f(x)$ 关于 $n+1$ 个节点 $x_1, x_2, \cdots, x_n$ 的差商.

例 5.6 已知点 (1,0),(3,2),(4,15),(7,12), 求差商 $f[1,3]$, $f[1,3,4]$, $f[1,3,4,7]$.

解 根据差商的定义, 可以得到

$$f[1,3] = \frac{f(1) - f(3)}{1 - 3} = 1, \quad f[3,4] = \frac{f(3) - f(4)}{3 - 4} = 13,$$

$$f[4,7] = \frac{f(4) - f(7)}{4 - 7} = -1, \quad f[1,3,4] = \frac{f[1,3] - f[3,4]}{1 - 4} = 4,$$

$$f[3,4,7] = \frac{f[3,4] - f[4,7]}{3 - 7} = -\frac{7}{2}, \quad f[1,3,4,7] = \frac{f[1,3,4] - f[3,4,7]}{1 - 7} = -1.25.$$

5.3.2 差商的性质

性质 5.1 n 阶差商可以表示成 $n+1$ 个函数值 $y_0, y_1, \cdots, y_n$ 的线性组合, 即

$$f[x_0, x_1, \cdots, x_n] = \sum_{k=0}^{n} \frac{y_k}{(x_k - x_0) \cdots (x_k - x_{k-1})(x_k - x_{k+1}) \cdots (x_k - x_n)}.$$

例

$$f[x_0, x_1] = \frac{f(x_0) - f(x_1)}{x_0 - x_1} = \frac{y_0}{x_0 - x_1} + \frac{y_1}{x_1 - x_0},$$

$$f[x_0, x_1, x_2]$$
$$= \frac{f[x_0, x_1] - f[x_1, x_2]}{x_0 - x_2}$$
$$= \frac{1}{x_0 - x_2}\left(\frac{y_0}{x_0 - x_1} + \frac{y_1}{x_1 - x_0}\right) - \frac{1}{x_0 - x_2}\left(\frac{y_1}{x_1 - x_2} + \frac{y_2}{x_2 - x_1}\right)$$
$$= \frac{y_0}{(x_0 - x_1)(x_0 - x_2)} + \frac{y_1}{x_0 - x_2}\left(\frac{1}{x_1 - x_0} - \frac{1}{x_1 - x_2}\right) + \frac{y_2}{(x_2 - x_0)(x_2 - x_1)}$$
$$= \frac{y_0}{(x_0 - x_1)(x_0 - x_2)} + \frac{y_1}{(x_1 - x_0)(x_1 - x_2)} + \frac{y_2}{(x_2 - x_0)(x_2 - x_1)}.$$

性质 5.2 差商与节点的顺序无关, 即

$$f[x_0, x_1] = f[x_1, x_0], \quad f[x_0, x_1, x_2] = f[x_1, x_0, x_2] = f[x_0, x_2, x_1],$$

这一点可以从性质 5.1 看出. 因此, 改变节点的顺序, 牛顿插值多项式保持不变.

性质 5.3 若 $f(x)$ 是 x 的 n 次多项式, 则一阶差商 $f[x, x_0]$ 是 x 的 $n-1$ 次多项式, 二阶差商 $f[x, x_0, x_1]$ 是 x 的 $n-2$ 次多项式; 一般地, 函数 $f(x)$ 的 k 阶差商 $f[x, x_0, \cdots, x_{k-1}]$ 是 x 的 $n-k$ 次多项式 $(k \leqslant n)$, 而当 $k > n$ 时, k 阶差商为零.

5.3.3 利用差商表计算差商

基于差商的递推定义, 可通过递推方法计算各阶差商, 如表 5.3 所示.

表 5.3 差商表

x_i	$f(x_i)$	一阶差商	二阶差商	三阶差商
x_0	$f(x_0)$			
x_1	$f(x_1)$	$f[x_0, x_1]$		
x_2	$f(x_2)$	$f[x_1, x_2]$	$f[x_0, x_1, x_2]$	
x_3	$f(x_3)$	$f[x_2, x_3]$	$f[x_1, x_2, x_3]$	$f[x_1, x_2, x_2, x_3]$

如要计算四阶差商, 应再增加一个节点, 表中还要增加一行.

例 5.7 如表 5.4 所示, 计算三阶差商 $f[1, 3, 4, 7]$.

表 5.4 $y = f(x)$ 的函数值表

x_i	1	3	4	7
$f(x_i)$	0	2	15	12

解 差商表结果如表 5.5 所示.

表 5.5 差商表结果

x_i	$f(x_i)$	一阶差商	二阶差商	三阶差商
1	0			
3	2	1		
4	15	13	4	
7	12	-1	-3.5	-1.25

由表 5.5 可知，三阶差商 $f[1,3,4,7] = -1.25$.

5.3.4 牛顿插值公式

牛顿插值公式的构造如下.

因为
$$f[x, x_0] = \frac{f(x) - f(x_0)}{x - x_0},$$

所以
$$f(x) = f(x_0) + f[x, x_0](x - x_0). \tag{5.3.1}$$

因为
$$f[x, x_0, x_1] = \frac{f[x, x_0] - f[x_0, x_1]}{x - x_1},$$

有
$$f[x, x_0] = f[x_0, x_1] + f[x, x_0, x_1](x - x_1), \tag{5.3.2}$$

又因为
$$f[x, x_0, x_1, x_2] = \frac{f[x, x_0, x_1] - f[x_0, x_1, x_2]}{x - x_2},$$

所以
$$f[x, x_0, x_1] = f[x_0, x_1, x_2] + f[x, x_0, x_1, x_2](x - x_2). \tag{5.3.3}$$

一般地,
$$f[x, x_0, \cdots, x_n] = \frac{f[x, x_0, \cdots, x_{n-1}] - f[x_0, x_1, \cdots, x_n]}{x - x_n},$$

$$f[x, x_0, \cdots, x_{n-1}] = f[x_0, x_1, \cdots, x_n] + f[x, x_0, \cdots, x_n](x - x_n). \tag{5.3.4}$$

我们采用逆向迭代法将高阶插商 $f[x, x_0, \cdots, x_n]$ 递归代入至 $f[x, x_0, \cdots, x_{n-1}]$, 并以此递推关系逐级回代至式 (5.3.1), 得

$$f(x) = N_n(x) + R_n(x),$$

5.3 牛顿插值

其中

$$N_n(x) = f(x_0) + f[x_0,x_1](x-x_0) + f[x_0,x_1,x_2](x-x_0)(x-x_1) + \cdots$$
$$+ f[x_0,x_1,\cdots,x_n](x-x_0)(x-x_1)\cdots(x-x_{n-1})$$

是关于 x 的 n 次牛顿插值多项式,

$$R_n(x) = f[x,x_0,x_1,\cdots,x_n](x-x_0)(x-x_1)\cdots(x-x_n)$$

是牛顿插值余项部分.

当 $n=1$ 时,

$$f(x) = f(x_0) + f[x_0,x_1](x-x_0) + f[x,x_0,x_1](x-x_0)(x-x_1),$$

其中, $N_1(x) = f(x_0) + f[x_0,x_1](x-x_0) = y_0 + \dfrac{y_0-y_1}{x_0-x_1}(x-x_0)$. 这就是牛顿线性插值多项式, 也就是点斜式直线方程.

当 $n=2$ 时,

$$f(x) = f(x_0) + f[x_0,x_1](x-x_0) + f[x,x_0,x_1,x_2](x-x_0)(x-x_1)(x-x_2)$$
$$+ f[x_0,x_1,x_2](x-x_0)(x-x_1),$$

其中, $N_2(x) = f(x_0) + f[x_0,x_1](x-x_0) + f[x_0,x_1,x_2](x-x_0)(x-x_1)$. 这就是牛顿二次插值多项式. 显然,

$$N_2(x_0) = f(x_0),$$
$$N_2(x_1) = f(x_0) + \frac{f(x_0)-f(x_1)}{x_0-x_1}(x_1-x_0) = f(x_1),$$
$$N_2(x_2) = f(x_0) + \frac{f(x_0)-f(x_1)}{x_0-x_1}(x_2-x_0)$$
$$+ \frac{1}{x_0-x_2}\left(\frac{f(x_0)-f(x_1)}{x_0-x_1} - \frac{f(x_1)-f(x_2)}{x_1-x_2}\right)(x_2-x_0)(x_2-x_1)$$
$$= f(x_2).$$

$N_2(x)$ 满足二次插值条件.

例 5.8 如表 5.6 所示, 求满足以上插值条件的牛顿型插值多项式.

表 5.6 牛顿插值节点数据

x_i	1	3	4	7
$f(x_i)$	0	2	15	12

解 在例 5.7 中，我们已计算出 $f(x_0) = 0$, $f[x_0, x_1] = 1$, $f[x_0, x_1, x_2] = 4$, $f[x_0, x_1, x_2, x_3] = -1.25$, 则牛顿三次插值多项式为

$$N_3(x) = 0 + (x-1) + 4 \times (x-1)(x-3) - 1.25 \times (x-1)(x-3)(x-4)$$
$$= -1.25x^3 + 14x^2 - 38.75x + 26.$$

例 5.9 已知 $y = f(x)$ 的函数值如表 5.7 所示.

(1) 写出 $y = f(x)$ 的差商表并根据所列的差商表写出其牛顿插值多项式.

(2) 改变任意两个节点的位置后，列出其差商表以及牛顿插值多项式和拉格朗日插值多项式.

表 5.7　插值节点值

x_i	1	2	3	4
$f(x_i)$	-8	-5	4	25

解　(1) 函数 $y = f(x)$ 的差商表结果如表 5.8 所示.

表 5.8　差商表结果

x_i	$f(x_i)$	一阶差商	二阶差商	三阶差商
1	-8			
2	-5	3		
3	4	9	3	
4	25	21	6	1

则三次牛顿插值多项式为

$$N_3(x) = -8 + 3(x-1) + 3(x-1)(x-2) + (x-1)(x-2)(x-3)$$
$$= x^3 - 3x^2 + 5x - 11.$$

(2) 改变第三个和第四个节点的位置后，得到新的差商表结果如表 5.9 所示.

表 5.9　差商表结果

x_i	$f(x_i)$	一阶差商	二阶差商	三阶差商
1	-8			
2	-5	3		
4	25	15	4	
3	4	21	6	1

5.3 牛顿插值

此时, 牛顿插值多项式为

$$N_3(x) = -8 + 3(x-1) + 4(x-1)(x-2) + (x-1)(x-2)(x-4)$$
$$= x^3 - 3x^2 + 5x - 11.$$

可见改变差商表中插值节点的顺序不改变牛顿插值多项式.

进一步, 拉格朗日插值多项式为

$$\begin{aligned}P_3(x) = &-8\frac{(x-2)(x-4)(x-3)}{(1-2)(1-4)(1-3)} + 3\frac{(x-1)(x-4)(x-3)}{(2-1)(2-4)(2-3)} \\ &+ 4\frac{(x-1)(x-2)(x-3)}{(4-1)(4-2)(4-3)} + \frac{(x-1)(x-2)(x-4)}{(3-1)(3-2)(3-4)}\\ =& x^3 - 3x^2 + 5x - 11.\end{aligned}$$

可见, 拉格朗日插值多项式和牛顿插值多项式的表达式一样. 事实上, $P_n(x)$ 和 $N_n(x)$ 均是 n 次多项式, 且均满足插值条件:

$$P_n(x_k) = N_n(x_k) = f(x_k), \quad k = 0, 1, \cdots, n.$$

由多项式的唯一性, $P_n(x) = N_n(x)$, 因而两个公式的余项是相等的. 这也说明, 牛顿插值多项式和拉格朗日插值多项式具有一样的插值余项, 即

$$f[x, x_0, x_1, \cdots, x_n]\omega_n(x) = \frac{f^{(n+1)}(\xi)}{(n+1)!}\omega_n(x),$$

其中 $\omega_n(x) = (x-x_0)(x-x_1)\cdots(x-x_n)$. 由于两类插值问题的解法相同, 结果相同, 仅仅是形式不同而已, 因而它们的余项是相同的, 即

$$f[x_0, x_1, \cdots, x_n, x] = \frac{1}{(n+1)!}f^{(n+1)}(\xi).$$

从此式可以得到: 当 $n > k$ 时, k 次多项式的 n 阶差商或 n 阶差分均为零; 当 $n = k$ 时, 其差商为常数. 在例 5.9 中, $f(x) = x^3 - 3x^2 + 5x - 11$, 而 $f(x) = P_4(x) + R_4(x)$, 由于 $R_4(x) = \frac{1}{5!}f^{(5)}(\xi)\omega_4(x)$, 而 $f^{(5)}(\xi) = 0$, 故 $R_4(x) = 0$, 于是 $f(x) = P_4(x)$, 所以 $P_4(x) = x^3 - 3x^2 + 5x - 11$.

此外, 当插值多项式从 $n-1$ 次增加到 n 次时, 拉格朗日插值必须重新计算所有的插值基函数; 而对于牛顿型插值, 只需用表格再计算一个 n 阶差商, 然后加上一项即可.

5.3.5 等距牛顿插值公式

如果插值节点为等距节点: $x_k = x_0 + kh\ (k = 0, 1, \cdots, n)$, 如图 5.5 所示.

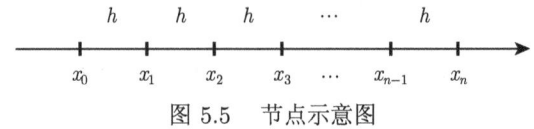

图 5.5 节点示意图

其中, h 称为步长, 函数 $y = f(x)$ 在 x_k 的函数值为 $y_k = f(x_k)$.

差分的概念

(1) 一阶差分: $\Delta y_k = y_{k+1} - y_k$.

(2) 二阶差分: $\Delta^2 y_k = \Delta y_{k+1} - \Delta y_k = (y_{k+2} - y_{k+1}) - (y_{k+1} - y_k)$.

一般地, m 阶差分用 $m-1$ 阶差分来定义: $\Delta^m y_k = \Delta^{m-1} y_{k+1} - \Delta^{m-1} y_k$. 以上定义的是向前差分: 从 x_k 起向前 $x_{k+1}, x_{k+2}, \cdots$ 的函数值的差, Δ 称为向前差分算子. 而下面定义向后差分, ∇ 表示向后差分算子, $\nabla y_k = y_k - y_{k-1}$, $\nabla^2 y_k = \nabla y_k - \nabla y_{k-1} = (y_k - y_{k-1}) - (y_{k-1} - y_{k-2}), \cdots, \nabla^m y_k = \nabla^{m-1} y_k - \nabla^{m-1} y_{k-1}$ 分别称为一阶、二阶、$\cdots$、m 阶向后差分.

差分的性质

性质 5.4 n 阶差分是 $n+1$ 个函数值的线性组合,

$$\Delta^n y_k = y_{k+n} - C_n^1 y_{k+n-1} + C_n^2 y_{k+n-2} + \cdots + (-1)^i C_n^i y_{k+n-i} + \cdots + (-1)^n C_n^n y_k$$

$$= \sum_{i=0}^{n} (-1)^i C_n^i y_{k+n-i}.$$

证明 当 $n = 1$ 时, $\Delta y_k = y_{k+1} - y_k$;

当 $n = 2$ 时, $\Delta^2 y_k = \Delta y_{k+1} - \Delta y_k = (y_{k+2} - y_{k+1}) - (y_{k+1} - y_k) = (y_{k+2} - 2y_{k+1} + y_k)$;

当 $n = 3$ 时, $\Delta^3 y_k = \Delta^2 y_{k+1} - \Delta^2 y_k = (y_{k+3} - 2y_{k+2} + y_{k+1}) - (y_{k+2} - 2y_{k+1} + y_k) = y_{k+3} - 3y_{k+2} + 3y_{k+1} - y_k$.

一般地, 可用数学归纳法证明此公式. 对于向后差分, 也有类似的公式, 例如

$$\nabla^3 y_k = y_k - 3y_{k-1} + 3y_{k+1} - y_{k-3}.$$

性质 5.5 在等距插值的情况下, 差分和差商有如下关系:

$$f[x_k, x_{k+1}, \cdots, x_{k+m}] = \frac{1}{m! h^m} \Delta^m y_k.$$

5.3 牛顿插值

证明 因为
$$x_{k+1} - x_k = h, \quad x_{k+2} - x_k = 2h,$$
所以
$$f[x_k, x_{k+1}] = \frac{y_{k+1} - y_k}{x_{k+1} - x_k} = \frac{1}{h}\Delta y_k,$$

$$f[x_k, x_{k+1}, x_{k+2}] = \frac{f[x_{k+2}, x_{k+1}] - f[x_{k+1}, x_k]}{x_{k+2} - x_k}$$
$$= \frac{1}{2h}\left(\frac{1}{h}\Delta y_{k+1} - \frac{1}{h}\Delta y_k\right) = \frac{1}{2h^2}\Delta^2 y_k,$$

$$f[x_k, x_{k+1}, x_{k+2}, x_{k+3}] = \frac{f[x_{k+3}, x_{k+2}, x_{k+1}] - f[x_{k+2}, x_{k+1}, x_k]}{x_{k+3} - x_k}$$
$$= \frac{1}{3h}\left(\frac{1}{2h}\Delta^2 y_{k+1} - \frac{1}{2h}\Delta^2 y_k\right)$$
$$= \frac{1}{6h^3}\Delta^3 y_k.$$

设等距节点 $x_k = x_0 + kh$, 记 $y_k = f(x_k), k = 0, 1, \cdots, n$. 当 $x \in [x_0, x_n]$ 时, 令 $x = x_0 + th, 0 \leqslant t \leqslant n$. 如图 5.6 所示.

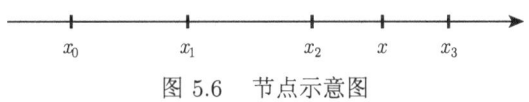

图 5.6 节点示意图

当 x 在 x_2, x_3 的中点时, $x = x_0 + 2.5h$. 将牛顿插值公式中的差商用差分 (性质 5.5 的公式) 代替, 而 $x - x_k = (x_0 + th) - (x_0 + kh) = (t - k)h$, 从而, 牛顿插值公式在等距插值节点下的形式为

$$N_n(x) = y_0 + t\Delta y_0 + \frac{1}{2!}t(t-1)\Delta^2 y_0 + \frac{1}{3!}t(t-1)(t-2)\Delta^3 y_0$$
$$+ \cdots + \frac{1}{n!}t(t-1)\cdots(t-n+1)\Delta^n y_0,$$

余项为

$$R_n(x) = \frac{1}{(n+1)!}f^{(n+1)}(\xi)\omega_n(x) = \frac{1}{(n+1)!}f^{(n+1)}(\xi)h^{n+1}t(t-1)\cdots(t-n).$$

这是等距牛顿向前插值公式. 下面来推导等距牛顿向后插值公式.

令 $x = x_n + th$ $(-n \leqslant t \leqslant 0)$, 这时 $x_{n-k} = x_n - kh$, $x - x_{n-k} = (t+k)h$,

$$N_n(x) = y_n + t\nabla y_n + \frac{1}{2!}t(t+1)\nabla^2 y_n + \frac{1}{3!}t(t+1)(t+2)\nabla^3 y_n$$
$$+ \cdots + \frac{1}{n!}t(t+1)\cdots(t+n-1)\nabla^n y_n,$$

余项为

$$R_n(x) = \frac{1}{(n+1)!}f^{(n+1)}(\xi)h^{n+1}t(t+1)\cdots(t+n).$$

例 5.10 设 $y = f(x) = e^x$, 插值节点为 $x = 1, 1.5, 2, 2.5, 3$, 相应的函数值如表 5.10 所示, 求 $f(2.2)$.

表 5.10 计算结果

x_i	y_i	Δy_i	$\Delta^2 y_i$	$\Delta^3 y_i$	$\Delta^4 y_i$
1	2.71828	1.76341	1.14396	0.74210	0.48146
1.5	4.48169	2.90737	1.88606	1.22356	
2	7.28906	4.79343	3.10962		
2.5	12.18249	7.90305			
3	20.08554				

解 精确值 $f(2.2) = e^{2.2} = 9.02501$. 此时 $[x_k, x_{k+1}]$, $x = 2.2 = 1 + 2.4h$, 故 $t = 2.4$, 于是 $N_2(2.2) = y_0 + t\Delta y_0 + \frac{1}{2!}t(t-1)\Delta^2 y_0 = 8.87232$.

求 $N_3(2.2)$ 时, 在 $N_2(2.2)$ 后加一项

$$\frac{1}{3!}t(t-1)(t-2)\Delta^3 y_0 = \frac{1}{6} \times 2.4 \times (2.4-1) \times (2.4-2) \times 0.74210$$
$$= 0.16623,$$

所以

$$N_3(2.2) = N_2(2.2) + 0.16623 = 9.03855.$$

求 $N_4(2.2)$ 时, 在 $N_3(2.2)$ 后再加一项

$$\frac{1}{4!}t(t-1)(t-2)(t-3)\Delta^4 y_0$$
$$= \frac{1}{24} \times 2.4 \times (2.4-1) \times (2.4-2) \times (2.4-3) \times 0.48146$$
$$= -0.01618,$$

所以
$$N_4(2.2) = N_3(2.2) - 0.01618 = 9.02237,$$
$$R_2 = 0.15269, \quad R_3 = 0.01354, \quad R_4 = 0.00264.$$

小 节 测 试

1. 插值多项式的构造不需要数据点的函数值. (判断)

2. 插值多项式在添加新的插值节点后, 之前计算的差商需要被全部重新计算. (判断)

3. 插值法在处理等间距数据点时与在处理非等间距数据点时效率相同. (判断)

4. 牛顿插值法中, 差商的计算依赖于每个数据点的_____和_____. (填空)

5. 插值多项式的一般形式是一个关于差商和_____的乘积序列. (填空)

6. 牛顿插值法中, 增加插值节点的影响是 (单选)

    A. 需要重新计算所有差商

    B. 只需计算新点的差商并添加到多项式中

    C. 插值多项式的次数减少

    D. 插值多项式的次数不变

7. 牛顿插值法与拉格朗日插值法相比, 其主要优势表现在: (单选)

    A. 更适合高阶插值   B. 更容易更新插值多项式

    C. 更低的计算复杂度   D. 更适合少量数据点

8. 牛顿插值法中, 哪一项是用来评估插值多项式在新添加数据点后变化的? (单选)

    A. 插值误差   B. 差商

    C. 多项式系数   D. 插值节点的数量

9. 在使用牛顿插值法时, 应该注意哪些方面以确保插值的准确性和稳定性? (多选)

    A. 选择合适的插值节点

    B. 精确计算差商

    C. 控制插值多项式的次数以避免过拟合

    D. 考虑数据的变化率和波动性

10. 牛顿插值的哪些特点使其在某些情况下优于拉格朗日插值? (多选)

    A. 计算更加复杂   B. 更容易添加新的插值节点

    C. 允许逐步构建插值多项式   D. 更适合处理大量数据点

11. 讨论牛顿插值法在动态数据集 (数据点逐渐增加) 中的应用优势, 并解释其如何实现高效更新. (思考)

12. 分析牛顿插值法在计算时可能面临的数值稳定性问题, 并讨论如何缓解这些问题. (思考)

习题解析

5.4 分段线性插值

5.4.1 分段线性插值问题的提出

给定区间 $[a,b]$, 将其分割成 $a < x_0 < x_1 < \cdots < x_n = b$, 已知函数 $y = f(x)$ 在这些插值节点的函数值为 $y_k = f(x_k), k = 0, 1, \cdots, n$. 求一个分段函数 $P(x)$, 使其满足:

(1) $P(x_k) = y_k, k = 0, 1, \cdots, n$;

(2) 在每个区间 $[x_k, x_{k+1}]$ 上, $P(x)$ 是一次函数, 如图 5.7 所示.

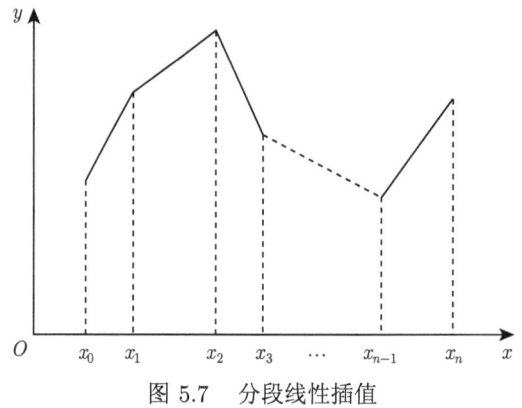

图 5.7　分段线性插值

易知, $P(x)$ 是折线函数, 在每个区间 $[x_k, x_{k+1}]$ $(k = 0, 1, \cdots, n-1)$ 上, 利用拉格朗日插值可得

$$P(x) = \frac{x - x_{k+1}}{x_k - x_{k+1}} y_k + \frac{x - x_k}{x_{k+1} - x_k} y_{k+1}.$$

于是, $P(x)$ 在 $[a,b]$ 上是连续的, 但由于其一阶导数在插值节点处不存在, 因此该分段线性插值函数导数是不连续的 (即不光滑).

5.4.2 分段线性插值的基函数

每个插值节点所对应的插值基函数 $l_i(x)$ 应当满足:

(1) $l_i(x)$ 是分段线性函数;

5.4 分段线性插值

(2) $l_i(x_k) = \begin{cases} 1, & k = i, \\ 0, & k \neq i, \end{cases}$ $\quad l_0(x) = \begin{cases} \dfrac{x - x_1}{x_0 - x_1}, & x \in [x_0, x_1], \\ 0, & 在其他点上. \end{cases}$

对于 $i = 1, \cdots, n-1$, 如图 5.8 所示.

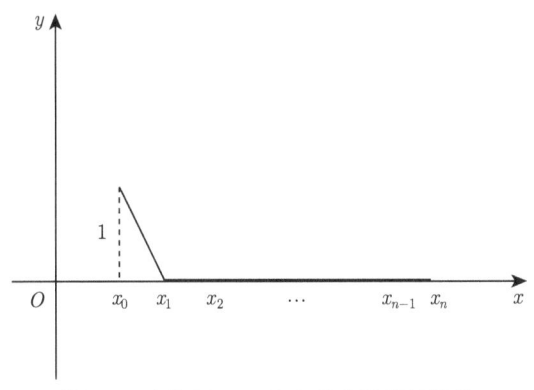

图 5.8 区间 $[x_0, x_1]$ 上的分段线性插值

$l_i(x) = \begin{cases} \dfrac{x - x_{i-1}}{x_i - x_{i-1}}, & x \in [x_{i-1}, x_i], \\ \dfrac{x - x_{i+1}}{x_i - x_{i+1}}, & x \in [x_i, x_{i+1}], \\ 0, & 在其他点上, \end{cases}$ $\quad l_n(x) = \begin{cases} \dfrac{x - x_{n-1}}{x_n - x_{n-1}}, & x \in [x_{n-1}, x_n], \\ 0, & 在其他点上. \end{cases}$

如图 5.9 所示.

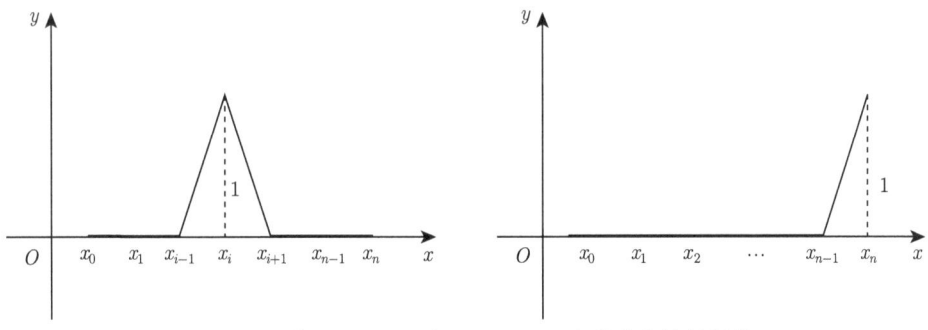

图 5.9 区间 $[x_{i-1}, x_i]$ 和 $[x_{n-1}, x_n]$ 上的分段线性插值

于是

$$P(x) = \sum_{k=0}^{n} y_k l_k(x),$$

此表达式与前面的表达式是相同的, 这是因为在区间 $[x_k, x_{k+1}]$ 上, 只有 $l_k(x)$, $l_{k+1}(x)$ 是非零的 (图 5.7), 其他基函数均为零, 即

$$P(x) = y_k l_k(x) + y_{k+1} l_{k+1}(x).$$

从分段线性插值函数的构造来看, 若节点函数值 y_i 有变, 只影响 $[x_{i-1}, x_i]$ 和 $[x_i, x_{i+1}]$ 两段, 其余分段函数不受影响. 这是分段插值的优点, 而拉格朗日插值没有这种性质.

例 5.11 已知函数 $y = f(x) = \dfrac{1}{1+x^2}$ 在区间 $[0,5]$ 上取等距插值节点, 如表 5.11 所示, 求区间上分段线性插值函数, 并利用它求出 $f(4.5)$ 的近似值.

表 5.11 分段线性插值节点值

x_i	0	1	2	3	4	5
y_i	1	0.5	0.2	0.1	0.05882	0.03846

解 在每个分段区间 $[k, k+1]$ 上,

$$P(x) = \frac{x-(k+1)}{k-(k+1)} y_k + \frac{x-k}{(k+1)-k} y_{k+1} = -y_k(x-k-1) + y_{k+1}(x-k).$$

于是

$$P(x) = \begin{cases} -(x-1) + 0.5x, & x \in [0,1], \\ -0.5(x-2) + 0.2(x-1), & x \in [1,2], \\ -0.2(x-3) + 0.1(x-2), & x \in [2,3], \\ -0.1(x-4) + 0.05882(x-3), & x \in [3,4], \\ -0.05882(x-5) + 0.03846(x-4), & x \in [4,5], \end{cases}$$

$$P(4.5) = -0.05882 \times (4.5-5) + 0.03846 \times (4.5-4) = 0.04864.$$

根据拉格朗日线性插值函数的余项, 可以得到分段线性插值函数的插值误差估计: 对 $x \in [a,b]$, 当 $x \in [x_k, x_{k+1}]$ 时, $R(x) = \dfrac{1}{2} f''(\xi)(x-x_k)(x-x_{k+1})$, 则

$$|R(x)| = \left| \frac{1}{2} f''(\xi)(x-x_k)(x-x_{k+1}) \right|$$

$$= \frac{M}{2} |(x-x_k)(x-x_{k+1})|$$

$$\leqslant \frac{M}{2} \left| \left(\frac{x-x_k + x_{k+1}-x}{2} \right)^2 \right|$$

$$= \frac{M}{2}\frac{1}{4}(x_{k+1}-x_k)^2 \leqslant \frac{M}{8}h^2,$$

其中 $h = \max\limits_{0 \leqslant k \leqslant n-1}|x_{k+1}-x_k|$, $M = \max\limits_{x\in(a,b)}|f''(x)|$. 于是, 可以加密插值节点, 缩小插值区间, 使 h 减小, 从而减小插值误差.

小 节 测 试

1. 线性插值总是比高阶多项式插值更准确. (判断)

2. 插值可以完全消除龙格现象. (判断)

3. 三次样条插值确保每个分段上的插值多项式在端点处具有连续的_____ 和_____. (填空)

4. 插值的优点包括哪些? (多选)

　　A. 避免高次多项式的振荡问题

　　B. 减少计算量和提高数值稳定性

　　C. 适用于具有断点或尖点的函数

　　D. 在每个分段上都可以使用不同的插值策略

5. 分段插值在哪些情况下特别有用? (多选)

　　A. 当原始数据非常平滑时　　　　B. 当数据包含断点或尖点时

　　C. 当需要减少计算时间时　　　　D. 当数据集非常大时

6. 讨论分段插值方法在处理具有不同特性数据 (如大规模数据集、非均匀分布的数据点、含有异常值的数据) 时的适用性和挑战. (思考)

习题解析

5.5　分段埃尔米特插值

在数值逼近理论中, 插值方法的选择需平衡计算效率、光滑性与稳定性间的矛盾. 高次多项式插值 (如拉格朗日插值) 虽在全局范围内实现解析光滑, 但其阶数升高时易引发龙格现象 (Runge's phenomenon), 导致插值函数在区间边缘产生剧烈振荡, 同时因条件数恶化导致数值稳定性显著降低. 与之相对, 分段线性插值通过局部线性化将复杂度优化至 $O(n)$, 但其代价是插值函数仅具备连续性 (分段点处一阶导数不连续), 这在涉及曲率敏感的应用场景 (如机械运动轨迹规划、流体界面重构) 中会引入物理失真. 埃尔米特插值通过引入导数匹配条件, 在保持低阶分段结构的同时实现一阶连续可微或更高阶光滑性. 该方法不仅继承分段插值的计算效率与数值稳定性, 还通过节点处一阶导数 (或高阶导数) 的连续性约束消除几何畸变, 其插值函数可表示为分段三次多项式形式, 完美平衡计算成本与光滑性需求. 这一特性使其在 CAD 曲面建模、有限元法应力场重构及航天器轨道设计等工程领域具有不可替代的优势, 成为处理光滑性敏感问题的标准数值工具.

5.5.1 分段埃尔米特插值多项式

设在节点 $a = x_0 < x_1 < x_2 < \cdots < x_n = b$ 上给出插值条件 $f(x_j) = y_j$, $f'(x_j) = m_j$, $j = 0, 1, \cdots, n$, 因而在小区间 $[x_{i-1}, x_i]$ 上有插值条件

$$\begin{cases} f(x_{i-1}) = y_{i-1}, f(x_i) = y_i, \\ f'(x_{i-1}) = m_{i-1}, f'(x_i) = m_i. \end{cases}$$

故能构造一个三次多项式. 分段埃尔米特插值多项式具有如下形式:

$$H_i(x) = \varphi_{i-1}(x)y_{i-1} + \varphi_i(x)y_i + \psi_{i-1}(x)m_{i-1} + \psi_i(x)m_i,$$

其中 $\varphi_{i-1}(x), \varphi_i(x), \psi_{i-1}(x), \psi_i(x)$ 都是三次多项式, 称为埃尔米特插值基函数, 其满足以下条件:

(1) $\varphi_{i-1}(x_{i-1}) = 1, \varphi_{i-1}(x_i) = 0, \varphi'_{i-1}(x_{i-1}) = 0, \varphi'_{i-1}(x_i) = 0$;
(2) $\varphi_i(x_{i-1}) = 0, \varphi_i(x_i) = 1, \varphi'_i(x_{i-1}) = 0, \varphi'_i(x_i) = 0$;
(3) $\psi_{i-1}(x_{i-1}) = 0, \psi_{i-1}(x_i) = 0, \psi'_{i-1}(x_{i-1}) = 1, \psi'_{i-1}(x_i) = 0$;
(4) $\psi_i(x_{i-1}) = 0, \psi_i(x_i) = 0, \psi'_i(x_{i-1}) = 0, \psi'_i(x_i) = 1$,

$H_i(x_{i-1}) = \varphi_{i-1}(x_{i-1})y_{i-1} + \varphi_i(x_{i-1})y_i + \psi_{i-1}(x_{i-1})m_{i-1} + \psi_i(x_{i-1})m_i = y_{i-1}$,
$H'_i(x_{i-1}) = \varphi'_{i-1}(x_{i-1})y_{i-1} + \varphi'_i(x_{i-1})y_i + \psi'_{i-1}(x_{i-1})m_{i-1} + \psi'_i(x_{i-1})m_i = m_{i-1}$.

容易验证:

$$H_i(x_{i-1}) = y_{i-1}, \quad H_i(x_i) = y_i,$$
$$H'_i(x_{i-1}) = m_{i-1}, \quad H'_i(x_i) = m_i.$$

分段埃尔米特插值多项式在区间 $[a, b]$ 上一次连续可微.

5.5.2 分段埃尔米特插值基函数的计算

(1) 求解基函数 $\varphi_{i-1}(x)$, $\varphi_i(x)$, 记 $h_i \stackrel{\triangle}{=} x_i - x_{i-1}$. 因为 $\varphi_{i-1}(x_i) = 0, \varphi'_{i-1}(x_i) = 0$, 所以可将 $\varphi_{i-1}(x)$ 写成

$$\varphi_{i-1}(x) = (kx + b)(x - x_i)^2,$$

将 $\varphi_{i-1}(x_{i-1}) = 1, \varphi'_{i-1}(x_{i-1}) = 0$ 代入上式可得

$$(kx_{i-1} + b)h_i^2 = 1, \quad kh_i^2 - 2h_i(kx_{i-1} + b) = 0,$$

解得
$$k = 2h_i^{-3}, \quad b = (x_i - 3x_{i-1})h_i^{-3},$$

因此有
$$\varphi_{i-1}(x) = \left(1 + 2\frac{x - x_{i-1}}{h_i}\right)\left(\frac{x - x_{i-1}}{h_i}\right)^2,$$

同理可得
$$\varphi_i(x) = \left(1 - 2\frac{x - x_i}{h_i}\right)\left(\frac{x - x_{i-1}}{h_i}\right)^2.$$

(2) 求解基函数 $\psi_{i-1}(x), \psi_i(x)$,
$$\psi_{i-1}(x) = k(x - x_{i-1})(x - x_i)^2,$$

由 $\psi'_{i-1}(x_{i-1}) = 1$ 可得
$$kh_i^2 = 1, \quad k = h_i^{-2},$$

同理可得
$$\psi_{i-1}(x) = \frac{1}{h_i^2}(x - x_{i-1})(x - x_i)^2, \quad \psi_i(x) = \frac{1}{h_i^2}(x - x_i)(x - x_{i-1})^2,$$

所以小区间 $[x_{i-1}, x_i]$ 上埃尔米特插值函数具体表达式为
$$H_i(x) = \frac{1}{h_i^3}[(2x + x_i - 3x_{i-1})(x - x_i)^2 y_{i-1} + (3x_i - 2x - x_{i-1})(x - x_{i-1})^2 y_i]$$
$$+ \frac{1}{h_i^2}[(x - x_{i-1})(x - x_i)^2 m_{i-1} + (x - x_i)(x - x_{i-1})^2 m_i].$$

例 5.12 利用埃尔米特插值基函数方法,试求一个三次多项式 $p(x)$ 使其满足
$$p(1) = 2, \quad p(2) = 3, \quad p'(1) = 0, \quad p'(2) = -1.$$

解 考虑区间 $[1, 2]$,令 $x_0 = 1, x_1 = 2$.
插值条件: $y_0 = 2, y_1 = 3, y'_0 = 0, y'_1 = -1$.
分段埃尔米特插值多项式
$$p(x) = \varphi_0(x)y_0 + \varphi_1(x)y_1 + \psi_0(x)y'_0 + \psi_1(x)y'_1$$

满足以下条件:
$$\varphi_0(x_0) = 1, \quad \varphi_0(x_1) = 0, \quad \varphi'_0(x_0) = 0, \quad \varphi'_0(x_1) = 0,$$

$$\varphi_1(x_0) = 0, \quad \varphi_1(x_1) = 1, \quad \varphi_1'(x_0) = 0, \quad \varphi_1'(x_1) = 0,$$
$$\psi_0(x_0) = 0, \quad \psi_0(x_1) = 0, \quad \psi_0'(x_0) = 1, \quad \psi_0'(x_1) = 0,$$
$$\psi_1(x_0) = 0, \quad \psi_1(x_1) = 0, \quad \psi_1'(x_0) = 0, \quad \psi_1'(x_1) = 1.$$

求解基函数:

$$\varphi_0(x) = \left(1 + 2\frac{x - x_0}{x_1 - x_0}\right)\left(\frac{x - x_0}{x_1 - x_0}\right)^2, \quad \psi_0(x) = (x - x_0)\left(\frac{x - x_1}{x_0 - x_1}\right)^2,$$

$$\varphi_1(x) = \left(1 + 2\frac{x - x_1}{x_0 - x_1}\right)\left(\frac{x - x_0}{x_1 - x_0}\right)^2, \quad \psi_1(x) = (x - x_1)\left(\frac{x - x_0}{x_1 - x_0}\right)^2,$$

代入已知点的坐标可得

$$\begin{aligned}
p(x) &= y_0\varphi_0(x) + y_1\varphi_1(x) + y_0'\psi_0(x) + y_1'\psi_1(x) \\
&= y_0\left(1 + 2\frac{x - x_0}{x_1 - x_0}\right)\left(\frac{x - x_1}{x_0 - x_1}\right)^2 + y_1\left(1 + 2\frac{x - x_1}{x_0 - x_1}\right)\left(\frac{x - x_0}{x_1 - x_0}\right)^2 \\
&\quad + y_0'(x - x_0)\left(\frac{x - x_1}{x_0 - x_1}\right)^2 + y_1'\left(\frac{x - x_0}{x_1 - x_0}\right)^2 \\
&= 2(1 + 2(x - 1))(x - 2)^2 + 3(1 - 2(x - 2))(x - 1)^2 - (x - 2)(x - 1)^2 \\
&= -3x^3 + 12x^2 - 17x + 9.
\end{aligned}$$

小 节 测 试

1. 分段埃尔米特插值仅使用数据点的函数值进行插值. (判断)

2. 分段埃尔米特插值中的每个分段都可以有不同的多项式次数. (判断)

3. 分段埃尔米特插值通常使用_____ 次多项式来确保在分段端点的一阶导数连续. (填空)

4. 分段埃尔米特插值相比于分段线性插值的主要优势是什么? (单选)

    A. 需要更少的数据点   B. 插值曲线更平滑

    C. 计算复杂度更低   D. 不需要导数信息

5. 在分段埃尔米特插值中, 如果要增加曲线的灵活性并更好地控制形状, 应如何操作? (单选)

    A. 增加插值节点的数量   B. 降低多项式的次数

    C. 提高多项式的次数   D. 调整插值节点处的导数值

6. 分段埃尔米特插值适用于哪些情况? (多选)

A. 当数据点较少时　　　　　　B. 当需要高度平滑的曲线时
C. 当数据具有高频振荡时　　　D. 当已知数据点处的导数信息时

7. 分段埃尔米特插值的优点有哪些? (多选)

A. 对于所有函数都有最佳拟合
B. 在插值节点提供高度的平滑性
C. 允许在每个插值节点处控制曲线的形状
D. 适用于有大量数据点的情况

8. 在分段埃尔米特插值中, 如何处理数据中的异常值或噪声, 以确保插值结果的准确性和可靠性? 讨论可能的策略和方法. (思考)

习题解析

5.6　样条插值函数

样条插值的核心思想是构造分段低次多项式, 同时在节点处施加特定的连续性条件. 特别地, 三次样条插值要求在节点处函数值、一阶导数和二阶导数均连续, 这不仅确保了曲线的高度光滑性[11,12], 还避免了高次插值带来的振荡问题. 与埃尔米特插值不同, 样条插值无须预先知道节点处的导数值, 而是通过整体约束条件自然地确定这些参数, 使得构造过程更为简洁高效. 从物理学角度看, 三次样条具有最小化曲率能量的最优性质, 这与弹性理论高度吻合. 这一特性可追溯到样条的词源——在传统工程制图中, 工程师常用富有弹性的细木条 (即 "样条", spline) 通过压铁固定在关键点上, 让其在其他位置自然弯曲形成光滑曲线 (见图 5.10). 这种物理实现恰好符合弹性能量最小化原理, 而三次样条的数学模型精确地捕捉了这一物理特性. 样条插值凭借其卓越的数值稳定性、高阶光滑性和理论优雅性, 已成为计算机辅助设计、数据分析、数值微积分和信号处理等众多领域的基础工具, 代表了数值分析中插值理论的重要发展方向.

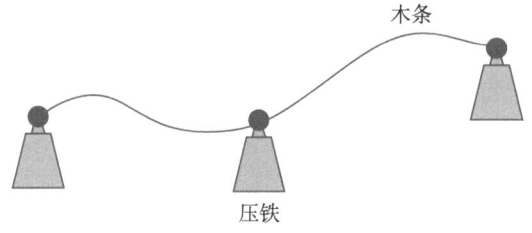

图 5.10　样条曲线的示意图

5.6.1　样条函数

在 $[a,b]$ 上取 $n+1$ 个插值节点 $a = x_0 < x_1 < x_2 < \cdots < x_n = b$, 已知函数 $y = f(x)$ 在这 $n+1$ 个点的函数值为 $y_k = f(x_k)$, 则在 $[a,b]$ 上函数 $y = f(x)$ 的

m 次样条插值函数 $S(x)$ 满足:

(1) $S(x)$ 在 (a,b) 上直到 $m-1$ 阶导数连续;

(2) $S(x_k) = y_k$;

(3) 在区间 $[x_k, x_{k+1}]$ $(k=0,1,\cdots,n-1)$ 上, $S(x)$ 是 m 次多项式.

5.6.2 三次样条函数

在 $[a,b]$ 上函数 $y = f(x)$ 的三次样条函数 $S(x)$ 满足:

(1) $S(x)$ 在 (a,b) 上有连续的二阶导数, 即 $S(x_k - 0) = S(x_k + 0)$, $S'(x_k - 0) = S'(x_k + 0)$, $S''(x_k - 0) = S''(x_k + 0), k = 1, 2, \cdots, n-1$.

(2) $S(x_k) = y_k, k = 0, 1, \cdots, n$;

(3) 在区间 $[x_k, x_{k+1}]$ $(k=0,1,\cdots,n-1)$ 上, $S(x)$ 是三次多项式.

例 5.13 确定 a,b,c,d 使函数 $S(x) = \begin{cases} x^2 + 2x^3, & 0 \leqslant x \leqslant 1, \\ a + bx + cx^2 + dx^3, & 1 < x \leqslant 3 \end{cases}$

是一个三次样条函数, 且 $S'''(2) = 12$.

解 由已知可得

$$a + b + c + d = 3 \Leftrightarrow S(1+0) = S(1-0),$$
$$b + 2c + 3d = 8 \Leftrightarrow S'(1+0) = S'(1-0),$$
$$2c + 6d = 14 \Leftrightarrow S''(1+0) = S''(1-0),$$
$$6d = 12 \Leftrightarrow S'''(2) = 12.$$

解之得

$$a = 0, \quad b = 0, \quad c = 1, \quad d = 2.$$

由定义可知, 三次样条函数在每个小区间上都是一个三次多项式, 即存在 4 个待定的多项式系数, 故在整个插值区间 $[a,b]$ 上共有 n 个三次多项式, 共计 $4n$ 个待定系数. 为唯一确定每个小区间上的三次多项式, 则需要 $4n$ 个等量关系. 由三次样条函数满足的条件 (1) 可得 $3(n-1)$ 个等量关系, 由条件 (2) 可得 $n+1$ 个等量关系, 共计 $4n-2$ 个等量关系. 因此, 还需在端点处 (即 $x = a, x = b$) 附加 2 个边界条件. 常用的两种边界条件为: ①端点处一阶导数可知, 即 $S'(a) = y'_0, S'(b) = y'_n$; ②端点处二阶导数可知, 即 $S''(a) = y''_0, S''(b) = y''_n$.

5.6.3 三次样条函数的计算

由三次样条函数的二阶导数连续, 设其在节点 $x_k (k = 0, 1, \cdots, n)$ 上的导数 m_k 是未知、待定的数. 因 $S(x)$ 是分段三次多项式, 则 $S''(x)$ 是分段一次多项式,

5.6 样条插值函数

即在每个区间 $[x_k, x_{k+1}]$ 内由拉格朗日线性插值公式可得

$$S''(x) = \frac{x_{k+1} - x}{x_{k+1} - x_k} m_k + \frac{x - x_k}{x_{k+1} - x_k} m_{k+1}.$$

记 $h_k = x_{k+1} - x_k$, 则

$$S''(x) = \frac{x_{k+1} - x}{h_k} m_k + \frac{x - x_k}{h_k} m_{k+1}.$$

将上式在区间 $[x_k, x_{k+1}]$ 上积分两次, 并且由 $S(x_k) = y_k$, $S(x_{k+1}) = y_{k+1}$ 来确定两个积分常数. 当 $x \in [x_k, x_{k+1}]$ 时,

$$S(x) = -\frac{(x - x_{k+1})^3}{6h_k} m_k + \frac{(x - x_k)^3}{6h_k} m_{k+1}.$$

利用 $S(x)$ 一阶导数连续的性质, 对上式求导, 得

$$S'(x) = -\frac{(x - x_{k+1})^2}{2h_k} m_k + \frac{(x - x_k)^2}{2h_k} m_{k+1} - \frac{h_k}{6}(m_{k+1} - m_k) + \frac{1}{h_k}(y_{k+1} - y_k).$$

在上式中, 令 $x = x_k$, 得

$$S'(x_k + 0) = -\frac{h_k}{6} m_{k+1} - \frac{h_k}{3} m_k + \frac{y_{k+1} - y_k}{h_k}.$$

将上式中的 k 换成 $k-1$, 得 $S'(x)$ 在 $[x_{k-1}, x_k]$ 上的表达式, 用 $x = x_k$ 代入, $S'(x_k - 0) = \frac{h_{k-1}}{6} m_{k-1} + \frac{h_{k-1}}{3} m_k + \frac{y_k - y_{k-1}}{h_k}$, 而 $S'(x_k + 0) = S'(x_k - 0)$, 联立上述两式, 得到关于 m_k 的方程:

$$\frac{h_{k-1}}{6} m_{k-1} + \frac{h_k + h_{k-1}}{3} m_k + \frac{h_k}{6} m_{k+1} = \frac{y_{k+1} - y_k}{h_k} - \frac{y_k - y_{k-1}}{h_{k-1}}, \quad k = 1, 2, \cdots, n-1.$$

两边乘以 $\dfrac{6}{h_k + h_{k-1}}$, 得

$$\frac{h_{k-1}}{h_k + h_{k-1}} m_{k-1} + 2m_k + \frac{h_k}{h_k + h_{k-1}} m_{k+1} = \frac{6}{h_k + h_{k-1}} \left(\frac{y_{k+1} - y_k}{h_k} - \frac{y_k - y_{k-1}}{h_{k-1}} \right),$$

上式中, 等式左边含未知量 m_{k-1}, m_k, m_{k+1}, 等式右边 y_{k-1}, y_k, y_{k+1} 是已知的, 令

$$\lambda_k = \frac{h_{k-1}}{h_k + h_{k-1}}, \quad \mu_k = \frac{h_k}{h_k + h_{k-1}} = 1 - \lambda_k,$$

$$C_k = \frac{6}{h_k + h_{k-1}} \left(\frac{y_{k+1} - y_k}{h_k} - \frac{y_k - y_{k-1}}{h_{k-1}} \right),$$

则得

$$\lambda_k m_{k-1} + 2m_k + \mu_k m_{k+1} = C_k, \quad k = 1, 2, \cdots, n-1.$$

这是含有 $n+1$ 个未知量 $m_0, m_1, \cdots, m_n$, 共有 $n-1$ 个方程组成的线性方程组. 欲确定方程的解, 尚缺 2 个方程. 因此, 求三次样条函数还要 2 个附加条件.

第一类问题: 附加条件为 $S''(x_0) = m_0, S''(x_n) = m_n$. 则方程组为

$$\begin{cases} 2m_1 + \mu_1 m_2 = C_1 - \lambda_1 m_0, \\ \lambda_2 m_1 + 2m_2 + \mu_2 m_3 = C_2, \\ \lambda_3 m_2 + 2m_3 + \mu_2 m_3 = C_3, \\ \lambda_{n-2} m_{n-3} + 2m_{n-2} + \mu_{n-2} m_{n-1} = C_{n-2}, \\ \lambda_{n-1} m_{n-2} + 2m_{n-1} = C_{n-1} - \mu_{n-1} m_n. \end{cases}$$

其系数矩阵为

$$\begin{bmatrix} 2 & \mu_1 & & & & \\ \lambda_2 & 2 & \mu_2 & & & \\ & \lambda_3 & 2 & \mu_3 & & \\ & & \ddots & \ddots & \ddots & \\ & & & \lambda_{n-2} & 2 & \mu_{n-2} \\ & & & & \lambda_{n-1} & 2 \end{bmatrix},$$

这是一个三对角矩阵, 由于 $\lambda_k + \mu_k = 1 < 2$, 因而它是严格对角占优的. 原方程组是一个三对角方程组, 可以用追赶法求解.

第二类问题: 给出边界端点的一阶导数值为 $S'(x_0) = y'_0, S'(x_n) = y'_n$. 利用前面已推导的公式: 当 $x \in [x_k, x_{k+1}]$ 时,

$$S'(x) = -\frac{(x - x_{k+1})^2}{2h_k} m_k + \frac{(x - x_k)^2}{2h_k} m_{k+1} - \frac{h_k}{6}(m_{k+1} - m_k) + \frac{1}{h_k}(y_{k+1} - y_k).$$

取 $k = 0$, $x = x_n$, 得

$$y'_0 = -\frac{h_0}{3} m_0 - \frac{h_0}{6} m_1 + \frac{y_1 - y_0}{h_0}.$$

取 $k = n-1$, $x = x_n$, 得

$$y'_n = \frac{h_{n-1}}{6} m_{n-1} + \frac{h_{n-1}}{3} m_n + \frac{y_n - y_{n-1}}{h_{n-1}},$$

5.6 样条插值函数

移项得

$$\begin{cases} 2m_0 + m_1 = \dfrac{6}{h_0}\left(\dfrac{y_1 - y_0}{h_0} - y_0'\right) = C_0, \\ m_{n-1} + 2m_n = \dfrac{6}{h_{n-1}}\left(y_n' - \dfrac{y_n - y_{n-1}}{h_{n-1}}\right) = C_n. \end{cases}$$

于是，可以建立如下方程组：

$$\begin{cases} 2m_0 + m_1 = C_0, \\ \lambda_1 m_0 + 2m_1 + \mu_1 m_2 = C_1, \\ \cdots\cdots \\ \lambda_{n-1} m_{n-2} + 2m_{n-1} + \mu_{n-1} m_n = C_{n-1}, \\ m_{n-1} + 2m_n = C_n. \end{cases}$$

其系数矩阵是严格对角占优的三对角矩阵

$$\begin{bmatrix} 2 & 1 & & & & \\ \lambda_1 & 2 & \mu_1 & & & \\ & \lambda_2 & 2 & \mu_2 & & \\ & & \ddots & \ddots & \ddots & \\ & & & \lambda_{n-1} & 2 & \mu_{n-1} \\ & & & & 1 & 2 \end{bmatrix},$$

从而可以用追赶法求解得到的三对角方程，得到 $m_0, m_1, \cdots, m_n$. 解出后可以得到三次样条函数的分段表达式，即当 $x \in [x_k, x_{k+1}]$ 时，

$$S(x) = -\dfrac{(x - x_{k+1})^3}{6h_k} m_k + \dfrac{(x - x_k)^3}{6h_k} m_{k+1} - \left(y_k - \dfrac{h_k^2}{6} m_k\right) \dfrac{x - x_{k+1}}{h_k}$$
$$+ \left(y_{k+1} - \dfrac{h_k^2}{6} m_{k+1}\right) \dfrac{x - x_k}{h_k}.$$

例 5.14 已知 $y = f(x)$ 在 $x_i(i = 0, 1, 2, 3)$ 的值如表 5.12 所示，且在 x_0 和 x_3 处的二阶导数值分别为 $m_0 = 0$，$m_3 = 0$，求函数的三次样条插值函数.

表 5.12 插值节点值

x_i	1	2	4	5
y_i	1	3	4	2

解 $h_0 = 1$, $h_1 = 2$, $h_2 = 1$;

$$\lambda_1 = \frac{1}{1+2} = \frac{1}{3}, \quad \mu_1 = 1 - \lambda_1 = \frac{2}{3}, \quad \lambda_2 = \frac{2}{1+2} = \frac{2}{3}, \quad \mu_2 = 1 - \lambda_2 = \frac{1}{3},$$

$$C_1 = \frac{6}{h_0 + h_1}\left(\frac{y_2 - y_1}{h_1} - \frac{y_1 - y_0}{h_0}\right) = \frac{6}{1+2}\left(\frac{4-3}{2} - \frac{3-1}{1}\right) = -3,$$

$$C_2 = \frac{6}{h_1 + h_2}\left(\frac{y_3 - y_2}{h_2} - \frac{y_2 - y_1}{h_1}\right) = \frac{6}{2+1}\left(\frac{2-4}{1} - \frac{4-3}{2}\right) = -5,$$

建立方程组

$$\begin{bmatrix} 2 & 2/3 \\ 2/3 & 2 \end{bmatrix} \begin{bmatrix} m_1 \\ m_2 \end{bmatrix} = \begin{bmatrix} -3 \\ -5 \end{bmatrix},$$

解得

$$m_1 = -\frac{3}{4}, \quad m_2 = -\frac{9}{4}.$$

从而得到函数的三次样条插值函数图像, 如图 5.11 所示.

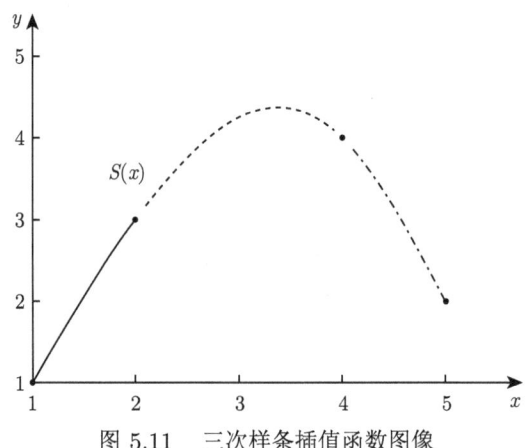

图 5.11　三次样条插值函数图像

当 $x \in [x_0, x_1] = [1, 2]$ 时,

$$S(x) = -\frac{(x-2)^3}{6} \times 0 + \frac{(x-1)^3}{6} \times \left(-\frac{3}{4}\right) - \left(1 - \frac{1}{6} \times 0\right)\frac{x-2}{1}$$

$$+ \left(3 - \frac{1}{6} \times \left(-\frac{3}{4}\right)\right)\frac{x-1}{1}$$

$$= -\frac{1}{8}x^3 + \frac{3}{8}x^2 + \frac{7}{4}x - 1.$$

当 $x \in [x_1, x_2] = [2, 4]$ 时,

$$S(x) = -\frac{(x-4)^3}{6 \times 2} \times \left(-\frac{3}{4}\right) + \frac{(x-2)^3}{6 \times 2} \times \left(-\frac{3}{4}\right) - \left(3 - \frac{2^2}{6} \times \left(-\frac{3}{4}\right)\right)\frac{x-4}{2}$$

$$+ \left(4 - \frac{2^2}{6} \times \left(-\frac{9}{4}\right)\right)\frac{x-2}{2} = -\frac{1}{8}x^3 + \frac{3}{8}x^2 + \frac{7}{4}x - 1.$$

当 $x \in [x_2, x_3] = [4, 5]$ 时,

$$S(x) = -\frac{(x-5)^3}{6} \times \left(-\frac{9}{4}\right) + \frac{(x-4)^3}{6} \times 0$$

$$- \left(4 - \frac{1}{6} \times \left(-\frac{9}{4}\right)\right)\frac{x-5}{1} + \left(2 - \frac{1}{6} \times 0\right)\frac{x-4}{1}$$

$$= \frac{3}{8}x^3 - \frac{45}{8}x^2 + \frac{103}{4}x - 33.$$

所以

$$S(x) = \begin{cases} -\dfrac{1}{8}x^3 + \dfrac{3}{8}x^2 + \dfrac{7}{4}x - 1, & 1 \leqslant x \leqslant 2, \\ -\dfrac{1}{8}x^3 + \dfrac{3}{8}x^2 + \dfrac{7}{4}x - 1, & 2 \leqslant x \leqslant 4, \\ \dfrac{3}{8}x^3 - \dfrac{45}{8}x^2 + \dfrac{103}{4}x - 33, & 4 \leqslant x \leqslant 5. \end{cases}$$

例 5.15 已知函数 $f(x)$ 的数值如表 5.13 所示.

表 5.13　节点数据值

x	0	0.15	0.30	0.45	0.60
$f(x)$	1	0.97800	0.91743	0.83160	0.73529

求满足边界条件 $S'(0) = 0$, $S'(0.6) = -0.64879$ 的三次样条函数 $S(x)$.

解

$$\begin{pmatrix} 2 & 1 & & & \\ \mu_1 & 2 & \lambda_1 & & \\ & \mu_2 & 2 & \lambda_2 & \\ & & \mu_3 & 2 & \lambda_3 \\ & & & 1 & 2 \end{pmatrix} \begin{pmatrix} M_0 \\ M_1 \\ M_2 \\ M_3 \\ M_4 \end{pmatrix} = \begin{pmatrix} d_0 \\ d_1 \\ d_2 \\ d_3 \\ d_4 \end{pmatrix},$$

由于是等距离节点, 则

$$h_i = x_i - x_{i-1} = 0.15, \quad i = 1, 2, 3, 4,$$

$$\mu_i = \frac{h_i}{h_i + h_{i+1}} = 0.5, \quad \lambda_i = \frac{h_{i+1}}{h_i + h_{i+1}} = 0.5.$$

对于区间端点有

$$d_0 = \frac{6}{h_1}(f[x_0, x_1] - y_0'), \quad d_4 = \frac{6}{h_4}(y_4' - f[x_3, x_4]),$$

对于区间内部节点有

$$d_i = 6f[x_{i-1}, x_i, x_{i+1}], \quad i = 1, 2, 3,$$

线性方程组

$$\begin{pmatrix} 2 & 1 & & & \\ 0.5 & 2 & 0.5 & & \\ & 0.5 & 2 & 0.5 & \\ & & 0.5 & 2 & 0.5 \\ & & & 1 & 2 \end{pmatrix} \begin{pmatrix} M_0 \\ M_1 \\ M_2 \\ M_3 \\ M_4 \end{pmatrix} = \begin{pmatrix} -5.86667 \\ -5.14267 \\ -3.36800 \\ -1.39733 \\ -0.26892 \end{pmatrix},$$

方程求解得

$$M_0 = -2.04452, \quad M_1 = -1.77763, \quad M_2 = -1.13032,$$
$$M_3 = -0.43711, \quad M_4 = 0.08409.$$

所以样条函数为

$$S(x) = \begin{cases} 0.29654x^3 - 1.02230x^2 + 1, & x \in [0.00, 0.15], \\ 0.71923x^3 - 1.21250x^2 + 0.02853x + 0.99857, & x \in [0.15, 0.30], \\ 0.77023x^3 - 1.25837x^2 + 0.04230x + 0.99720, & x \in [0.30, 0.45], \\ 0.57911x^3 - 1.00036x^2 - 0.07380x + 1.01461, & x \in [0.45, 0.60]. \end{cases}$$

小 节 测 试

1. 分段多项式在样条插值中必须是三次多项式. (判断)

2. 在样条插值中, 为了确保整个插值函数的平滑性, 必须使得每个分段点处的_____ 至少连续. (填空)

3. 在样条插值中，为了防止边界处的曲线出现不理想的振荡，可以采用_____ 边界条件. (填空)
4. 样条插值与多项式插值相比，其主要优势是什么？(单选)
   A. 需要的数据点更少
   B. 计算速度更快
   C. 更好地避免高次多项式的振荡问题
   D. 适用于任何类型的数据集
5. 样条插值适用于哪些情况？(多选)
   A. 当数据变化非常快时
   B. 当需要高度平滑的插值曲线时
   C. 当数据包含噪声时
   D. 当处理大量数据点时
6. 样条插值的优点包括哪些？(多选)
   A. 能够适应数据的局部特征
   B. 适用于所有类型的插值问题
   C. 在整个插值区间内保持函数的高度平滑
   D. 可以减少高次多项式插值的振荡问题
7. 讨论样条插值在解决多项式插值中的龙格现象问题时的效果和原理. (思考)

习题解析

5.7 案　　例

5.7.1 问题背景

在现代工业设计领域，复杂曲面的几何建模是汽车、船舶及飞行器空气动力学优化的核心课题. 以车身型线设计为例，其几何形态直接决定流场边界条件，进而影响气动阻力系数、湍流分离特性及高速行驶稳定性等关键性能指标. 传统经验驱动型设计模式依赖物理风洞试验与类比修正，存在迭代周期长、成本高昂的固有缺陷. 随着计算流体力学与数据驱动设计方法的发展，基于离散型值点数据的参数化建模成为工程实践的主流范式.

以某台汽车车门曲线型值点数据为例 (表 5.14)，端点条件为 $y_0' = 0.8, y_{10}' = 0.2$. 试寻找一种方法设计汽车车门型线，使之通过上述不动点，又能满足光滑性要求.

表 5.14　曲线型值点数据值

i	0	1	2	3	4	5	6	7	8	9	10
x_i	0	1	2	3	4	5	6	7	8	9	10
y_i	2.51	3.30	4.04	4.70	5.22	5.54	5.78	5.40	5.57	5.70	5.80

5.7.2 数学模型

汽车车身造型设计应在满足安全、经济、舒适的基础上流畅美观, 其型线必须光滑具有 "流线型", 即要求车身曲线具有连续二阶导数. 在已知上述 11 个型值点坐标以及两个端点条件的前提下设计出具有 "流线型" 的车身曲线, 显然可以通过三次样条插值来实现. 不失一般性, 设已知 $n+1$ 个型值点坐标 (x_i, y_i) $(i = 0, 1, \cdots, n)$ 和两个端点条件 $y_0' = f_0, y_n' = f_n$, 车门曲线为 $S(x)$, 使其满足下面 4 个条件:

(a) $S(x_i) = y_i$ $(i = 0, 1, \cdots, n)$;

(b) $S(x)$ 在每个小区间 $[x_i, x_{i+1}]$ $(i = 0, 1, \cdots, n-1)$ 上是三次多项式;

(c) $S(x)$ 在 $[x_0, x_n]$ 上有连续二阶导数;

(d) $S(x)$ 在两端点处满足一阶导数条件 $S'(x_0) = f_0, S'(x_n) = f_n$,

即 $S(x)$ 为第一型三次样条插值函数.

5.7.3 计算方法

每个小区间内三次样条函数记作 $S_i(x) = a_i + b_i(x-x_i) + c_i(x-x_i)^2 + d_i(x-x_i)^3$, 其中 $i = 0, 1, \cdots, n-1$, 则 $[x_0, x_n]$ 上的三次样条函数 $S(x)$ 形式如下:

$$S(x) = \begin{cases} S_0(x) = a_0 + b_0(x-x_0) + c_0(x-x_0)^2 + d_0(x-x_0)^3, & x_0 \leqslant x < x_1, \\ S_1(x) = a_1 + b_1(x-x_1) + c_1(x-x_1)^2 + d_1(x-x_1)^3, & x_1 \leqslant x < x_2, \\ \quad \cdots \cdots \\ S_{n-1}(x) = a_{n-1} + b_{n-1}(x-x_{n-1}) \\ \qquad + c_{n-1}(x-x_{n-1})^2 + d_{n-1}(x-x_{n-1})^3, & x_{n-1} \leqslant x \leqslant x_n, \end{cases}$$

三次样条函数 $S(x)$ 共有 $4n$ 个未知系数, 因此, 需要 $4n$ 个方程将这些未知系数确定下来. 由条件 (a) $S(x_i) = y_i (i = 0, 1, \cdots, n)$ 解得

$$a_i = y_i \quad (i = 0, 1, \cdots, n-1). \tag{5.7.1}$$

因为 $S_i(x) = a_i + b_i(x-x_i) + c_i(x-x_i)^2 + d_i(x-x_i)^3$ 是区间 $[x_i, x_{i+1}]$ 上的三次多项式, 所以 $S_i'(x) = b_i + 2c_i(x-x_i) + 3d_i(x-x_i)^2$, $S_i''(x) = 2c_i + 6d_i(x-x_i)$.

由条件 (c) 得

$$S_i(x_{i+1}) = S_{i+1}(x_{i+1}) \quad (i = 0, 1, \cdots, n-2), \tag{5.7.2}$$

$$S_i'(x_{i+1}) = S_{i+1}'(x_{i+1}) \quad (i = 0, 1, \cdots, n-2), \tag{5.7.3}$$

$$S_i''(x_{i+1}) = S_{i+1}''(x_{i+1}) \quad (i = 0, 1, \cdots, n-2). \tag{5.7.4}$$

5.7 案　　例

由 (5.7.2) 得 $a_i + b_i(x_{i+1} - x_i) + c_i(x_{i+1} - x_i)^2 + d_i(x_{i+1} - x_i)^3 = y_{i+1}$，记 $h_i = x_{i+1} - x_i$，则

$$a_i + b_i h_i + c_i h_i^2 + d_i h_i^3 = y_{i+1}. \tag{5.7.5}$$

由 (5.7.3) 得 $b_i + 2c_i(x_{i+1} - x_i) + 3d_i(x_{i+1} - x_i)^2 = b_{i+1}$，代入 $h_i = x_{i+1} - x_i$，有

$$b_i + 2c_i h_i + 3d_i h_i^2 = b_{i+1}. \tag{5.7.6}$$

由 (5.7.4) 得 $2c_i + 6d_i(x_{i+1} - x_i) = 2c_{i+1}$，代入 $h_i = x_{i+1} - x_i$，有

$$2c_i + 6d_i h_i = 2c_{i+1}. \tag{5.7.7}$$

不妨令 $m_i = 2c_i$，即

$$c_i = \frac{m_i}{2}. \tag{5.7.8}$$

将 (5.7.8) 代入 (5.7.7) 中，得 $m_i + 6d_i h_i = m_{i+1}$. 从而有

$$d_i = \frac{m_{i+1} - m_i}{6h_i}. \tag{5.7.9}$$

将 (5.7.1), (5.7.8), (5.7.9) 代入 (5.7.5)，化简得

$$b_i = \frac{y_{i+1} - y_i}{h_i} - \frac{h_i}{2}m_i - \frac{h_i}{6}(m_{i+1} - m_i). \tag{5.7.10}$$

将 (5.7.1), (5.7.8)—(5.7.10) 代入 (5.7.6) 中，整理得

$$h_i m_i + 2(h_i + h_{i+1})m_{i+1} + h_{i+1} m_{i+2} = 6\left(\frac{y_{i+2} - y_{i+1}}{h_{i+1}} - \frac{y_{i+1} - y_i}{h_i}\right). \tag{5.7.11}$$

再考虑两端点 x_0 与 x_n 处的固定边界条件 $S'(x_0) = f_0, S'(x_n) = f_n$. 注意到

$$S'(x_0) = S'_0(x_0) = b_0 = \frac{y_1 - y_0}{h_0} - \frac{h_0}{2}m_0 - \frac{h_0}{6}(m_1 - m_0),$$

$$S'(x_n) = S'_{n-1}(x_n) = b_{n-1} + 2c_{n-1}h_{n-1} + 3d_{n-1}h_{n-1}^2$$

$$= \frac{y_n - y_{n-1}}{h_{n-1}} + \frac{h_{n-1}}{6}m_{n-1} + \frac{h_{n-1}}{3}m_n,$$

分别整理得

$$2h_0 m_0 + h_0 m_1 = 6\left(\frac{y_1 - y_0}{h_0} - f_0\right), \tag{5.7.12}$$

$$h_{n-1}m_{n-1} + 2h_{n-1}m_n = 6\left(f_n - \frac{y_n - y_{n-1}}{h_{n-1}}\right). \tag{5.7.13}$$

联立方程 (5.7.11)—(5.7.13) 形成方程组, 并写成如下矩阵形式:

$$\begin{pmatrix} k_0 & u_0 & & & & \\ l_1 & k_1 & u_1 & & & \\ & l_2 & k_2 & u_2 & & \\ & & \ddots & \ddots & \ddots & \\ & & & l_{n-1} & k_{n-1} & u_{n-1} \\ & & & & l_n & k_n \end{pmatrix} \begin{pmatrix} m_0 \\ m_1 \\ m_2 \\ \vdots \\ m_{n-1} \\ m_n \end{pmatrix} = \begin{pmatrix} d_0 \\ d_1 \\ d_2 \\ \vdots \\ d_{n-1} \\ d_n \end{pmatrix}.$$

这是一个三弯矩方程组, 其中

$$k_0 = 2h_0, \quad k_n = 2h_{n-1}, \quad k_i = 2(h_{i-1} + h_i), \quad i = 1, 2, \cdots, n-1,$$

$$u_i = h_i, \; i = 0, 1, \cdots, n-1, \quad l_i = h_{i-1}, \; i = 1, \cdots, n,$$

$$d_0 = 6\left[\frac{y_1 - y_0}{h_0} - f_0\right], \quad d_n = 6\left[f_n - \frac{y_n - y_{n-1}}{h_{n-1}}\right],$$

$$d_i = 6\left[\frac{y_{i+2} - y_{i+1}}{h_{i+1}} - \frac{y_{i+1} - y_i}{h_i}\right], \quad i = 1, 2, \cdots, n-1.$$

该方程组形式特殊, 是一个对角占优的三对角线性方程组, 可以采用追赶法求解该线性方程组, 解出未知参数 $m_i(i = 0, 1, \cdots, n)$ 后, 代入 (5.7.1), (5.7.8)—(5.7.10) 即可分别得到分段三次样条函数在每个区间的参数 $a_i, b_i, c_i, d_i, i = 0, 1, \cdots, n-1$. 此时, 汽车车门曲线 $S(x)$ 由三次样条插值确定.

5.7.4 编程实现

调用函数程序如下:

```
function s=threesimple(x,y,f0,fn)
    n=length(x)-1;
    h=zeros(n,1); u=h; l=h;
    m=zeros(n+1,1); d=m; s=m;
    M=zeros(n+1);
    h(1)=x(2)-x(1);h(n)=x(n+1)-x(n);
    u(1)=h(1);m(1)=2*h(1);
    l(n)=h(n);m(n+1)=2*h(n);
    d(1)=6*((y(2)-y(1))/h(1)-f0);
    d(n+1)=6*(fn-(y(n+1)-y(n))/h(n));
```

```
        M(1,1)=m(1); M(1,2)=u(1);
        M(n+1,n)=l(n); M(n+1,n+1)=m(n+1);
        for i=2:n
            h(i)=x(i+1)-x(i);
            u(i)=h(i);
            l(i-1)=h(i-1);
            m(i)=2*(h(i)+h(i-1));
            M(i,i)=m(i);
            M(i,i+1)=u(i);
            M(i,i-1)=l(i-1);
            d(i)=6*((y(i+1)-y(i))/h(i)-(y(i)-y(i-1))/h(i-1));
        end
        s=M\d
end
```

执行主程序如下:

```
main.m
clear all
format short
x=0:1:10;
y=[2.51,3.30,4.04,4.70,5.22,5.54,5.78,5.40,5.57,5.70,5.80];
f0=0.8;fn=0.2;
s=threesimple(x,y,f0,fn)
plot(x,y,'h')
grid on
```

主程序运行结果如下:

```
s=-0.0030
   -0.0541
   -0.0808
   -0.1027
   -0.3483
    0.2958
   -1.3151
    1.2445
   -0.3627
   -0.0335
 0.3168
```

根据已知型值点条件画出的散点图如图 5.12 所示.

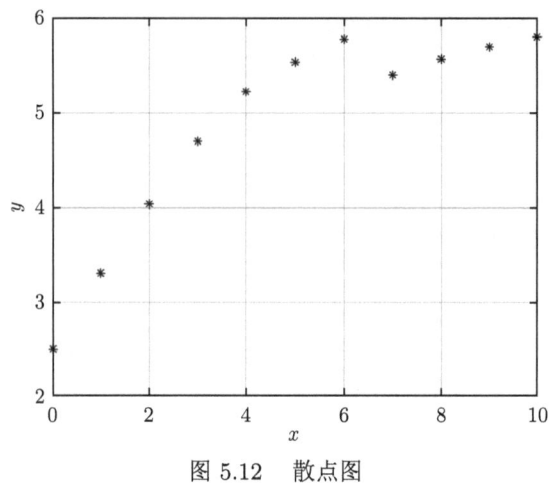

图 5.12　散点图

根据程序数值结果, 得到三次样条函数画出的拟合曲线图如图 5.13 所示.

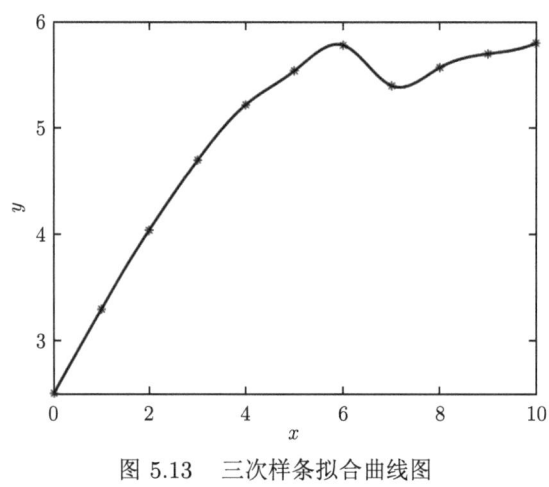

图 5.13　三次样条拟合曲线图

5.8　章 节 测 试

理论题:

1. 任何方法都可以无限制地提高插值精度, 只要增加插值节点的数量. (判断)

2. 对于所有类型的函数, 多项式插值一定比分段插值方法更优. (判断)

3. 埃尔米特插值与多项式插值的主要区别在于埃尔米特插值考虑了数据点的_____. (填空)

4. 在插值过程中, 如果目标函数在某区间内变化剧烈, 使用_____ 插值可以避免过度振荡并更准确地近似函数行为. (填空)

5. 在进行插值时, 如果关注于插值曲线在关键点处的斜率, 那么应该选择_____ 插值方法. (填空)

6. 在具有大量数据点的大型数据集上进行插值时, 最适合使用哪种插值方法? (单选)

   A. 高次多项式插值　　　　　　B. 分段线性插值
   C. 三次样条插值　　　　　　　D. 分段埃尔米特插值

7. 插值方法的选择依赖于哪个因素? (单选)

   A. 数据点的数量　　　　　　　B. 数据的分布特性
   C. 函数的光滑性　　　　　　　D. 所有以上因素

8. 在分段插值方法中, 如果目标是最小化计算复杂度同时提供适度的插值精度, 应首选哪种插值? (单选)

   A. 线性插值　　　　　　　　　B. 二次插值
   C. 三次样条插值　　　　　　　D. 分段埃尔米特插值

9. 在处理具有尖锐峰值和急剧变化的数据时, 应首选哪种插值方法? (单选)

   A. 线性插值　　　　　　　　　B. 分段样条插值
   C. 分段埃尔米特插值　　　　　D. 最近邻插值

10. 哪些情况下适合使用高次多项式插值? (多选)

    A. 当数据点非常密集时
    B. 当数据变化平滑且没有大的波动时
    C. 当需要在少量数据点上进行插值时
    D. 当数据点分布在较大的区间上且无明显规律时

11. 分段埃尔米特插值的优点包括哪些? (多选)

    A. 在每个分段点保证函数值和导数的连续性
    B. 适合处理带有噪声的数据
    C. 可以自由控制曲线的形状
    D. 需要较少的计算资源

12. 使用多项式插值处理数据时需要注意哪些潜在问题? (多选)

    A. 龙格现象　　　　　　　　　B. 高度振荡
    C. 计算成本高　　　　　　　　D. 导数不连续

13. 在进行插值时, 哪些情况可能导致较大的插值误差? (多选)

    A. 使用不适合数据特征的插值方法　　B. 数据点分布极不均匀
    C. 忽视数据中的异常值或噪声　　　　D. 数据点数量过少

14. 描述多项式插值中插值次数与插值误差之间的关系, 并讨论如何确定最佳插值次数. (思考)

15. 讨论在高维数据插值中遇到的挑战及如何选择合适的插值方法. (思考)

计算题:

1. 已知 $x_0 = 100$, $x_1 = 121$, $x_2 = 144$, 分别采用线性和拉格朗日二次插值求 $y = \sqrt{115}$, 并估计其截断误差.

2. 已知 $f(x)$ 的观测数据如下:

x	0	1	2	4
$f(x)$	1	9	23	3

试构造拉格朗日插值多项式.

3. 求 $f(x) = x^3$ 在节点 $x = 0, 1, 2, 3, 4, 5, 6$ 上的各阶差商.

4. 已知 $x = 0, 2, 3, 5$ 对应的函数值为 $y = 1, 3, 2, 5$, 试求三次牛顿插值多项式.

5. 已知函数 $f(x)$ 的函数表如下:

x	-1	0	2	3
$f(x)$	-4	-1	0	3

用牛顿插值法求 $f(1.5)$ 的近似值, 并写出误差估计式.

6. 已知 e^{-x} 在 $x = 0, 1, 2$ 点的值由下表给出 (取 2 位小数):

x	0	1	2
e^{-x}	1.00	0.37	0.14

(1) 建立其拉格朗日插值多项式计算 $\mathrm{e}^{-1.2}$ 的值, 并进行误差分析;

(2) 构造差商表, 建立牛顿插值多项式.

7. 给出 $f(x) = \ln x$ 的数值表:

x	0.4	0.5	0.7	0.8
$\ln x$	-0.9162	-0.6931	-0.3566	-0.2231

试用线性插值及二次插值计算 $\ln 0.54$ 的近似值.

8. 设 x_j 为互异节点 $(j = 0, 1, 2, \cdots, n)$, 求证: $\sum_{j=0}^{n} x_j^k l_j(x) \equiv x^k$ ($k = 0, 1, 2, \cdots, n$).

9. 设 $f(x) \in C^2[a,b]$ 且 $f(a) = f(b) = 0$, 求证:

$$\max_{a \leqslant x \leqslant b} |f(x)| \leqslant \frac{1}{8}(b-a)^2 \max_{a \leqslant x \leqslant b} |f''(x)|.$$

10. 求 $f(x) = x^2$ 在 $[a,b]$ 上的分段线性插值 $I_h(x)$, 并估计误差.

11. 已知 $f(x) = \sqrt{x}$ 及其一阶导数的数据见下表, 用埃尔米特插值公式计算 $\sqrt{125}$ 的近似值, 并估计其截断误差.

x	121	144
$f(x)$	11	12
$f'(x)$	1/22	1/24

12. 给定数据表如下:

x_j	0.25	0.30	0.39	0.45	0.53
y_j	0.5000	0.5477	0.6245	0.6708	0.7280

试求三次样条插值 $S(x)$, 并满足条件: $S''(0.25) = S''(0.53) = 0$.

习题解析

第 6 章 曲线拟合和函数逼近

第 5 章讨论了利用多项式近似地表示函数的插值法, 其中要求两者在某些节点处的值重合, 即 $p_n(x_i) = f(x_n)$ $(i = 0, 1, 2, \cdots, n)$. 然而, 大量实际问题中, 已知节点处的函数值是一些实验数据或者测量数据, 本身就存在一定的误差, 要求在每个节点上的函数值都与这些数据相符并非十分合理. 另外, 在插值节点比较多的情况下, 插值多项式往往是高次多项式, 这也就容易出现振荡现象, 虽然在插值节点上没有误差, 但在插值节点之外插值误差变得很大, 从 "整体" 上看, 插值逼近效果将变得 "很差". 我们希望用低次的多项式来逼近所要求的函数, 且实验数据可以任取多个. 为此, 本章介绍 "曲线拟合", 寻求不需要满足插值条件的多项式在整体上很好地逼近连续函数[13].

6.1 曲线拟合的最小二乘法

所谓曲线拟合是求一个简单的函数 $y = \varphi(x)$, 例如 $\varphi(x)$ 是一个低次多项式, 不要求 $y = \varphi(x)$ 通过已知的这 n 个点, 而是要求在整体上 "尽量好" 地逼近原函数. 这时, 在每个已知点上就会有误差 $y_k - \varphi(x_k)$, $k = 1, 2, \cdots, n$, 拟合就是从整体上使误差 $y_k - \varphi(x_k)$, $k = 1, 2, \cdots, n$ 尽量小一些.

如果要求 $\sum_{k=1}^{n}(y_k - \varphi(x_k))$ 达到最小, 因为误差 $y_k - \varphi(x_k)$ 可正可负, 本来很大的误差可能会正负抵消, 所以这样的提法不合理. 为防止正负抵消, 可以要求 $\sum_{k=1}^{n}|y_k - \varphi(x_k)|$ 达到最小, 但是由于绝对值函数不可以求导, 分析起来不方便, 求解也困难. 为了既能防止正负抵消, 又能便于我们分析、求解, 提出如下问题: 求一个低次多项式 $\varphi(x)$, 使得 $Q = \sum_{k=1}^{n}(y_k - \varphi(x_k))^2$ 达到最小, 此问题便是一个曲线拟合的最小二乘问题.

6.1.1 直线拟合

通过观测、测量或试验得到某一函数在 $x_1, x_2, \cdots, x_n$ 的函数值 $y_1, y_2, \cdots, y_n$, 即得到 n 组数据 $(x_1, y_1), (x_2, y_2), \cdots, (x_n, y_n)$, 如果这些数据在直角坐标系中近

6.1 曲线拟合的最小二乘法

似地分布在一条直线上, 我们可以用直线拟合的方法, 即已知数据 $(x_1, y_1), (x_2, y_2)$, $\cdots, (x_n, y_n)$, 求一个一次多项式 $\varphi(x) = a + bx$ (实际上, 就是求 a, b), 使得 $Q(a,b) = \sum_{k=1}^{n}(y_k - \varphi(x_k))^2 = \sum_{k=1}^{n}(y_k - a - bx_k)^2$ 达到最小.

注意到 $Q(a,b)$ 中, x_k, y_k 均是已知的, 而 a, b 是未知量, $Q(a,b)$ 是未知量 a, b 的二元函数, 利用高等数学中求二元函数极小值的方法, 上述问题转化为求解下列方程组

$$\begin{cases} \dfrac{\partial Q(a,b)}{\partial a} = 0, \\ \dfrac{\partial Q(a,b)}{\partial b} = 0. \end{cases}$$

由

$$Q(a,b) = \sum_{k=1}^{n}(y_k - a - bx_k)^2,$$

得

$$\begin{cases} \dfrac{\partial Q(a,b)}{\partial a} = -2\sum_{k=1}^{n}(y_k - a - bx_k) = 0, \\ \dfrac{\partial Q(a,b)}{\partial b} = -2\sum_{k=1}^{n}(y_k - a - bx_k)x_k = 0. \end{cases}$$

因为 $\sum_{k=1}^{n} a = na, \sum_{k=1}^{n} bx_k = b\sum_{k=1}^{n} x_k$, 得到如下的正则方程组:

$$\begin{cases} na + \left(\sum_{k=1}^{n} x_k\right) b = \sum_{k=1}^{n} y_k, \\ \left(\sum_{k=1}^{n} x_k\right) a + \left(\sum_{k=1}^{n} x_k^2\right) b = \sum_{k=1}^{n} x_k y_k. \end{cases}$$

这是一个关于 a, b 的二元一次方程组, 称其为最小二乘问题的正则方程组. 解 a, b 便得到最小二乘问题的拟合函数 $y = a + bx$.

例 6.1 已知 10 对数据如表 6.1 所示, 利用最小二乘法求拟合曲线 $y = a + bx$.

表 6.1 节点数据值

x_k	2	4	4	4.6	5	5.2	5.6	6	6.6	7
y_k	5	3.5	3	2.7	2.4	2.5	2	1.5	1.2	1.2

解 先列表来计算: $\sum x_k, \sum x_k^2, \sum y_k, \sum x_k y_k$, 见表 6.2.

表 **6.2** 最小二乘法计算结果

k	x_k	x_k^2	y_k	$x_k y_k$
1	2	4	5	10
2	4	16	3.5	14
3	4	16	3	12
4	4.6	21.16	2.7	12.42
5	5	25	2.4	12
6	5.2	27.04	2.5	13
7	5.6	31.36	2	11.2
8	6	36	1.5	9
9	6.6	43.56	1.2	7.92
10	7	49	1.2	8.4
$\sum$	50	269.12	25	109.94

形成正则方程组

$$\begin{cases} 10a + 50b = 25, \\ 50a + 269.12b = 109.94, \end{cases}$$

解得 $a = 6.4383, b = -0.7877$. 于是, 最小二乘拟合一次函数为

$$y = 6.4383 - 0.7877x.$$

6.1.2 一般多项式拟合

已知一组数据对 (x_i, y_i), $i = 1, 2, \cdots, n$, 求一个 m 次多项式 ($m < n - 1$): $P_m(x) = a_0 + a_1 x + \cdots + a_m x^m$, 使得误差的平方和 $Q(a_0, a_1, \cdots, a_m) = \sum_{k=1}^{n}(y_k - P_m(x_k))^2$ 达到最小, 即求待定参数 $a_0, a_1, \cdots, a_m$ 使得 $Q = \sum_{k=1}^{n}(y_k - a_0 - a_1 x_k - \cdots - a_m x_k^m)^2$ 达到最小.

如果 $m = n - 1$, 过这 n 个点可以决定一个 $n - 1$ 次多项式, 此时 $P_m(x)$ 正好可以过这 n 个点, 当 $Q = 0$ 时达到最小, 这就成为一个插值问题.

实际上, 对于拟合问题, 一般总是针对大量的数据对而选用低次多项式. 也就是说, 如果 $m > n - 1$, 此时过这 n 个点的 m 次多项式是不存在的, 即如下矛盾方程组:

$$P_m(x_k) = a_0 + a_1 x_k + a_2 x_k^2 + a_3 x_k^3 + \cdots + a_m x_k^m = y_k$$

6.1 曲线拟合的最小二乘法

$$(k=1,2,3,\cdots,n; m<n-1). \tag{6.1.1}$$

因而, 构造拟合曲线实际上就是要解上述矛盾方程组, 求出 $a_0, a_1, \cdots, a_m$, 也称为回归系数, 对应的拟合曲线 $P_m(x)$ 也称为回归线.

为此, 可以作一辅助函数

$$Q(a_0, a_1, \cdots, a_m) = \sum_{k=1}^{n} \left(a_0 + a_1 x_k + a_2 x_k^2 + \cdots - y_k\right)^2,$$

这是自变量为 $a_0, a_1, \cdots, a_m$ 的多元函数, 要使 Q 达到最小值, 由多元函数的极值条件, 可得

$$\begin{cases} \dfrac{\partial Q}{\partial a_0} = 2\sum_{k=1}^{n}(a_0 + a_1 x_k + \cdots + a_m x_k^m - y_k) = 0, \\ \dfrac{\partial Q}{\partial a_1} = 2\sum_{k=1}^{n}(a_0 + a_1 x_k + \cdots + a_m x_k^m - y_k)x_k = 0, \\ \quad\quad\cdots\cdots \\ \dfrac{\partial Q}{\partial a_i} = 2\sum_{k=1}^{n}(a_0 + a_1 x_k + \cdots + a_m x_k^m - y_k)x_k^i = 0, \\ \quad\quad\cdots\cdots \\ \dfrac{\partial Q}{\partial a_m} = 2\sum_{k=1}^{n}(a_0 + a_1 x_k + \cdots + a_m x_k^m - y_k)x_k^m = 0. \end{cases}$$

将未知量 $a_0, a_1, \cdots, a_m$ 留在方程的左边, 将已知量 x_k, y_k 移到方程的右边, 形成下面的正则方程组, 也叫法方程组,

$$\begin{cases} m a_0 + a_1 \sum x_k + \cdots + a_m \sum x_k^m = \sum y_k, \\ a_0 \sum x_k + a_1 \sum x_k^2 + \cdots + a_m \sum x_k^{m+1} = \sum x_k y_k, \\ \quad\quad\cdots\cdots \\ a_0 \sum x_k^m + a_1 \sum x_k^{m+1} + \cdots + a_m \sum x_k^{2m} = \sum x_k^m y_k, \end{cases}$$

这是一个 $m+1$ 元一次方程组. 写成矩阵形式 $Bu = C$, 其中

$$B = \begin{bmatrix} m a_0 & \sum x_k & \sum x_k^2 & \cdots & \sum x_k^m \\ \sum x_k & \sum x_k^2 & \sum x_k^3 & \cdots & \sum x_k^{m+1} \\ \vdots & \vdots & \vdots & & \vdots \\ \sum x_k^m & \sum x_k^{m+1} & \sum x_k^{m+2} & \cdots & \sum x_k^{2m} \end{bmatrix}, \quad u = \begin{bmatrix} a_0 \\ a_1 \\ \vdots \\ a_m \end{bmatrix},$$

$$C = \begin{bmatrix} \sum y_k \\ \sum x_k y_k \\ \vdots \\ \sum x_k^m y_k \end{bmatrix}.$$

只要 B 非奇异, 就可得出该方程组的唯一解 $[a_0, a_1, \cdots, a_m]^T$, 也称为矛盾方程组的最小二乘解.

把矛盾方程组 (6.1.1) 写成矩阵形式 $\varphi u = y$, 其中

$$\varphi = \begin{bmatrix} 1 & x_1 & x_1^2 & \cdots & x_1^m \\ 1 & x_2 & x_2^2 & \cdots & x_2^m \\ \vdots & \vdots & \vdots & & \vdots \\ 1 & x_k & x_k^2 & \cdots & x_k^m \end{bmatrix}, \quad u = \begin{bmatrix} a_0 \\ a_1 \\ \vdots \\ a_m \end{bmatrix}, \quad y = \begin{bmatrix} \sum y_k \\ \sum x_k y_k \\ \vdots \\ \sum x_k^m y_k \end{bmatrix}.$$

容易验证 $B = \varphi^T \varphi, C = \varphi^T y$, 法方程就是 $\varphi^T \varphi u = \varphi^T y$.

定理 6.1 曲线拟合问题所产生的矛盾方程组必存在唯一的最小二乘解.

事实上, $\forall u \neq 0, u^T B u = u^T \varphi^T \varphi u = (\varphi u)^T (\varphi u) = \|\varphi u\|^2 \geqslant 0$, 且 $\varphi u \neq 0$, B 只能是正定的, 而正定矩阵非奇异. 若不然 $\varphi u \neq 0$, 则

$$\begin{bmatrix} 1 & x_1 & x_1^2 & \cdots & x_1^m \\ 1 & x_2 & x_2^2 & \cdots & x_2^m \\ \vdots & \vdots & \vdots & & \vdots \\ 1 & x_k & x_k^2 & \cdots & x_k^m \end{bmatrix} \begin{bmatrix} a_0 \\ a_1 \\ \vdots \\ a_m \end{bmatrix} = \begin{bmatrix} \sum_{j=0}^m a_j x_1^j \\ \vdots \\ \sum_{j=0}^m a_j x_i^j \\ \vdots \\ \sum_{j=0}^m a_j x_k^j \end{bmatrix} = \begin{bmatrix} 0 \\ 0 \\ \vdots \\ 0 \end{bmatrix},$$

表明 $x_1, x_2, \cdots, x_k$ 均为 $\sum\limits_{j=0}^m a_j x^j = 0$ 的根, 注意到 $m < n-1, n > m$, m 次方程有 n 个根, 这是不可能的, 除非 $\sum\limits_{j=0}^m a_j x^j \equiv 0$, 即只能是 $a_j = 0 (j = 0, 1, 2, \cdots, m)$, 这与 $u \neq 0$ 矛盾.

6.1 曲线拟合的最小二乘法

对于一般的多元函数, 偏导数等于 0 的点未必取到最小值, 但在拟合问题中, 用最小二乘法求到的回归线, 确实可以使误差函数达到最小值, 即在 m 次多项式中, 此回归线是最好的. 因此, 我们有如下结论.

定理 6.2 设 $[a_0^*, a_1^*, \cdots, a_m^*]^{\mathrm{T}}$ 是 $Bu = C$ 的解, $P_m(x) = \sum\limits_{j=0}^{m} a_j^* x^j$, 对于任一 m 次多项式

$$F(x) = \sum_{j=0}^{m} b_j x^j,$$

必有

$$Q(a_0^*, a_1^*, \cdots, a_m^*) = \sum_{i=1}^{n} [P_m(x_i) - f(x_i)]^2$$
$$\leqslant \sum_{i=1}^{n} [F(x_i) - f(x_i)]^2 = Q(b_0, b_1, \cdots, b_m).$$

证明 由于 $Bu = C$ 的构造过程中满足

$$\frac{\partial Q}{\partial a_j} = 2 \sum_{i=1}^{n} [a_0 + a_1 x_i + \cdots + a_m x_i^m - f(x_i)] x_i^j = 0,$$

即

$$\sum_{i=1}^{n} [a_0^* + a_1^* x_i + \cdots + a_m^* x_i^m - f(x_i)] x_i^j$$
$$= \sum_{i=1}^{n} [P_m(x_i) - f(x_i)] x_i^j = 0, \quad j = 0, 1, \cdots, m.$$

于是, 有

$$\sum_{i=1}^{n} [F(x_i) - P_m(x_i)][P_m(x_i) - f(x_i)]$$
$$= \sum_{i=1}^{n} \left[\sum_{j=0}^{m} b_j x_i^j - \sum_{j=0}^{m} a_j^* x_i^j \right] [P_m(x_i) - f(x_i)]$$
$$= \sum_{j=0}^{m} (b_j - a_j^*) \sum_{i=1}^{n} [P_m(x_i) - f(x_i)] x_i^j = 0,$$

则

$$\sum_{i=1}^{n}[F(x_i)-f(x_i)]^2 - \sum_{i=1}^{n}[P_m(x_i)-f(x_i)]^2$$
$$=\sum_{i=1}^{n}[F(x_i)-P_m(x_i)+P_m(x_i)-f(x_i)]^2 - \sum_{i=1}^{n}[P_m(x_i)-f(x_i)]^2$$
$$=\sum_{i=1}^{n}[F(x_i)-P_m(x_i)]^2 + 2\sum_{i=1}^{n}[F(x_i)-f(x_i)][P_m(x_i)-f(x_i)]$$
$$=\sum_{i=1}^{n}[F(x_i)-P_m(x_i)]^2 \geqslant 0.$$

例 6.2 设函数 $y=f(x)$ 的离散数据如表 6.3 所示.

表 6.3 节点数据值

i	1	2	3	4	5	6
x_i	0	0.2	0.4	0.6	0.8	1
y_i	1.000	1.221	1.492	1.822	2.226	2.718

试用二次多项式拟合上述数据.

解 表 6.3 的相关离散数据散点图如图 6.1 所示.

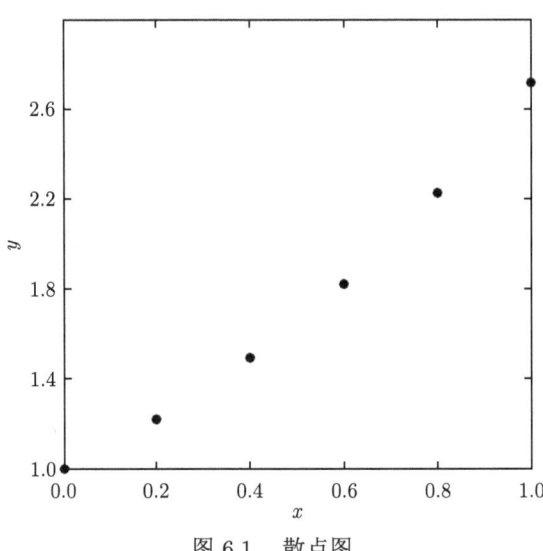

图 6.1 散点图

6.1 曲线拟合的最小二乘法

设 $y = a_0 + a_1 x + a_2 x^2$, 则代入数据得矛盾方程组为

$$\begin{cases} a_0 + 0a_1 + 0a_2 = 1.000, \\ a_0 + 0.2a_1 + 0.04a_2 = 1.221, \\ a_0 + 0.4a_1 + 0.16a_2 = 1.492, \\ a_0 + 0.6a_1 + 0.36a_2 = 1.822, \\ a_0 + 0.8a_1 + 0.64a_2 = 2.226, \\ a_0 + a_1 + a_2 = 2.718, \end{cases} \quad A = \begin{bmatrix} 1 & 0 & 0 \\ 1 & 0.2 & 0.04 \\ 1 & 0.4 & 0.16 \\ 1 & 0.6 & 0.36 \\ 1 & 0.8 & 0.64 \\ 1 & 1 & 1 \end{bmatrix}, \quad b = \begin{bmatrix} 1.000 \\ 1.221 \\ 1.492 \\ 1.882 \\ 2.226 \\ 2.718 \end{bmatrix}.$$

由正则方程组 $A^{\mathrm{T}} A X = A^{\mathrm{T}} b$ 可得

$$\begin{bmatrix} 6 & 3 & 2.2 \\ 3 & 2.2 & 1.8 \\ 2.2 & 1.8 & 1.5664 \end{bmatrix} \begin{bmatrix} a_0 \\ a_1 \\ a_2 \end{bmatrix} = \begin{bmatrix} 10.479 \\ 6.433 \\ 5.08612 \end{bmatrix},$$

解得 $a_0 = 1.006321428, a_1 = 0.962589295, a_2 = 0.842410704$.

因此 $y = 1.006321428 + 0.962589295x + 0.842410704x^2$.

定义 6.1 设函数 $f(x)$ 和 $g(x)$ 定义在离散自变量点 x_i $(i = 1, 2, \cdots, m)$ 上, 则

$$(f, g) = \sum_{i=1}^{m} f(x_i) g(x_i) \tag{6.1.2}$$

为 $f(x)$ 和 $g(x)$ 的内积.

采用 (6.1.2) 中的内积公式, 多项式拟合中得到的矛盾方程组对应的正则方程组 $A^{\mathrm{T}} A X = A^{\mathrm{T}} b$ 可以写成如下的内积形式:

$$\begin{bmatrix} (\varphi_0, \varphi_0) & (\varphi_0, \varphi_1) & \cdots & (\varphi_0, \varphi_m) \\ (\varphi_1, \varphi_0) & (\varphi_1, \varphi_1) & \cdots & (\varphi_1, \varphi_m) \\ \vdots & \vdots & & \vdots \\ (\varphi_m, \varphi_0) & (\varphi_m, \varphi_1) & \cdots & (\varphi_m, \varphi_m) \end{bmatrix} \begin{bmatrix} a_0 \\ a_1 \\ \vdots \\ a_m \end{bmatrix} = \begin{bmatrix} (\varphi_0, f) \\ (\varphi_1, f) \\ \vdots \\ (\varphi_m, f) \end{bmatrix}, \tag{6.1.3}$$

其中 $\varphi_j(x) = x^j, j = 0, 1, 2, \cdots, m; f(x_i) = y_i, i = 1, 2, \cdots, n.$

$$(\varphi_j, \varphi_k) = \sum_{i=1}^{n} \varphi_j(x_i) \varphi_k(x_i) = \sum_{i=1}^{n} x_i^j x_i^k, \quad j, k = 0, 1, 2, \cdots, m,$$

$$(\varphi_j, f) = \sum_{i=1}^{n} \varphi_j(x_i) f(x_i) = \sum_{i=1}^{m} x_i^j y_i, \quad j = 0, 1, 2, \cdots, m.$$

例 6.3 由表 6.4 所示的数据, 试用二次多项式进行曲线拟合, 并给出相应的误差 (残差) 平方和.

表 6.4　节点数据值

i	1	2	3	4	5	6
x_i	0.1	0.3	0.5	0.75	0.9	1.0
y_i	1.152	1.543	1.975	2.221	2.279	2.311

解 此例中 $n=2, m=6, \varphi_0(x)=1, \varphi_1(x)=x, \varphi_2(x)=x^2, f(x_i)=y_i, i=1,\cdots,6.$ 则方程组可以化为如下形式:

$$\begin{bmatrix} (\varphi_0,\varphi_0) & (\varphi_0,\varphi_1) & (\varphi_0,\varphi_2) \\ (\varphi_1,\varphi_0) & (\varphi_1,\varphi_1) & (\varphi_1,\varphi_2) \\ (\varphi_2,\varphi_0) & (\varphi_2,\varphi_1) & (\varphi_2,\varphi_2) \end{bmatrix} \begin{bmatrix} a_0 \\ a_1 \\ a_2 \end{bmatrix} = \begin{bmatrix} (\varphi_0,f) \\ (\varphi_1,f) \\ (\varphi_2,f) \end{bmatrix},$$

即

$$\begin{bmatrix} 6.0000 & 3.5500 & 2.7225 \\ 3.5500 & 2.7225 & 2.3039 \\ 2.7225 & 2.3039 & 2.0432 \end{bmatrix} \begin{bmatrix} a_0 \\ a_1 \\ a_2 \end{bmatrix} = \begin{bmatrix} 11.481 \\ 7.5935 \\ 6.0504 \end{bmatrix}.$$

解此方程组得 $a_0=0.8953, a_1=2.8745, a_2=-1.4252.$

于是得到拟合数据的最小二乘拟合多项式为

$$P(x)=a_0+a_1x+a_2x^2=0.8593+0.8754x-1.4252x^2.$$

在点 x_i 处函数真实值与拟合值的对比见表 6.5.

表 6.5　最小二乘法拟合数据结果

i	x_i	y_i	$p_2(x_i)$	$|y_i-p_2(x_i)|$
1	0.1	1.152	1.133	1.944×10^{-2}
2	0.3	1.543	1.593	5.048×10^{-2}
3	0.5	1.975	1.940	3.462×10^{-2}
4	0.75	2.221	2.214	7.334×10^{-2}
5	0.8	2.279	2.292	1.313×10^{-2}
6	1.0	2.311	2.309	2.198×10^{-3}

6.1.3　指数拟合

有些数据 $(x_k,y_k), k=1,2,\cdots,n$ 在直角坐标系中的分布近似于指数曲线, 则可以用指数函数 $y=be^{ax}$ 进行拟合. 为了能利用上述方法进行拟合, 我们需要作

6.1 曲线拟合的最小二乘法

线性化处理. 两边取对数, 得 $\ln y = \ln b + ax$, 作变换 $\tilde{y} = \ln y$, 得 $\tilde{y} = \ln b + ax$, 这是一个一次函数, $\ln b$ 和 a 是待定系数.

指数拟合的具体步骤:

(1) 作线性化处理, 将数据对 (x_k, y_k) 转化为数据对 $(x_k, \ln y_k)$;

(2) 用最小二乘法求出拟合曲线 $\tilde{y} = a_0 + a_1 x$ (即解出 a_0, a_1);

(3) 由 $\ln b = a_0$, 故 $b = e^{a_0}$, 而 $a = a_1$, 从而我们得到拟合的指数函数 $y = be^{ax}$.

例 6.4 设一个发射源的发射公式为 $I = I_0 e^{-\alpha t}$, 通过实验得到如下数据, 见表 6.6.

表 6.6 节点数据值

t_k	0.2	0.3	0.4	0.5	0.6	0.7	0.8
I_k	3.16	2.38	1.75	1.34	1.00	0.74	0.56

利用最小二乘法确定 I_0 和 α.

解 $\ln I = \ln I_0 - \alpha t$, 设 $\tilde{I} = a_0 + a_1 t$, 将数据对 (t_k, I_k) 转化为数据对 $(t_k, \ln I_k)$, 然后进行直线拟合, 见表 6.7.

表 6.7 最小二乘法拟合数据结果

t_k	I_k	$\ln I_k$	t_k^2	$t_k \ln I_k$
0.2	3.16	1.15057	0.04	0.230114
0.3	2.38	0.86710	0.09	0.260130
0.4	1.75	0.55962	0.16	0.223846
0.5	1.34	0.29267	0.25	0.146335
0.6	1.00	0.0	0.36	0.0
0.7	0.74	-0.30111	0.49	-0.210774
0.8	0.56	-0.57982	0.64	-0.463855
$\sum$		1.98903	2.03	0.185796

于是得到方程组

$$\begin{cases} 7a_0 + 3.5a_1 = 1.98903, \\ 3.5a_0 + 2.03a_1 = 0.185796, \end{cases}$$

解得 $a_0 = 1.728288, a_1 = -2.888282$, 则 $\alpha = -a_1 \approx 2.89$, 由 $\ln I_0 = a_0$, $I_0 = e^{a_0} = 5.631006 \approx 5.63$, 于是得到拟合指数函数 $I = 5.63 e^{-2.89t}$.

例 6.5 采用最小二乘法来拟合下表 6.8 中的数据, 并计算误差平方和 Q.

表 6.8　数据值

i	1	2	3	4	5	6
x_i	0.0	0.5	1.0	1.5	2.0	2.5
y_i	2.0	1.2	0.9	0.6	0.4	0.3

解　通过画散点图可知, 表中数据 x 和 y 大致为指数分布 (见图 6.2), 故采用指数函数来逼近数据:
$$\psi(x) = ae^{bx}.$$

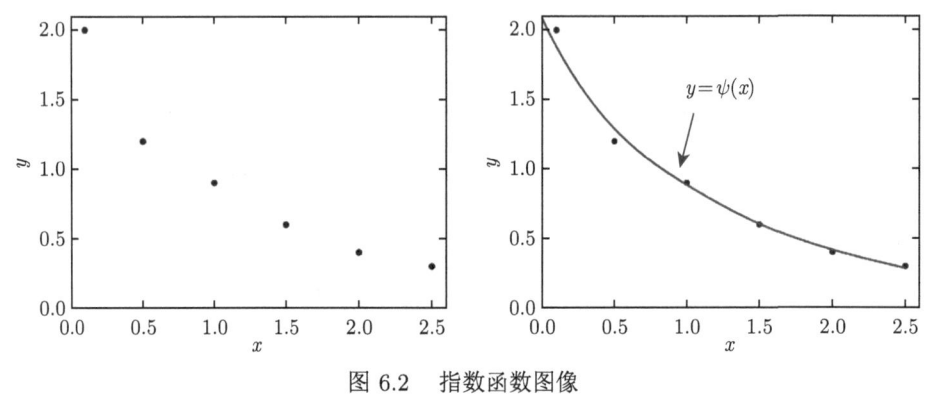

图 6.2　指数函数图像

为了拟合上述数据, 需要确定参数 a 和 b. 对上式两端取对数可得
$$\ln(\psi(x)) = \ln a + bx.$$

令 $p_1(x) = \ln(\psi(x)), c_0 = \ln a, c_1 = b$. 方程为 $p_1(x) = c_0 + c_1 x$, 此问题中 $n = 1$, $m = 6$,
$$\varphi_0(x) = 1, \quad \varphi_1(x) = x, \quad f(x_i) = \ln(y_i), \quad i = 1, \cdots, 6.$$

求解下面的方程组
$$\begin{bmatrix} (\varphi_0, \varphi_0) & (\varphi_0, \varphi_1) \\ (\varphi_1, \varphi_0) & (\varphi_1, \varphi_1) \end{bmatrix} \begin{bmatrix} c_0 \\ c_1 \end{bmatrix} = \begin{bmatrix} (\varphi_0, f) \\ (\varphi_1, f) \end{bmatrix},$$

即
$$\begin{bmatrix} 6 & 7.5 \\ 7.5 & 13.75 \end{bmatrix} \begin{bmatrix} c_0 \\ c_1 \end{bmatrix} = \begin{bmatrix} -1.8610 \\ -5.6229 \end{bmatrix},$$

解得 $c_0 = 0.6317, c_1 = -0.7535$.

因此 $a = e^{c_0} = 1.8808, b = c_1 = -0.7535$. 最终的最小二乘逼近函数为 $\psi(x) = ae^{bx} = 1.8808e^{-0.7535x}$. 在点 x_i 处函数真实值与拟合值的对比见表 6.9.

表 6.9 最小二乘法计算结果

i	x_i	y_i	$p_1(x_i)$	$\lvert y_i - p_1(x_i)\rvert$
1	0.1	2.0	1.8809	1.191×10^{-2}
2	0.5	1.2	1.2904	9.045×10^{-2}
3	1.0	0.9	0.8853	1.466×10^{-2}
4	1.5	0.6	0.6047	7.412×10^{-2}
5	2.0	0.4	0.4167	1.673×10^{-2}
6	2.5	0.3	0.2859	1.409×10^{-3}

残差平方和为 $Q = \sum_{I=1}^{6}[y_i - \psi(x_1)]^2 = 2.311\times 10^{-2}$.

6.1.4 其他一些非线性拟合

(1) 双曲线 $y = \dfrac{x}{ax+b}$, 变形为 $\dfrac{1}{y} = a+b\dfrac{1}{x}$, 令 $\tilde{y} = \dfrac{1}{y}, \tilde{x} = \dfrac{1}{x}$, 得到 $\tilde{y} = a+b\tilde{x}$. 我们可以将数据对 (x_k, y_k) 转化为数据对 $\left(\dfrac{1}{x_k}, \dfrac{1}{y_k}\right)$, 然后进行直线拟合.

(2) 对数函数 $y = a+b\ln x$, 令 $\tilde{x} = \ln x$, 变形为 $y = a+b\tilde{x}$.

(3) S 型曲线 $y = \dfrac{1}{a+be^{-x}}$ 先变形为 $\dfrac{1}{y} = a+be^{-x}$, 令 $\tilde{y} = \dfrac{1}{y}, \tilde{x} = e^{-x}$, 得到 $\tilde{y} = a+b\tilde{x}$. 我们可以将数据对 (x_k, y_k) 转化为数据对 $\left(e^{-x_k}, \dfrac{1}{y_k}\right)$, 然后进行直线拟合.

小 节 测 试

1. 在最小二乘法中, 直线拟合的目标是使数据点到直线的垂直距离的平方和最小化, 这个垂直距离也称为 _____. (填空)

2. 一般的多项式拟合, 最小二乘法可以构造一个矩阵方程, 其中的系数矩阵为 _____. (填空)

3. 在最小二乘法中, 指数拟合模型的参数通常使用线性回归来估计. (判断)

4. 在最小二乘法中, 残差平方和越小表示拟合效果越好. (判断)

5. 在最小二乘法中, 直线拟合的优化目标是: (单选)
   A. 最小化数据点到直线的距离总和
   B. 最小化数据点到直线的垂直距离总和
   C. 最小化数据点到直线的水平距离总和

D. 最大化数据点到直线的垂直距离总和

6. 最小二乘法中, 残差平方和表示: (单选)

　　A. 数据点到拟合曲线的垂直距离总和的平方

　　B. 数据点到拟合曲线的水平距离总和的平方

　　C. 数据点到拟合曲线的距离总和的平方

　　D. 拟合曲线到数据点的距离总和的平方

7. 最小二乘法的描述, 哪些是正确的? (多选)

　　A. 最小二乘法可以用于线性和非线性拟合问题

　　B. 最小二乘法可以处理有噪声的数据

　　C. 最小二乘法的目标是最小化拟合曲线与数据点的距离

　　D. 最小二乘法的结果一定能通过所有数据点

8. 多项式拟合中, 增加多项式的阶数可能导致: (多选)

　　A. 拟合的灵活性增加　　　　B. 拟合的复杂度增加

　　C. 残差平方和增加　　　　　D. 拟合精度降低

9. 一阶多项式拟合和指数拟合模型, 在什么情况下更适合使用? (思考)

10. 最小二乘法的应用范围有哪些, 优缺点是什么? (思考)

习题解析

6.2　函数的最佳平方逼近

　　在科学计算与工程应用中, 复杂函数的频繁调用常面临效率瓶颈. 例如, 当原函数表达式虽已知但形式复杂 (如包含高阶积分或级数项) 时, 直接计算将消耗大量算力资源. 为此, 数值分析中提出函数逼近的核心思想: 构造一个计算效率高且能全局近似原函数的替代函数. 值得注意的是, 此类逼近问题与离散数据点的最小二乘拟合存在本质差异. 离散拟合仅需保证逼近函数在有限采样点上误差最小, 而连续区间的全局逼近则要求在整个定义域内实现整体最优. 若直接沿用离散拟合的误差求和模式, 将无法刻画函数在未采样区域的偏差特性, 更可能导致积分意义下的累积误差失控. 为解决这一本质差异, 必须引入连续函数空间中的距离度量: 基于范数 (如 L^2 范数, 即积分平方误差) 构建逼近效果的全局评价标准. 该范数通过内积空间定义函数间的 "距离", 不仅能够综合量化区间内各点的整体偏离程度, 更具备良好的可微性与正定性, 为求解最优逼近函数提供数学基础. 最佳平方逼近方法正是以此范数极小化为准则, 将无穷维函数空间中的逼近问题转化为有限维优化问题, 在保证计算效率的同时实现理论严谨性与工程适用性的统一.

6.2 函数的最佳平方逼近

定义 6.2 $f \in C[a,b]$ 的范数为

$$\|f\|_\infty = \max_{a \leqslant x \leqslant b} |f(x)|,$$

$$\|f\|_2 = \sqrt{\int_a^b f^2(x)\mathrm{d}x}.$$

不难验证它们满足范数的性质. 两函数之间的距离可定义为

$$D(f,g) = \|f-g\|_\infty = \max_{a \leqslant x \leqslant b} |f(x) - g(x)|,$$

$$D(f,g) = \|f\|_2 = \sqrt{\int_a^b [f(x)-g(x)]^2\mathrm{d}x}.$$

由于多项式简单易算, 我们仍然喜欢用多项式来逼近其他函数.

设 $f(x)$ 是定义在 $[a,b]$ 上的一个函数, 找一个多项式函数 $p_n^*(x)$, 使得它是优化问题:

$$\int_a^b [f(x) - p_n^*(x)]^2 \mathrm{d}x = \min \int_a^b [f(x) - p_n(x)]^2 \mathrm{d}x$$

的解, 称为最佳平方逼近问题.

问题: 设 $f \in C[a,b]$, 寻找一个多项式

$$p_n(x) = a_0\varphi_0(x) + a_1\varphi_1(x) + \cdots + a_n\varphi_n(x) \in P_n, \tag{6.2.1}$$

使得残差平方的积分达到最小, 即求 Q 达到最小.

$$\begin{aligned} Q = Q(a_0, a_1, \cdots, a_n) &= \int_a^b [f(x) - p_n(x)]^2 \mathrm{d}x \\ &= \int_a^b \{f(x) - [a_0\varphi_0(x) + a_1\varphi_1(x) + \cdots + a_n\varphi_n(x)]\}^2 \mathrm{d}x, \end{aligned} \tag{6.2.2}$$

即求 $f(x)$ 的最佳平方逼近多项式.

问题的解: 为了使 (6.2.2) 中定义的残差平方 $Q = Q(a_0, a_1, \cdots, a_n)$ 达到最小, 其必要条件为

$$\frac{\partial Q}{\partial a_i} = 0, \quad i = 0, 1, \cdots, n,$$

即

$$\begin{cases} \dfrac{\partial Q}{\partial a_0} = -2\int_a^b \{f(x)-[a_0\varphi_0(x)+a_1\varphi_1(x)+\cdots+a_n\varphi_n(x)]\}\varphi_0(x)\mathrm{d}x = 0, \\ \dfrac{\partial Q}{\partial a_1} = -2\int_a^b \{f(x)-[a_0\varphi_0(x)+a_1\varphi_1(x)+\cdots+a_n\varphi_n(x)]\}\varphi_1(x)\mathrm{d}x = 0, \\ \quad\cdots\cdots \\ \dfrac{\partial Q}{\partial a_n} = -2\int_a^b \{f(x)-[a_0\varphi_0(x)+a_1\varphi_1(x)+\cdots+a_n\varphi_n(x)]\}\varphi_n(x)\mathrm{d}x = 0. \end{cases} \tag{6.2.3}$$

这是一个由 $n+1$ 个未知数 $a_0, a_1, \cdots, a_n$ 构成的方程组, 可以进一步表示成下列的矩阵形式:

$$\begin{bmatrix} \int_a^b \varphi_0(x)\varphi_0(x)\mathrm{d}x & \int_a^b \varphi_0(x)\varphi_1(x)\mathrm{d}x & \cdots & \int_a^b \varphi_0(x)\varphi_n(x)\mathrm{d}x \\ \int_a^b \varphi_1(x)\varphi_0(x)\mathrm{d}x & \int_a^b \varphi_1(x)\varphi_1(x)\mathrm{d}x & \cdots & \int_a^b \varphi_1(x)\varphi_n(x)\mathrm{d}x \\ \vdots & \vdots & & \vdots \\ \int_a^b \varphi_n(x)\varphi_0(x)\mathrm{d}x & \int_a^b \varphi_n(x)\varphi_1(x)\mathrm{d}x & \cdots & \int_a^b \varphi_n(x)\varphi_n(x)\mathrm{d}x \end{bmatrix} \begin{bmatrix} a_0 \\ a_1 \\ \vdots \\ a_n \end{bmatrix}$$

$$= \begin{bmatrix} \int_a^b \varphi_0(x)f(x)\mathrm{d}x \\ \int_a^b \varphi_1(x)f(x)\mathrm{d}x \\ \vdots \\ \int_a^b \varphi_n(x)f(x)\mathrm{d}x \end{bmatrix}. \tag{6.2.4}$$

(6.2.4) 式也称为正则方程组, 可以证明: 由于 $\varphi_0, \varphi_1, \cdots, \varphi_n$ 线性无关, 故系数矩阵的行列式非零, 正则方程组有唯一解.

定义 6.3 设 $f(x), g(x) \in C[a,b]$, 积分

$$(f, g) = \int_a^b f(x)g(x)\mathrm{d}x \tag{6.2.5}$$

称为函数 $f(x)$ 和 $g(x)$ 在 $[a,b]$ 上的内积.

(6.2.5) 式中的方程组可以写成内积形式:

6.2 函数的最佳平方逼近

$$\begin{bmatrix} (\varphi_0,\varphi_0) & (\varphi_0,\varphi_1) & \cdots & (\varphi_0,\varphi_n) \\ (\varphi_1,\varphi_0) & (\varphi_1,\varphi_1) & \cdots & (\varphi_1,\varphi_n) \\ \vdots & \vdots & & \vdots \\ (\varphi_n,\varphi_0) & (\varphi_n,\varphi_1) & \cdots & (\varphi_n,\varphi_n) \end{bmatrix} \begin{bmatrix} a_0 \\ a_1 \\ \vdots \\ a_n \end{bmatrix} = \begin{bmatrix} (\varphi_0,f) \\ (\varphi_1,f) \\ \vdots \\ (\varphi_n,f) \end{bmatrix}, \quad (6.2.6)$$

其中

$$(\varphi_j,\varphi_k) = \int_a^b \varphi_j(x)\varphi_k(x)\mathrm{d}x, \quad (6.2.7)$$

$$(\varphi_j,f) = \int_a^b \varphi_j(x)f(x)\mathrm{d}x, \quad j,k=0,1,\cdots,n, \quad (6.2.8)$$

其中，$\varphi_j(x)$ 为 j 次多项式，$j=0,1,\cdots,n$.

例 6.6 在区间 $[0,1]$ 上给出函数 $f(x)=\mathrm{e}^x$ 的最佳平方逼近二次多项式.

解 此处 $n=2,\varphi_0(x)=1,\varphi_1(x)=x,\varphi_2(x)=x^2,f(x)=\mathrm{e}^x$.

$$(\varphi_0,\varphi_0) = \int_0^1 1\times 1\mathrm{d}x = 1, \quad (\varphi_0,\varphi_1) = \int_0^1 1\times x\mathrm{d}x = \frac{1}{2},$$

$$(\varphi_0,\varphi_2) = \int_0^1 1\times x^2\mathrm{d}x = \frac{1}{3}, \quad (\varphi_1,\varphi_0) = \int_0^1 x\times 1\mathrm{d}x = \frac{1}{2},$$

$$(\varphi_1,\varphi_1) = \int_0^1 x\times x\mathrm{d}x = \frac{1}{3}, \quad (\varphi_1,\varphi_2) = \int_0^1 x\times x^2\mathrm{d}x = \frac{1}{4},$$

$$(\varphi_2,\varphi_0) = \int_0^1 x^2\times 1\mathrm{d}x = \frac{1}{3}, \quad (\varphi_2,\varphi_1) = \int_0^1 x^2\times x\mathrm{d}x = \frac{1}{4},$$

$$(\varphi_2,\varphi_2) = \int_0^1 x^2\times x^2\mathrm{d}x = \frac{1}{5}.$$

$$(\varphi_0,f) = \int_0^1 1\times \mathrm{e}^x\mathrm{d}x = 1.7183, \quad (\varphi_1,f) = \int_0^1 x\times \mathrm{e}^x\mathrm{d}x = 1.0000,$$

$$(\varphi_2,f) = \int_0^1 x^2\times \mathrm{e}^x\mathrm{d}x = 0.7183.$$

将上面表达式的值代入下面正则方程组：

$$\begin{bmatrix} (\varphi_0,\varphi_0) & (\varphi_0,\varphi_1) & (\varphi_0,\varphi_2) \\ (\varphi_1,\varphi_0) & (\varphi_1,\varphi_1) & (\varphi_1,\varphi_2) \\ (\varphi_2,\varphi_0) & (\varphi_2,\varphi_1) & (\varphi_2,\varphi_2) \end{bmatrix} \begin{bmatrix} a_0 \\ a_1 \\ a_2 \end{bmatrix} = \begin{bmatrix} (\varphi_0,f) \\ (\varphi_1,f) \\ (\varphi_2,f) \end{bmatrix},$$

即

$$\begin{bmatrix} 1 & 1/2 & 1/3 \\ 1/2 & 1/3 & 1/4 \\ 1/3 & 1/4 & 1/5 \end{bmatrix} \begin{bmatrix} a_0 \\ a_1 \\ a_2 \end{bmatrix} = \begin{bmatrix} 1.7183 \\ 1.0000 \\ 0.7183 \end{bmatrix}.$$

求解方程组可得

$$a_0 = 1.0137, \quad a_1 = 0.8472, \quad a_2 = 0.8430.$$

则最佳平方逼近二次多项式为

$$p_2(x) = a_0 + a_1 x + a_2 x^2 = 1.0137 + 0.8472x + 0.8430x^2,$$

误差为

$$Q = Q(a_0, a_1, a_2) = \int_a^b [f(x) - p_2(x)]^2 \mathrm{d}x = 2.7918 \times 10^{-5}.$$

小 节 测 试

1. 最佳平方逼近的过程中，如果数据点呈现出非线性趋势，应该采用什么策略来提高逼近的准确度？(单选)

  A. 数据点的数量   B. 使用更高阶的多项式
  C. 应用线性变换   D. 减少数据点的数量

2. 在最佳平方逼近中，为了确定逼近多项式的系数，我们通常使用哪种方法？(单选)

  A. 欧拉法   B. 牛顿迭代法
  C. 最小二乘法   D. 龙格-库塔法

3. 在最小二乘逼近中，拟合函数到数据点集的主要目标是什么？(单选)

  A. 最大化残差   B. 最小化残差的乘积
  C. 最小化残差平方和   D. 最大化残差平方和

4. 在最佳平方逼近中，确定多项式系数的关键步骤包括哪些？(多选)

  A. 数据点的选择   B. 残差最小化
  C. 正规方程组的求解   D. 系数的验证

5. 在最佳平方逼近中，影响模型稳定性的因素包括哪些？(多选)

  A. 数据的均匀分布   B. 多项式的最高阶数
  C. 计算方法的数值稳定性   D. 拟合曲线的平滑度

6. 在最佳平方逼近中，哪些方法能够评估逼近效果的好坏？(多选)

  A. 比较原始数据和拟合数据的统计特性   B. 使用残差图分析
  C. 计算拟合优度   D. 进行灵敏度分析

6.3 案 例

7. 在最佳平方逼近过程中,通常需要最小化的是观测值和拟合曲线之间差异的 _____. (填空)

8. 在最佳平方逼近中,用于描述模型与数据匹配程度的度量通常是_____. (填空)

9. 在进行最佳平方逼近时,逼近的误差越小,模型的预测能力就越强. (判断)

10. 在最佳平方逼近中,只有当数据点数量非常多时,才能获得准确的逼近结果. (判断)

11. 在最佳平方逼近中,每个数据点到逼近曲线的垂直距离最小化是优化的目标. (判断)

12. 在进行最佳平方逼近拟合时,多项式的阶数增加对误差的影响是怎样的? (思考)

13. 在最佳平方逼近的过程中,残差分析有什么作用? (思考)

6.3 案 例

6.3.1 问题背景

全球气候变暖及厄尔尼诺现象频繁发生,城市化进程不断加快,城市热岛效应和雨增效应随之显著增强,与此同时,地面不透水面积比例增大,改变了下垫面条件,导致地表径流不断加大,对排水系统造成了更大压力. 编制暴雨强度公式是城市排水排涝规划设计的技术基础,直接影响排水工程的安全与成效,与海绵城市的建设也密切相关. 根据我国《室外排水设计规范》规定,进行城市排水管网排涝工程设计时,应当依据当地的暴雨强度公式.

以某市暴雨强度公式修编为例,选取该市水文台 1982—2015 年共 34 年降雨历时为 180min 的年最大降雨量数据 (mm/min) 如表 6.10 所示.

表 6.10 最大降雨量数据值

m	1	2	3	4	5	6	7	8	9
x_m	0.527	0.471	0.441	0.430	0.399	0.384	0.374	0.365	0.348
m	10	11	12	13	14	15	16	17	18
x_m	0.341	0.337	0.336	0.332	0.320	0.319	0.312	0.302	0.281
m	19	20	21	22	23	24	25	26	27
x_m	0.279	0.277	0.277	0.273	0.273	0.266	0.254	0.253	0.247
m	28	29	30	31	32	33	34		
x_m	0.239	0.230	0.216	0.209	0.209	0.181	0.162		

下面依据该数据进行降雨强度理论频率曲线的拟合.

6.3.2 数学模型

设降雨资料年数为 n (在表 6.10 中 $n = 34$), 将 n 个降雨强度数据从大到小排列, 计算降雨强度大于等于某一值发生的经验频率

$$P = \frac{m}{n+1}, \tag{6.3.1}$$

其中, m 为数据的排队序号. 经验重现期为

$$T = \frac{1}{P} = \frac{n+1}{m}. \tag{6.3.2}$$

根据规定, 可采用指数分布曲线拟合降雨强度 x 与频率 P 的关系作为理论频率曲线.

降雨强度等于某一值 x 发生的概率 (密度函数) 为

$$y = f(x) = \alpha e^{-\alpha(x-\beta)}, \tag{6.3.3}$$

降雨强度大于等于 X_P 发生的频率 (超过概率) 为

$$P\{x > X_P\} = \int_{X_P}^{\infty} f(x) dx = e^{-\alpha(x-\beta)}, \tag{6.3.4}$$

其中, α, β 为待定参数.

6.3.3 计算方法

降雨强度大于等于 X_P 发生的频率拟合函数为 $P = e^{-\alpha(x-\beta)}$, 不能直接进行最小二乘拟合, 可以先应用自然对数将问题线性化,

$$\ln P = -\alpha(x - \beta),$$

将 (6.3.2) 代入, 得

$$\ln T = \alpha x - \alpha \beta,$$

通过定义 $\gamma = -\alpha\beta$, 我们可以得到

$$\ln T = \alpha x + \gamma. \tag{6.3.5}$$

原始的最小二乘问题是用来拟合数据, 即找到 α, β 以最小化方程 $P_m = e^{-\alpha(x_m-\beta)}$ 余项的平方和, 其中 $m = 1, 2, \cdots, n$. 余项平方和如下:

$$Q = (e^{-\alpha(x_1-\beta)} - P_1)^2 + (e^{-\alpha(x_2-\beta)} - P_2)^2 + \cdots + (e^{-\alpha(x_n-\beta)} - P_n)^2.$$

现在我们在"对数空间"求解, 改变了最小二乘误差, 即找出 α, γ 以最小化方程 $\ln T_m = \alpha x_m + \gamma$ 余项的平方和, 其中 $m = 1, 2, \cdots, n$. 余项平方和如下:

$$Q = (\alpha x_1 + \gamma - \ln T_1)^2 + (\alpha x_2 + \gamma - \ln T_2)^2 + \cdots + (\alpha x_n + \gamma - \ln T_n)^2. \quad (6.3.6)$$

针对 (6.3.6), 分别对 α, γ 求偏导,

$$\frac{\partial Q}{\partial \alpha} = 2 \sum_{m=1}^{n} (\alpha x_m + \gamma - \ln T_m) x_m = 0,$$

$$\frac{\partial Q}{\partial \gamma} = 2 \sum_{m=1}^{n} (\alpha x_m + \gamma - \ln T_m) = 0,$$

分别得到等式

$$\left(\sum_{m=1}^{n} x_m\right) \gamma + \left(\sum_{m=1}^{n} x_m^2\right) \alpha = \sum_{m=1}^{n} x_m \ln T_m,$$

$$\left(\sum_{m=1}^{n} 1\right) \gamma + \left(\sum_{m=1}^{n} x_m\right) \alpha = \sum_{m=1}^{n} \ln T_m.$$

联立方程组, 即可求得两个参数

$$\alpha = \frac{\overline{x \ln T} - \bar{x} \times \overline{\ln T}}{\overline{x^2} - (\bar{x})^2},$$

$$\beta = \bar{x} - \frac{1}{\alpha} \times \overline{\ln T},$$

其中 $\overline{x \ln T}$ 表示数据 $x \ln T$ 的平均值.

如此, 求解出两个待定参数后, 可以计算指定频率 P 下的理论降雨强度 $\hat{x}$:

$$\hat{x} = \frac{1}{\alpha} \ln \frac{1}{P} + \beta.$$

6.3.4 编程实现

下面采用指数型分布拟合该市水文台 180min 降雨历时下的暴雨强度理论频率曲线, 并与经验频率点相比较.

```
clear all
clc
axis([0,1,0,1])
```

```
xlabel('降雨强度x(mm/min)')
ylabel('降雨概率P')
text(0,0,'0')
hold on
n=34;
m=1:1:n;
P=m/(n+1);
T=1./P;
lnT=log(T);
x=[0.527,0.471,0.441,0.430,0.399,0.384,0.374,0.365,0.348,...
    0.341,0.337,0.336,0.332,0.320,0.319,0.312,0.302,0.281,...
    0.279,0.277,0.277,0.273,0.273,0.266,0.254,0.253,0.247,...
    0.239,0.230,0.216,0.209,0.209,0.181,0.162];
scatter(x,P)
hold on
ave_x=sum(x)/n;
ave_x2=sum(x.^2)/n;
ave_lnT=sum(lnT)/n;
ave_xT=dot(x,lnT)/n;
a=(ave_xT-ave_x*ave_lnT)/(ave_x2-(ave_x)^2);
b=ave_x - ave_lnT/a;
p=exp(-a*x+a*b)
plot(x,p)
```

由指数拟合曲线图像看出 (见图 6.3), 指数拟合曲线能基本反应经验频率点分布规律.

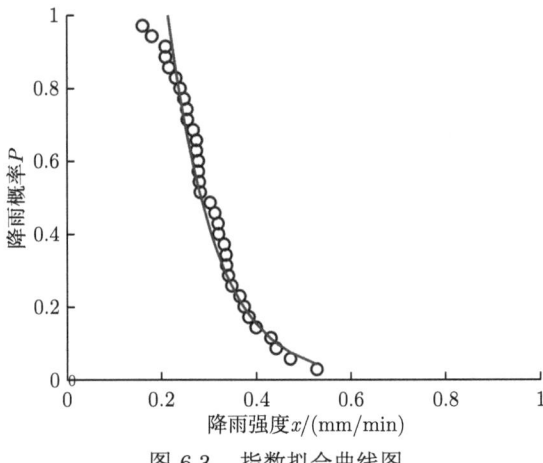

图 6.3 指数拟合曲线图

6.4 章节测试

理论题：

1. 在最小二乘法的一般多项式拟合中，多项式的阶数决定了什么？(单选)
   A. 数据点的数量　　　　　　　B. 拟合误差的测量方法
   C. 数据点的分布　　　　　　　D. 计算的复杂性

2. 在最小二乘法的指数拟合中，转换哪种类型的数据可以将非线性问题转化为线性问题？(单选)
   A. 对数据点进行平方转换　　　B. 对数据点进行对数转换
   C. 对数据点进行指数转换　　　D. 对数据点进行开方转换

3. 在使用最小二乘法进行直线拟合时，斜率和截距的估计值是如何计算出来的？(单选)
   A. 通过最大化数据点到拟合线的距离
   B. 通过求解线性方程组
   C. 通过最小化每个数据点到拟合线的垂直距离之和
   D. 通过最小化每个数据点到拟合线的水平距离之和

4. 在最小二乘法中，为什么要优先选择线性模型进行拟合？(单选)
   A. 因为线性模型总是提供最佳的数据拟合
   B. 因为线性模型计算简单且容易解释
   C. 因为线性模型可以适应所有类型的数据
   D. 因为线性模型不受异常值的影响

5. 在最小二乘法的直线拟合过程中，哪些因素对拟合结果的准确性有重要影响？(多选)
   A. 数据点的数量　　　　　　　B. 数据点的分布
   C. 残差的大小　　　　　　　　D. 拟合直线的斜率和截距

6. 在一般多项式拟合中，最小二乘法用于解决哪些问题？(多选)
   A. 优化拟合曲线的阶数　　　　B. 最小化数据点与拟合曲线的距离
   C. 确定多项式系数　　　　　　D. 验证数据的线性关系

7. 在使用最小二乘法进行曲线拟合时，_____ 的选择是关键，因为它决定了模型能够捕捉数据特征的能力. (填空)

8. 对于周期性数据的拟合，最小二乘法可以配合使用_____ 函数来更好地模拟数据的周期性变化. (填空)

9. 在最小二乘法的直线拟合过程中，数据点横纵坐标的_____ 被用于计算直线的斜率. (填空)

10. 多项式拟合中, 使用最小二乘法时, 阶数越高, 拟合的模型就越平滑. (判断)

11. 在最佳平方逼近法中, 通常需要考虑函数的正交性来减少计算误差. (判断)

12. 在最小二乘法拟合中, 数据的均匀分布必然会减少模型拟合的误差. (判断)

13. 在最佳平方逼近法中, 选取的基函数越多, 逼近的精度就越高. (判断)

14. 为什么在进行最佳平方逼近时, 选择的基函数类型对拟合结果至关重要? (思考)

15. 在曲线拟合问题中, 如何确定最小二乘法中使用的多项式的最佳阶数? (思考)

计算题:

1. 求下列矛盾方程组的最小二乘解

$$\begin{cases} x_1 - x_2 = 1, \\ -x_1 + x_2 = 2, \\ 2x_1 - 2x_2 = 3, \\ -3x_1 + x_2 = 4. \end{cases}$$

2. 设有某实验数据如下:

x_i	1.36	1.37	1.95	2.28
y_i	14.094	16.844	18.475	20.963

试用最小二乘法求以上数据的拟合函数.

3. 观测物体的直线运动, 得到以下数据:

时间 t/s	0	0.9	1.9	3.0	3.9	5.0
距离 s/m	0	10	30	50	80	110

试求运动方程.

4. 已知实验数据如下:

x_i	19	25	31	38	44
y_i	19.0	32.3	49.0	73.3	97.8

试用最小二乘法求形如 $y = a + bx^2$ 的经验公式, 并计算误差平方和.

5. 试用最小二乘法分别求一次和二次多项式, 使之与下表所列数据相拟合(计算取 3 位小数), 并比较两条拟合曲线的优劣.

x_i	1.36	1.49	1.73	1.81	1.95	2.16	2.28	2.48
y_i	14.094	15.069	16.844	17.378	18.435	19.946	20.963	22.495

6. 设一发射源的发射强度公式为 $I = I_0 e^{-at}$, 测得 I 与 t 的数据为

t_i	0.2	0.3	0.4	0.5	0.6	0.7	0.8
I_i	3.16	2.38	1.75	1.34	1.00	0.74	0.56

试用最小二乘法求曲线 $I = I_0 e^{-at}$, 使之拟合上述数据 (计算取 4 位小数).

7. 在某电路实验中, 测得电压 V 与电流 I 的一组数据为

V_i/V	1	2	3	4	5	6	7	8
I_i/mA	15.3	20.5	27.4	36.6	49.1	65.5	87.8	117.6

试用最小二乘法求曲线 $I = ae^{bV}$, 使之拟合上述数据 (计算取 4 位小数).

8. 采用最小二乘法求一个经验公式 $y = a + \ln x$, 使之拟合下列数据 (计算取 4 位小数):

x_i	1	2	3	4
y_i	14.094	15.069	16.844	17.378

9. 已知函数数据表:

x_i	-2	-1	0	1	2
y_i	0	1	2	1	0

试用二次多项式拟合这组数据.

10. 求 $f(x) = |x|$ 在 $[-1, 1]$ 上对于 $\Phi(x) = \text{span}\{1, x^2\}$ 的最佳平方逼近多项式.

11. 求 $f(x) = \dfrac{1}{1+x^2}$ 在 $[0,1]$ 上的二次最佳平方逼近多项式, 以及平方逼近误差.

12. 构造 $f(x) = \sin x$ 在 $[-1, 1]$ 上的三次最佳平方逼近多项式.

第 7 章 数值积分与数值微分

7.1 数值积分引论

我们知道,若函数 $f(x)$ 在区间 $[a,b]$ 上连续且其原函数为 $F(x)$,则可用牛顿–莱布尼茨 (Newton-Leibniz) 公式求定积分的值. 然而在实际计算中经常遇到以下三种情况.

(1) 函数 $f(x)$ 的原函数不能用初等函数表达, 例如

$$\int_0^1 \frac{\sin x}{x} \mathrm{d}x \quad \text{和} \quad \int_0^1 \mathrm{e}^{-x^2} \mathrm{d}x.$$

(2) 函数 $f(x)$ 的原函数存在,但其表达式太复杂,例如函数 $f(x)=x^2\sqrt{2x^2+3}$ 并不复杂, 但原函数的表达式却很复杂:

$$F(x) = \frac{1}{4}x^2\sqrt{2x^2+3} - \frac{3}{16}x\sqrt{2x^2+3} - \frac{9}{16\sqrt{2}}\ln(\sqrt{2}x+\sqrt{2x^2+3}).$$

(3) 函数 $f(x)$ 没有具体的解析表达式,其函数关系由表格或图形表示.

对于这些情况, 要计算积分的准确值都是十分困难的, 这时需要用数值解法来建立积分的近似计算方法[14].

7.1.1 数值求积公式

定义 7.1 设 $x_0, x_1, \cdots, x_n$ 是区间 $[a,b]$ 上的 $n+1$ 个互异节点, 满足

$$a = x_0 < x_1 < \cdots < x_{n-1} < x_n = b,$$

$f(x)$ 是区间 $[a,b]$ 上的可积函数, 其积分表示为 $I = \int_a^b f(x)\mathrm{d}x$, 则

$$\int_a^b f(x)\mathrm{d}x \approx \sum_{i=0}^n A_i f(x_i). \tag{7.1.1}$$

(7.1.1) 式称为数值求积公式. $x_0, x_1, \cdots, x_n$ 为求积节点, $A_0, A_1, \cdots, A_n$ 为

7.1 数值积分引论

求积系数, 亦称为节点 x_i 的权. 求积公式 $\sum_{i=0}^{n} A_i f(x_i)$ 的余项 (截断误差) 为

$$R_n(f) = \int_a^b f(x)\mathrm{d}x - \sum_{i=0}^{n} A_i f(x_i).$$

为了对积分公式的精度加以比较, 给出如下代数精度的定义.

定义 7.2 如果数值积分公式

$$\int_a^b f(x)\mathrm{d}x \approx \sum_{i=0}^{n} A_i f(x_i)$$

对于次数不超过 m 的多项式均能精确成立, 即 $f(x) = x^k, k = 0, 1, \cdots, m$,

$$\int_a^b x^k \mathrm{d}x = \sum_{i=0}^{n} A_i x_i^k,$$

但是对 $f(x) = x^{m+1}$, $\int_a^b x^{m+1}\mathrm{d}x \neq \sum_{i=0}^{n} A_i x_i^{m+1}$, 则称公式 (7.1.1) 中求积公式具有 m 次代数精度.

从定义 7.2 易知, 求积公式 (7.1.1) 的代数精度为 m 次, 当且仅当公式对所有次数不超过 m 的代数多项式都是精确成立的, 但是对于 $m+1$ 次代数多项式不成立.

例 7.1 已知系数 $A_0 = \dfrac{1}{6}, A_1 = \dfrac{2}{3}$ 和 $A_2 = \dfrac{1}{6}$, 确定如下求积公式的代数精度.

$$\int_0^1 f(x)\mathrm{d}x \approx A_0 f(0) + A_1 f(1/2) + A_2 f(1).$$

解 令 $f(x) = 1$, 上式左侧为 $\int_0^1 1\mathrm{d}x = 1$, 右侧为 $A_0 + A_1 + A_2 = \dfrac{1}{6} + \dfrac{2}{3} + \dfrac{1}{6} = 1$;

令 $f(x) = x$, 上式左侧为 $\int_0^1 x\mathrm{d}x = \dfrac{1}{2}$, 右侧为 $\dfrac{2}{3} \times \dfrac{1}{2} + \dfrac{1}{6} \times 1 = \dfrac{1}{2}$;

令 $f(x) = x^2$, 上式左侧等于右侧等于 $\dfrac{1}{3}$;

令 $f(x) = x^3$, 上式左侧等于右侧等于 $\dfrac{1}{4}$;

令 $f(x) = x^4$, 上式左侧等于 $\dfrac{1}{5}$, 右侧等于 $\dfrac{5}{24}$, 左侧不等于右侧, 所以代数精度为 3 阶.

例 7.2 试确定系数使得求积公式具有尽可能高的代数精度.

$$\int_0^h f(x)\mathrm{d}x \approx A_0 f(0) + A_1 f(h/2) + A_2 f(h).$$

解 令 $f(x) = 1, x, x^2$ 分别代入求积公式使它精确成立, 则有

$$\begin{cases} h = A_0 + A_1 + A_2, \\ \dfrac{h^2}{2} = A_1 \dfrac{h}{2} + A_2 h, \\ \dfrac{h^3}{3} = A_1 \dfrac{h^2}{4} + A_2 h^2. \end{cases}$$

解得

$$A_0 = \frac{h}{6}, \quad A_1 = \frac{2h}{3}, \quad A_2 = \frac{h}{6}.$$

于是有

$$\int_0^h f(x)\mathrm{d}x \approx \frac{h}{6}[f(0) + 4f(h/2) + f(h)].$$

当 $f(x) = x^3$ 时, 上式两边均为 $\dfrac{h^4}{4}$. 当 $f(x) = x^4$ 时, 上式约等于号左边的积分为 $\dfrac{h^5}{5}$, 而右边的代数表达式为 $\dfrac{5h^5}{24}$. 因此所求求积公式的代数精度为 3 阶.

7.1.2 插值型求积公式

定理 7.1 设 $x_0, x_1, \cdots, x_n$ 是区间 $[a, b]$ 上互异节点, 并满足 $a = x_0 < x_1 < \cdots < x_{n-1} < x_n = b$. 设 f 为可积函数且 $f \in C^{n+1}[a, b]$, 则

$$I = \int_a^b f(x)\mathrm{d}x = I_n + R_n(f), \tag{7.1.2}$$

其中

$$I_n = \sum_{i=0}^n A_i f(x_i), \tag{7.1.3}$$

$$A_i = \int_a^b l_i(x)\mathrm{d}x = \int_a^b \frac{\omega_{n+1}(x)}{(x - x_i)\omega'_{n+1}(x_i)}\mathrm{d}x, \quad i = 0, 1, \cdots, n, \tag{7.1.4}$$

$$R_n(f) = \frac{1}{(n+1)!}\int_a^b f^{(n+1)}(\xi(x))\omega_{n+1}(x)\mathrm{d}x, \tag{7.1.5}$$

其中 $\omega_{n+1}(x) = (x-x_0)(x-x_1)\cdots(x-x_n)$.

由式 (7.1.2)—(7.1.5) 定义的求积公式称为插值型求积公式.

证明 设

$$f(x) = p_n(x) + \frac{f^{(n+1)}(\xi(x))}{(n+1)!}\omega_{n+1}(x), \tag{7.1.6}$$

其中, $p_n(x) = \sum_{i=0}^{n} f(x_i)l_i(x)$ 是 f 在区间 $[a,b]$ 上的拉格朗日插值多项式.

我们对式 (7.1.6) 在 $[a,b]$ 上积分可得

$$I = \int_a^b f(x)\mathrm{d}x = \int_a^b \sum_{i=0}^{n} f(x_i)l_i(x)\mathrm{d}x + \int_a^b \frac{f^{(n+1)}(\xi(x))}{(n+1)!}\omega_{n+1}(x)\mathrm{d}x$$

$$= \sum_{i=0}^{n}\left[\int_a^b l_i(x)\mathrm{d}x\right]f(x_i) + \frac{1}{(n+1)!}\int_a^b f^{(n+1)}(\xi(x))\omega_{n+1}(x)\mathrm{d}x$$

$$= \sum_{i=0}^{n} A_i f(x_i) + \frac{1}{(n+1)!}\int_a^b f^{(n+1)}(\xi(x))\omega_{n+1}(x)\mathrm{d}x,$$

其中, $A_i = \int_a^b l_i(x)\mathrm{d}x = \int_a^b \frac{\omega_{n+1}(x)}{(x-x_i)\omega'_{n+1}(x_i)}\mathrm{d}x, i = 0,1,\cdots,n$, 则求积公式化为

$$I = \int_a^b f(x)\mathrm{d}x \approx \sum_{i=0}^{n} A_i f(x_i),$$

求积余项为

$$R_n(f) = \frac{1}{(n+1)!}\int_a^b f^{(n+1)}(\xi(x))\omega_{n+1}(x)\mathrm{d}x. \tag{7.1.7}$$

定理 7.2 由式 (7.1.2)—(7.1.5) 定义的插值型求积公式至少具有 n 阶代数精度.

证明 令 $f(x) = x^k, k = 0,1,\cdots,n$, 由式 (7.1.7) 定义的积分余项知

$$R_n(f) = \frac{1}{(n+1)!}\int_a^b f^{(n+1)}(\xi(x))\omega_{n+1}(x)\mathrm{d}x$$

$$= \frac{1}{(n+1)!}\int_a^b [x^k]_{x=\xi(x)}^{(n+1)}\omega_{n+1}(x)\mathrm{d}x = 0,$$

因此

$$I = \int_a^b x^k \mathrm{d}x = \sum_{i=0}^{n} A_i x_i^k.$$

然而, 对于 $f(x) = x^{n+1}$, 由积分余项知

$$R_n(f) = \frac{1}{(n+1)!} \int_a^b f^{(n+1)}(\xi(x))\omega_{n+1}(x)\mathrm{d}x$$

$$= \frac{1}{(n+1)!} \int_a^b [x^{n+1}]_{x=\xi(x)}^{(n+1)} \omega_{n+1}(x)\mathrm{d}x = \int_a^b \omega_{n+1}(x)\mathrm{d}x,$$

此时, $R_n(f)$ 不一定为零.

因此, 由式 (7.1.2)—(7.1.5) 定义的数值积分至少具有 n 阶代数精度.

小 节 测 试

1. 数值积分法通常用于 (　　) 情况下. (单选)

   A. 积分可以用解析方法求解

   B. 积分无法用解析方法求解或非常复杂

   C. 只有当函数是线性时

   D. 只有当积分界限是无穷大时

2. 数值积分的误差可能由 (　　) 因素引起. (单选)

   A. 积分公式的代数精度　　　　　B. 计算机算法的实现

   C. 积分区间的划分　　　　　　　D. 所有上述

3. 数值积分的稳定性意味着 (单选)

   A. 算法对数据的小变动不敏感　　B. 算法可以处理大规模的数据

   C. 算法的计算速度非常快　　　　D. 算法可以应用于任何函数

4. 下列因素中可以提高数值积分精度的是 (多选)

   A. 使用更精细的积分区间划分

   B. 增加插值节点的数量

   C. 选择更适合被积函数特性的积分方法

   D. 使用更复杂的算法

5. 插值型求积公式的基本思想是用插值多项式_____ 原函数, 并对该多项式进行积分. (填空)

6. 插值型求积公式的精度受到插值多项式的_____ 以及节点的分布影响. (填空)

7. 使用插值型求积公式时, 如果被积函数具有较大的波动或不规则性, 可能需要增加插值节点的 _____ 来提高精度. (填空)

8. 数值积分不适用于积分区间无限大的积分问题. (判断)

9. 任何数值积分公式, 如果增加插值节点的数量总能提高积分精度. (判断)

10. 如果被积函数在某些区间内变化剧烈，使用低阶插值多项式可能比高阶更合适. (判断)

11. 对于所有类型的被积函数，均匀分布的插值节点总是最优选择. (判断)

12. 思考我们应该如何选择插值节点以最大化数值积分公式. (思考) 习题解析

7.2 牛顿–科茨公式

7.2.1 牛顿–科茨公式的一般形式推导

定义 7.3 如果在区间 $[a,b]$ 上求积节点 $x_0, x_1, \cdots, x_n$ 是等距节点，即 $x_i = x_0 + ih, i = 0, 1, \cdots, n, x_0 = a, h = (b-a)/n$，则插值型求积公式称为牛顿–科茨 (Newton-Cotes) 公式，其可以简化为

$$\int_a^b f(x)\mathrm{d}x \approx (b-a)\sum_{i=0}^n C_i^{(n)}(x_i) \triangleq I_n, \tag{7.2.1}$$

其中，$C_i^{(n)} = \dfrac{(-1)^{n-i}}{i!(n-i)!n}\int_0^n \prod_{j=0, j\neq i}^n (t-j)\mathrm{d}t$ 称为科茨系数，$i=0,1,\cdots,n$.

事实上，由于 I_n 是一种插值型求积公式，可记为

$$I_n = \sum_{i=0}^n A_i f(x_i), \tag{7.2.2}$$

其中

$$A_i = \int_a^b l_i(x)\mathrm{d}x = \int_a^b \frac{\omega_{n+1}(x)}{(x-x_i)\omega'_{n+1}(x_i)}\mathrm{d}x, \quad i=0,1,\cdots,n, \tag{7.2.3}$$

$$\omega_{n+1}(x) = (x-x_0)(x-x_1)\cdots(x-x_n).$$

令 $x = a+th, x_i = a+ih, i=0,1,\cdots,n, h=(b-a)/n$，则

$$x - x_i = (a+th) - (a+ih) = (t-i)h,$$
$$x_j - x_i = (a+jh) - (a+ih) = (j-i)h.$$

可得

$$\omega_{n+1}(x) = (x-x_0)(x-x_1)\cdots(x-x_n) = t(t-1)\cdots(t-n)h^{n+1},$$

$$\omega'_{n+1}(x_i) = (x_i - x_0)(x_i - x_{i-1})(x_i - x_{i+1})\cdots(x - x_n) = (-1)^{n-i} i!(n-i)! h^n. \tag{7.2.4}$$

将 (7.2.4) 代入 (7.2.3) 可得

$$\begin{aligned} A_i &= \int_a^b \frac{\omega_{n+1}(x)}{(x-x_i)\omega'_{n+1}(x_i)} \mathrm{d}x \\ &= \frac{(-1)^{n-i} h}{i!(n-i)!} \int_0^n t(t-1)\cdots(t-i+1)(t-i-1)\cdots(t-n) \mathrm{d}t \\ &= (b-a)\frac{(-1)^{n-i}}{i!(n-i)! n} \int_0^n \prod_{j=0, j\neq i}^n (t-j) \mathrm{d}t. \end{aligned}$$

然后, 整理可得

$$I_n = \sum_{i=0}^n A_i f(x_i) = (b-a) \sum_{i=0}^n C_i^{(n)} f(x_i),$$

其中

$$C_i^{(n)} = \frac{(-1)^{n-i}}{i!(n-i)! n} \int_0^n \prod_{j=0, j\neq i}^n (t-j) \mathrm{d}t, \quad i = 0, 1, \cdots, n.$$

定义 7.4 设 $x_i = a + ih, i = 0, 1, \cdots, n, h = (b-a)/n$, 则

$$\int_a^b f(x) \mathrm{d}x \approx (b-a) \sum_{i=0}^n C_i^{(n)} f(x_i) \triangleq I_n,$$

称为 $n+1$ 点牛顿–科茨公式, 其中

$$C_i^{(n)} = \frac{(-1)^{n-i}}{i!(n-i)! n} \int_0^n \prod_{j=0, j\neq i}^n (t-j) \mathrm{d}t, \quad i = 0, 1, \cdots, n.$$

由积分中值定理知, 存在 $\xi \in (a, b)$, 若 n 是奇数, 则

$$\int_a^b f(x) \mathrm{d}x = I_n + \frac{f^{(n+1)}(\xi) h^{n+2}}{(n+1)!} \int_0^n t(t-1)(t-2)\cdots(t-n) \mathrm{d}t;$$

若 n 是偶数, 则

$$\int_a^b f(x) \mathrm{d}x = I_n + \frac{f^{(n+2)}(\xi) h^{n+3}}{(n+2)!} \int_0^n t^2(t-1)(t-2)\cdots(t-n) \mathrm{d}t.$$

注: 由定理易知, $n+1$ 点牛顿–科茨公式代数精度为

$$\begin{cases} n, & n \text{ 是奇数}, \\ n+1, & n \text{ 是偶数}. \end{cases}$$

7.2.2 梯形公式

下面给出几种常用的牛顿–科茨公式. 首先在牛顿–科茨公式中取 $n=1$, 则可得

$$C_0^{(1)} = -\int_0^1 (t-1)\mathrm{d}t = \frac{1}{2}, \quad C_1^{(1)} = \int_0^1 t\mathrm{d}t = \frac{1}{2},$$

代入求积公式得

$$\int_a^b f(x)\mathrm{d}x = (b-a)\left[\frac{1}{2}f(x_0) + \frac{1}{2}f(x_1)\right] + R_1(f),$$

即

$$\int_a^b f(x)\mathrm{d}x = \frac{b-a}{2}[f(a) + f(b)] + R_1(f),$$

可得梯形公式, 记为

$$T = \frac{b-a}{2}[f(a) + f(b)]. \tag{7.2.5}$$

梯形公式的几何意义是过 A, B 两点的直线与 x 轴围成的面积近似代替曲线 $f(x)$ 与 x 轴围成的面积, 如图 7.1 所示.

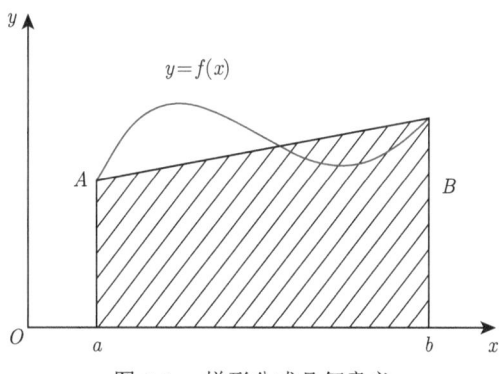

图 7.1 梯形公式几何意义

下面计算梯形公式的误差. 当 $f''(x)$ 在区间 $[a,b]$ 上存在时, 被积函数 $f(x)$ 可以写成

$$f(x) = P_1(x) + \frac{f''(\xi)}{2!}(x-a)(x-b), \quad a < \xi < b,$$

这里的 $P_1(x)$ 是过 A, B 两点的一次多项式.

对上式积分得

$$\int_a^b f(x)\mathrm{d}x = \int_a^b P_1(x)\mathrm{d}x + \int_a^b \frac{f''(\xi)}{2!}(x-a)(x-b)\mathrm{d}x,$$

$$= \frac{b-a}{2}[f(a)+f(b)]$$

$$R_1(f) \triangleq \int_a^b f(x)\mathrm{d}x - \frac{b-a}{2}[f(a)+f(b)]$$

$$= \frac{1}{2}\int_a^b f''(\xi)(x-a)(x-b)\mathrm{d}x.$$

由于 $f''(x)$ 是依赖于 x 的连续函数, 在 $[a,b]$ 上 $(x-a)(x-b) \leqslant 0$, 故由积分中值定理, 在 $[a,b]$ 内存在一点 η 使

$$\frac{1}{2}\int_a^b f''(\xi)(x-a)(x-b)\mathrm{d}x = \frac{1}{2}f''(\eta)\int_a^b (x-a)(x-b)\mathrm{d}x$$

$$= -\frac{(b-a)^3}{12}f''(\eta),$$

即得求积余项为 $R_1(f) = -\dfrac{(b-a)^3}{12}f''(\eta)$.

例 7.3 用梯形公式计算 $\displaystyle\int_0^1 \frac{\sin x}{x}\mathrm{d}x$, 准确值为 0.9460831, 见表 7.1.

表 7.1 节点数据值

x	0	1
$f(x)$	1	0.8414709

解 由梯形公式可得

$$\int_0^1 \frac{\sin x}{x}\mathrm{d}x \approx \frac{1-0}{2}[f(0)+f(1)] = \frac{1}{2}[1+0.8414709] = 0.9207355.$$

误差为 0.0253476.

7.2.3 辛普森公式

用直线代替 $y = f(x)$ 精度不高, 考虑用抛物线代替 $y = f(x)$, 即采用二次插值多项式来代替被积函数. 在牛顿–科茨公式中, 当 $n = 2$ 时,

$$C_0^{(2)} = \frac{1}{4}\int_0^2 (t-1)(t-2)\mathrm{d}t = \frac{1}{6},$$

$$C_1^{(2)} = -\frac{1}{2}\int_0^1 t(t-2)\mathrm{d}t = \frac{4}{6}, \quad C_2^{(2)} = \frac{1}{4}\int_0^1 t(t-1)\mathrm{d}t = \frac{1}{6},$$

则

$$\int_a^b f(x)\mathrm{d}x = \frac{b-a}{6}\left[f(a) + 4f\left(\frac{a+b}{2}\right) + f(b)\right] + R_2(f), \tag{7.2.6}$$

此积分公式称为带余项的辛普森 (Simpson) 公式.

辛普森公式的几何意义就是过 A, B, C 三点的抛物线 $y = L_2(x)$ 代替 $f(x)$ 所得曲边梯形的面积. 因此, 辛普森公式也称为抛物线求积公式, 其几何意义如图 7.2 所示.

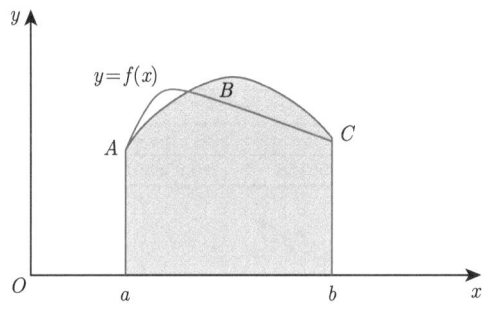

图 7.2 辛普森公式几何意义

类似梯形公式插值余项的推导, 根据积分中值定理可以证明:

$$R_2(f) = -\frac{(b-a)^5}{2880}f^{(4)}(\eta), \quad \eta \in [a,b]. \tag{7.2.7}$$

因此

$$\int_a^b f(x)\mathrm{d}x = \frac{b-a}{6}\left[f(a) + 4f\left(\frac{a+b}{2}\right) + f(b)\right] - \frac{(b-a)^5}{2880}f^{(4)}(\eta),$$

记

$$S = \frac{b-a}{6}\left[f(a) + 4f\left(\frac{a+b}{2}\right) + f(b)\right], \tag{7.2.8}$$

则式 (7.2.8) 称为辛普森公式.

由余项表达式可知, 辛普森公式具有 3 次代数精度.

当 $n = 4$ 时, 在区间 $[a,b]$ 上取 $x_i = a + ih, i = 0, 1, 2, 3, 4, h = (b-a)/4$.

$$\int_a^b f(x)\mathrm{d}x = \frac{b-a}{90}[7f(x_0) + 32f(x_1) + 12f(x_2) + 32f(x_3) + 7f(x_4)] + R_4(f).$$

记

$$C = \frac{b-a}{90}[7f(x_0) + 32f(x_1) + 12f(x_2) + 32f(x_3) + 7f(x_4)], \tag{7.2.9}$$

称为科茨公式,

$$R_4(f) = -\frac{2(b-a)}{945}\left(\frac{b-a}{4}\right)^6 f^{(6)}(\eta), \quad \eta \in [a,b].$$

由上式易知, 科茨公式具有 5 次代数精度.

例 7.4 分别用辛普森公式和科茨公式计算 $\int_0^1 \frac{\sin x}{x}\mathrm{d}x$, 准确值为 0.9450831, 见表 7.2.

表 7.2 被积函数在求积节点处的函数值

x	0	0.25	0.5	0.75	1
$f(x)$	1	0.9896158	0.958851	0.9088516	0.8414709

解 利用辛普森公式得

$$\int_0^1 \frac{\sin x}{x}\mathrm{d}x \approx \frac{1-0}{6}[f(0) + 4f(0.5) + f(1)] = 0.946146,$$

误差为 0.0010629.

利用科茨公式得

$$\int_0^1 \frac{\sin x}{x}\mathrm{d}x \approx \frac{1-0}{90}[7f(0) + 32f(0.25) + 12f(0.5) + 32f(0.75) + 7f(1)] = 0.946083,$$

误差为 0.0009999.

例 7.5 利用辛普森公式和科茨公式计算定积分 $\int_1^3 (x^3 - 2x^2 + 7x - 5)\mathrm{d}x$ 的近似值, 并估计其误差.

解 由辛普森公式得

$$\begin{aligned}
S &\approx \frac{b-a}{6}\left[f(a) + 4f\left(\frac{a+b}{2}\right) + f(b)\right] \\
&= \frac{3-1}{6}[1 + 4 \times 9 + 25] \\
&= \frac{62}{3}.
\end{aligned}$$

7.2 牛顿–科茨公式

由于 $f(x)=x^3-2x^2+7x-5, f^{(4)}(x)=0$, 由辛普森公式余项 $R[f] = \dfrac{(b-a)^5}{2880}f^{(4)}(\eta)$, $\eta \in [a,b]$ 知其误差为 $R[f] = 0$.

由科茨公式得

$$C \approx \frac{3-1}{90}[7f(1) + 32f(1.5) + 12f(2) + 32f(2.5) + 7f(3)]$$

$$= \frac{1}{45}\left[7 + 32 \times \frac{35}{8} + 12 \times 9 + 32 \times \frac{125}{8} + 7 \times 9\right]$$

$$= \frac{62}{3}.$$

误差为 $R[f] = 0$. 该定积分的准确值为 $I = \dfrac{62}{3}$.

这个例子告诉我们, 对于同一个三次多项式求积分, 采用辛普森公式和科茨公式求解结果都是精确的, 这是为什么呢? 此外, 科茨系数不依赖于求积区间, 仅依赖于等距求积节点的个数. 部分求积系数见表 7.3.

表 **7.3** 科茨公式计算结果

n	科茨求积系数				
1	1/2	1/2			
2	1/6	4/6	1/6		
3	1/8	3/8	3/8	1/8	
4	7/90	32/90	12/90	32/90	7/90

小 节 测 试

1. 牛顿–科茨公式属于 (　　) 数值积分方法. (单选)
   A. 插值型　　　　　　　　B. 随机型
   C. 自适应型　　　　　　　D. 分割型
2. 梯形公式的基本思想是将被积函数近似为一系列的 (单选)
   A. 抛物线　　　　　　　　B. 直线
   C. 圆弧　　　　　　　　　D. 椭圆
3. 辛普森公式是基于 (　　) 多项式. (单选)
   A. 线性插值　　B. 二次插值　　C. 三次插值　　D. 四次插值
4. (　　) 数值积分公式的误差项中含有被积函数的四阶导数. (单选)
   A. 梯形公式　　　　　　　B. 辛普森公式
   C. 牛顿–科茨公式　　　　D. 高斯–勒让德公式
5. 辛普森公式与梯形公式相比, 具有 (　　) 优势. (单选)

A. 更适合处理不连续函数　　　　　B. 对光滑函数提供更高的精度
C. 实现更加简单　　　　　　　　　D. 计算成本更低

6. 下列 (　　) 方法可以用于提高数值积分的精度. (多选)
A. 增加插值节点的数量　　　　　　B. 使用高阶数值积分公式
C. 减小积分区间的长度　　　　　　D. 使用自适应积分策略

7. 在使用数值积分方法时, 以下 (　　) 因素会影响积分的精度. (多选)
A. 被积函数的光滑度　　　　　　　B. 积分区间的大小
C. 插值节点的分布　　　　　　　　D. 计算机算术的精度

8. 在牛顿–科茨公式中, 如果选取的插值节点数量增加, 那么插值多项式的 _____ 也相应增加, 这可能导致数值积分的结果更加接近真实值, 但同时也增加了计算的复杂性. (填空)

9. 梯形公式计算单个区间的积分近似值时, 其误差项正比于区间长度的 _____ 次方. (填空)

10. 牛顿–科茨公式可以无限提高数值积分的精度. (判断)

11. 辛普森公式总是比梯形公式具有更高的精度, 无论被积函数的特性如何. (判断)

12. 在使用牛顿–科茨公式时, 选择等距的插值节点比非等距的插值节点更能提高积分的精度. (判断)

13. 请思考牛顿–科茨公式的阶数与所选插值节点的数量有什么关系? (思考)

14. 请思考在什么情况下, 使用辛普森公式比梯形公式更为合适? (思考)　习题解析

7.3　复化求积公式

由牛顿–科茨求积公式余项可知, 误差与区间长度有关, 区间长度越长, 误差越大. 为了提高数值积分的精度, 而又不随意提高插值多项式的次数, 有一个办法, 就是利用积分区间可加性, 将区间 $[a,b]$ 等分为 n 个子区间, 其长度为 $h=(b-a)/n$, 在每个子区间上用低阶的求积公式, 然后将所有子区间上的计算结果加起来, 这样得出的公式称为复化求积公式.

7.3.1　复化梯形公式

将积分区间 $[a,b]$ 分为 n 等份, $x_i=a+ih, h=(b-a)/n, i=0,1,\cdots,n$. 在每个子区间 $[x_i,x_{i+1}](i=0,1,\cdots,n-1)$ 上采用梯形公式, 则有

$$\int_a^b f(x)\mathrm{d}x = \sum_{i=0}^{n-1}\int_{x_i}^{x_{i+1}} f(x)\mathrm{d}x = \frac{h}{2}\sum_{i=0}^{n-1}[f(x_i)+f(x_{i+1})]+E_n(f),$$

7.3 复化求积公式

令

$$T_n = \frac{h}{2}\sum_{i=0}^{n-1}[f(x_i)+f(x_{i+1})] = \frac{h}{2}\left[f(a)+2\sum_{i=0}^{n-1}f(x_i)+f(b)\right]. \tag{7.3.1}$$

此公式称为复化梯形公式.

下面讨论由复化梯形公式 (7.3.1) 计算定积分的误差. 利用含余项的梯形公式:

$$\int_{x_i}^{x_{i+1}} f(x)\mathrm{d}x = \frac{h}{2}[f(x_i)+f(x_{i+1})] - \frac{h^3}{12}f''(\eta_i), \quad \eta_i \in [x_i, x_{i+1}],$$

对上式求和有

$$\int_a^b f(x)\mathrm{d}x = T_n - \frac{h^3}{12}\sum_{i=0}^{n-1}f''(\eta_i).$$

由于 $h=(b-a)/n$, 因此

$$E_n(f) = -\frac{b-a}{12}h^2\frac{1}{n}\sum_{i=0}^{n-1}f''(\eta_i) = -\frac{b-a}{12}h^2\sum_{i=0}^{n-1}\frac{1}{n}f''(\eta_i).$$

注意到 $f \in C^2[a,b]$, 由连续函数的最值定理知, f'' 在区间 $[a,b]$ 上可以取得最大值和最小值, 因此

$$\min_{x\in[a,b]} f''(x) \leqslant f''(\eta_i) \leqslant \max_{x\in[a,b]} f''(x),$$

$$n\min_{x\in[a,b]} f''(x) \leqslant \sum_{i=0}^{n-1}f''(\eta_i) \leqslant n\max_{x\in[a,b]} f''(x),$$

从而

$$\min_{x\in[a,b]} f''(x) \leqslant \frac{1}{n}\sum_{i=0}^{n-1}f''(\eta_i) \leqslant \max_{x\in[a,b]} f''(x).$$

根据连续函数的介值性定理, 存在 $\eta \in (a,b)$ 使得

$$f''(\eta) = \frac{1}{n}\sum_{i=0}^{n-1}f''(\eta_i).$$

因此

$$E_n(f) = -\frac{b-a}{12}h^2\frac{1}{n}\sum_{i=0}^{n-1}f''(\eta_i) = -\frac{b-a}{12}h^2 f''(\eta). \tag{7.3.2}$$

将 (7.3.2) 代入 (7.3.1) 可得

$$\int_a^b f(x)\mathrm{d}x = \frac{h}{2}\left[f(a) + 2\sum_{i-1}^{n-1} f(x_i) + f(b)\right] - \frac{b-a}{12}h^2 f''(\eta_i). \qquad (7.3.3)$$

若记 $T_n = \dfrac{h}{2}\left[f(a) + 2\sum_{i-1}^{n-1} f(x_i) + f(b)\right]$, $M = \max\limits_{x\in[a,b]} |f''(x)|$, 则由 (7.3.2) 可得

$$\left|T_n - \int_a^b f(x)\mathrm{d}x\right| = \int_a^b f(x)\mathrm{d}x = \left|-\frac{b-a}{12}h^2 f''(\eta_i)\right| \leqslant \frac{b-a}{12}h^2 M.$$

在上式中令 $h \to 0$ 得到 $\lim\limits_{h\to 0} T_n = \int_a^b f(x)\mathrm{d}x$.

例 7.6 用复化梯形公式计算 $\int_0^1 \dfrac{\sin x}{x}\mathrm{d}x$, 准确值为 0.9460831, 见表 7.4.

表 7.4 被积函数在求积节点处的函数值

x	0	0.125	0.25	0.375	0.5	0.625	0.75	0.875	1
$f(x)$	1	0.9973978	0.9896158	0.9767267	0.958851	0.9361556	0.9088516	0.8771925	0.8414709

解 $\int_0^1 \dfrac{\sin x}{x}\mathrm{d}x \approx T_8$

$$= \frac{0.125}{2}\{f(0) + 2[f(0.125) + f(0.25) + f(0.375) + f(0.5)$$
$$+ f(0.625) + f(0.75) + f(0.875)] + f(1)\}$$
$$= 0.9456909.$$

例 7.7 试用复化梯形公式求定积分 $\int_0^2 \sin x\mathrm{d}x$ 的近似值, 问 n 取何值时绝对误差不超过 0.5×10^{-4}.

解 设 $f(x) = \sin x$, 由复化梯形公式得

$$\int_0^2 f(x)\mathrm{d}x = \frac{h}{2}\left[f(0) + 2\sum_{i=1}^{n-1} f(x_i) + f(2)\right] - \frac{2-0}{12}h^2 f''(\eta), \quad \eta \in (0,2).$$

由于要求误差不超过 0.5×10^{-4}, 则有下面不等式成立

$$\left|\frac{2-0}{12}h^2 f''(\eta)\right| = \left|\frac{2-0}{12}\left(\frac{2}{n}\right)^2 f''(\eta)\right| \leqslant \frac{8}{12n^2} = \frac{2}{3n^2} \leqslant 0.5 \times 10^{-4},$$

求解不等式可得 $n \geqslant 115.4$. 故取 $n = 116$, 则 $h = \dfrac{b-a}{n} = \dfrac{2}{116}$,

$$\int_0^2 \sin x \mathrm{d}x \approx T_{116} = \dfrac{2}{2 \times 116}\left[\sin x_0 + 2\sum_{i=1}^{115}\sin x_i + \sin x_{116}\right] = 1.4161117554.$$

可以验证真实误差为 $\left|\int_0^2 \sin x \mathrm{d}x - T_{116}\right| = 0.350811 \times 10^{-4} < 0.5 \times 10^{-4}$.

7.3.2 复化辛普森求积公式

将区间 $[a,b]$ 分为 n 等份, $x_i = a + ih, h = (b-a)/n, i = 0,1,\cdots,n$. 在每个子区间 $[x_i, x_{i+1}](i = 0,1,\cdots,n-1)$ 上采用辛普森求积公式, 则有

$$\int_a^b f(x)\mathrm{d}x = \sum_{i=0}^{n-1}\int_{x_i}^{x_{i+1}}f(x)\mathrm{d}x = \dfrac{h}{6}\sum_{i=0}^{n-1}[f(x_i) + 4f(x_{i+\frac{1}{2}}) + f(x_{i+1})] + E_n(f),$$

其中 $x_{i+\frac{1}{2}} = \dfrac{1}{2}(x_i + x_{i+1}) = \dfrac{1}{2}(a + ih + a + (i+1)h) = a + \left(i + \dfrac{1}{2}\right)h$.

记

$$S_n = \dfrac{h}{6}\sum_{i=1}^{n-1}[f(x_i) + 4f(x_{i+\frac{1}{2}}) + f(x_{i+1})], \tag{7.3.4}$$

此公式称为复化辛普森求积公式, 公式 (7.3.4) 也可以写成

$$S_n = \dfrac{h}{6}\left[f(a) + 4\sum_{i=0}^{n-1}f\left(x_{i+\frac{1}{2}}\right) + 2\sum_{i=1}^{n-1}f(x_i) + f(b)\right],$$

其余项为

$$E_n(f) = 1 - S_n = -\dfrac{h}{180}\left(\dfrac{h}{2}\right)^4\sum_{i=0}^{n-1}f^{(4)}(\eta_i), \quad \eta_i \in (x_i, x_{i+1}).$$

当 $f \in C^4[a,b]$ 时, 与复化梯形公式类似有

$$E_n(f) = 1 - S_n = -\dfrac{b-a}{180}\left(\dfrac{h}{2}\right)^4 f^{(4)}(\eta), \quad \eta \in (a,b).$$

由上式可知, 误差阶为 h^4, 收敛性是显然的, 即

$$\lim_{h \to 0} S_n = \int_a^b f(x)\mathrm{d}x.$$

仿照同样的方法可得复化科茨求积公式:

$$\int_a^b f(x)\mathrm{d}x = \frac{h}{90}\left[7f(a) + 32\sum_{i=0}^{n-1} f(x_{i+\frac{1}{4}}) + 12\sum_{i=1}^{n-1} f(x_{i+\frac{1}{2}}) \right.$$
$$\left. + 32\sum_{i=0}^{n-1} f(x_{i+\frac{3}{4}}) + 14\sum_{i=1}^{n-1} f(x_i) + 7f(b)\right] - \frac{2(b-a)}{945}\left(\frac{h}{2}\right)^6 f^{(6)}(\eta).$$

根据复化科茨公式余项知 $\lim\limits_{h\to 0} C_n = \int_a^b f(x)\mathrm{d}x.$

注: 一般而言, 在采用复化梯形公式和复化辛普森公式计算时, 我们常常很难确定 n 的值使其满足给定的精度要求. 此时可以采用另一种做法: 给定误差限 ε, 当 $|T_{2^k} - T_{2^{k-1}}| < \varepsilon$ 或 $|S_{2^k} - S_{2^{k-1}}| < \varepsilon$ 时, 那么 T_{2^k} 或 S_{2^k} 就是满足精度要求的近似值, 此时取 $n = 2^k$.

例 7.8 试用复化辛普森公式求定积分 $I = \int_0^2 \sin x \mathrm{d}x$ 的近似值, 问 n 取何值时绝对误差不超过 0.5×10^{-4}.

解 由辛普森公式的余项可得

$$\left|\frac{2-0}{180}\left(\frac{h}{2}\right)^4 f^{(4)}(\eta)\right| \leqslant \frac{2^5}{180 \times 2^4 \times n^4} = \frac{1}{90n^4} \leqslant 0.5 \times 10^{-4},$$

求解不等式可得 $n \geqslant 3.8609739.$ 故取 $n = 4$, 则 $h = \dfrac{2-0}{4} = 0.5.$

由辛普森公式知

$$\int_0^2 \sin x \mathrm{d}x \approx S_4 = \frac{2-0}{6\times 4}\left[\sin x_0 + 4\sum_{i=0}^3 \sin x_{i+\frac{1}{2}} + 2\sum_{i=1}^3 \sin x_i + \sin x_4\right]$$
$$= 1.416177799.$$

其真实误差为

$$\left|\int_0^2 \sin x \mathrm{d}x - S_4\right| = 0.309625 \times 10^{-4} < 0.5 \times 10^{-4}.$$

例 7.9 用复化辛普森公式计算 $\int_0^1 \dfrac{\sin x}{x}\mathrm{d}x$, 准确值为 0.9460831, 被积函数在求积节点处的函数值见表 7.4.

解 利用复化辛普森公式得

$$\int_0^1 \frac{\sin x}{x} \mathrm{d}x \approx S_4$$
$$= \frac{0.25}{6}\{f(0) + 4\left[f(0.125) + f(0.375) + f(0.625) + f(0.875)\right]$$
$$+ 2\left[f(0.25) + f(0.5) + f(0.75)\right] + f(1)\}$$
$$= 0.9460832.$$

7.3.3 递推梯形公式

注意到每个子区间 $[x_i, x_{i+1}]$ 经过二分只增加了一个分点 $x_{i+\frac{1}{2}} = \frac{1}{2}(x_i + x_{i+1})$. 用复化梯形公式求得该子区间上的积分为

$$\frac{h}{4}[f(x_i) + 2f(x_{i+\frac{1}{2}}) + f(x_{i+1})].$$

这里的 $h = \dfrac{b-a}{n}$ 代表二分前的步长, 将每个子区间上的积分值相加得

$$T_{2n} = \frac{h}{4}\sum_{i=0}^{n-1}[f(x_i) + f(x_{i+1})] + \frac{h}{2}\sum_{i=0}^{n-1} f(x_{i+\frac{1}{2}}).$$

从而利用复化梯形公式可导出下列递推公式

$$T_{2n} = \frac{1}{2}T_n + \frac{h}{2}\sum_{i=0}^{n-1} f(x_{i+\frac{1}{2}}), \tag{7.3.5}$$

此公式称为递推梯形公式 (或步长梯形公式).

下面来看递推梯形公式的误差估计.

设 $f \in C^2[a,b]$, $I = \int_a^b f(x)\mathrm{d}x$. 则存在 $\eta_n \in (a,b)$ 和 $\eta_{2n} \in (a,b)$ 使得

$$I - T_n = -\frac{b-a}{12}h_n^2 f''(\eta_n),$$

$$I - T_{2n} = -\frac{b-a}{12}\left(\frac{h_n}{2}\right)^2 f''(\eta_{2n}). \tag{7.3.6}$$

由于 $f \in C^2[a,b]$, 若 $f''(x)$ 在 $[a,b]$ 上变化不大,

$$f''(\eta_n) \approx f''(\eta_{2n}).$$

由 (7.3.6) 式可得

$$I - T_{2n} = -\frac{b-a}{12}\left(\frac{h_n}{2}\right)^2 f''(\eta_n) \approx \frac{1}{4}\left[-\frac{b-a}{12}h_n^2 f''(\eta_{2n})\right] = \frac{1}{4}(I - T_n),$$

$$\frac{I - T_{2n}}{I - T_n} \approx \frac{1}{4}. \tag{7.3.7}$$

因此, $I \approx T_{2n} + \frac{1}{3}(T_{2n} - T_n)$ 或 $I - T_{2n} \approx \frac{1}{3}(T_{2n} - T_n)$.

若给定误差限 $\varepsilon > 0$, 则由 (7.3.7) 式知

$$\frac{1}{3}|T_{2n} - T_n| \approx |I - T_{2n}| < \varepsilon,$$

即

$$|T_{2n} - T_n| < 3\varepsilon. \tag{7.3.8}$$

由 (7.3.8) 式得到的误差估计称为后验误差估计 (或事后误差估计). 注: 由上述分析可知, 若给定误差限 $\varepsilon > 0$, 由变步长梯形公式可得序列

$$T_{2^0}, T_{2^1}, \cdots, T_{2^k}.$$

当满足下面不等式时, 终止计算输出结果:

$$|T_{2^k} - T_{2^{k-1}}| < 3\varepsilon,$$

则 T_{2^k} 即为积分 $I = \int_a^b f(x)\mathrm{d}x$ 满足误差不超过 ε 的近似值.

实际计算时, 也常常采用 $|T_{2^k} - T_{2^{k-1}}| < 3\varepsilon$ 时终止计算输出计算结果.

例 7.10 采用递推梯形公式计算积分 $I = \int_0^2 \sin x \mathrm{d}x$ 的近似值, 使其误差不超过 $\varepsilon = 0.5 \times 10^{-6}$, 积分精确值为 $I = 1.4161468$.

解 $f(x) = \sin x$, $a = 0$, $b = 2$, 初始步长为 $h_{2^0} = h_1 = 2 - 0 = 2$, 则有

$$T_{2^0} = T_1 = \frac{h_1}{2}[f(0) + f(2)] = \frac{2}{2}[0 + 0.909297] = 0.909297,$$

$$T_{2^1} = T_2 = \frac{1}{2}T_1 + \frac{h_1}{2}f(x_{\frac{1}{2}}) = \frac{1}{2} \times 0.909297 + 0.84147098 = 1.296119,$$

$$h_{2^1} = h_2 = \frac{h_1}{2} = \frac{2}{2} = 1,$$

$$T_{2^2} = T_4 = \frac{1}{2}T_2 + \frac{h_2}{2}\sum_{i=0}^{2-1} f\left(x_{i+\frac{1}{2}}\right) = \frac{1}{2}T_2 + \frac{h_2}{2}\left[f\left(\frac{1}{2}\right) + f\left(\frac{3}{2}\right)\right]$$

$$= \frac{1}{2} \times 1.296119 + \frac{1}{2} \times (0.479426 + 0.9974949)$$

$$= 1.386520.$$

继续计算可得如下结果, 见表 7.5.

表 **7.5** 递推梯形公式计算结果

k	T_{2^k}	$\|T_{2^k} - T_{2^{k-1}}\|$
0	0.909297	—
1	1.296119	3.868×10^{-1}
2	1.386520	9.040×10^{-2}
$\vdots$	$\vdots$	$\vdots$
9	1.416145	5.402×10^{-6}
10	1.416146	1.351×10^{-6}

由于

$$|T_{2^{10}} - T_{2^9}| = 1.351 \times 10^{-6} < 3\varepsilon = 1.5 \times 10^{-6},$$

因此, $T_{2^{10}} = 1.416146$ 为满足精度 $\varepsilon = 0.5 \times 10^{-6}$ 的解.

事实上, 真实误差为 $|I - T_{2^{10}}| = 0.4 \times 10^{-6}$.

7.3.4 龙贝格求积公式

用复化梯形公式计算的结果 T_{2n} 作为积分 I 的近似值, 其误差近似为 $\frac{1}{3}(T_{2n} - T_n)$. 可以设想, 如果用这个误差作为 T_{2n} 的一种补偿, 可以得到精度更高的结果, 即

$$I \approx T_{2n} + \frac{1}{3}(T_{2n} - T_n) = T_{2n} + \frac{1}{4-1}(T_{2n} - T_n). \tag{7.3.9}$$

通过类似于递推梯形公式的推导, 可以得到下面的结论.

对于复化辛普森公式, 假定 $f^{(4)}(x)$ 在 $[a,b]$ 上变化不大, 则有

$$I \approx S_{2n} + \frac{1}{15}(S_{2n} - S_n) = S_{2n} + \frac{1}{4^2-1}(S_{2n} - S_n). \tag{7.3.10}$$

对于复化科茨公式, 假定 $f^{(6)}(x)$ 在 $[a,b]$ 上变化不大, 则有

$$I \approx C_{2n} + \frac{1}{63}(C_{2n} - C_n) = C_{2n} + \frac{1}{4^3-1}(C_{2n} - C_n). \tag{7.3.11}$$

通过推导发现, 对于递推梯形公式有

$$I \approx T_{2n} + \frac{1}{3}(T_{2n} - T_n) = \frac{4}{3}T_{2n} - \frac{1}{3}T_n$$

$$= \left[\frac{2}{3}T_n + \frac{4h_n}{6}\sum_{i=0}^{n-1} f(x_{i+\frac{1}{2}})\right] - \frac{1}{3}T_n$$

$$= \frac{1}{3}T_n + \sum_{i=0}^{n-1} \frac{4h_n}{6} f(x_{i+\frac{1}{2}})$$

$$= \frac{1}{3}\sum_{i=0}^{n-1} \frac{h_n}{2}[f(x_i) + f(x_{i+1})] + \sum_{i=0}^{n-1} \frac{4h_n}{6} f(x_{i+\frac{1}{2}})$$

$$= \sum_{i=0}^{n-1} \frac{h_n}{6}[f(x_i) + 4f(x_{i+\frac{1}{2}}) + f(x_{i+1})] = S_n,$$

即 $S_n = \frac{4}{3}T_{2n} - \frac{1}{3}T_n = \frac{4T_{2n} - T_n}{4 - 1}$.

这说明, 将 T_n 与其对应区间对分后的 T_{2n} 进行线性组合, 可构造出复化辛普森公式 S_n, 其精度优于 T_{2n}, 更接近于积分的准确值.

同样, 根据公式 (7.3.10) 用 S_n 与 T_{2n} 作线性组合会得到比 S_{2n} 更精确的值, 直接验证可得

$$C_n = S_{2n} + \frac{1}{15}(S_{2n} - S_n) = \frac{4^2 S_{2n} - S_n}{4^2 - 1}. \tag{7.3.12}$$

再由公式 (7.3.11) 用 C_n 与 C_{2n} 作线性组合, 又得到比 C_{2n} 更精确的值 R_n, 即

$$R_n = C_{2n} + \frac{1}{63}(C_{2n} - C_n) = \frac{4^3 C_{2n} - C_n}{4^3 - 1}. \tag{7.3.13}$$

公式 (7.3.13) 称为龙贝格 (Romberg) 公式.

上述用若干个积分近似值推算出更为精确的积分近似值的方法称为外推法 (或松弛法). 序列 $\{T_n\}, \{S_n\}, \{C_n\}$ 和 $\{R_n\}$ 分别称为梯形序列、辛普森序列、科茨序列和龙贝格序列.

由龙贝格序列可以继续外推得到新的求积序列, 但其线性组合系数分别为 $\frac{4^m}{4^m - 1} = 1 + \frac{1}{4^m - 1} \approx 1 (m \geqslant 4)$. 新的求积序列与前一个序列结果相差不大, 故通常外推到龙贝格序列为止.

可以证明, 由梯形序列外推得到辛普森序列, 由辛普森序列外推得到科茨序列以及由科茨序列外推得到龙贝格序列, 每次外推都可以使误差提高二阶.

7.3 复化求积公式

总结上述结果可得

$$\begin{cases} S_n = \dfrac{4}{3}T_{2n} - \dfrac{1}{3}T_n, \\ C_n = \dfrac{16}{15}S_{2n} - \dfrac{1}{15}S_n, \\ R_n = \dfrac{64}{63}C_{2n} - \dfrac{1}{63}C_n. \end{cases} \tag{7.3.14}$$

利用龙贝格序列求积的算法称为龙贝格算法. 这种算法具有占用内存少、精度高的优点. 因此成为实际中常用的求积算法, 具体过程如表 7.6 所示.

表 7.6 龙贝格算法过程

T_{2^k}		$S_{2^{k-1}}$		$C_{2^{k-2}}$		$R_{2^{k-3}}$
T_{2^0}						
	↘					
T_{2^1}	→	S_{2^0}				
	↘		↘			
T_{2^2}	→	S_{2^1}	→	C_{2^0}		
	↘		↘		↘	
T_{2^3}	→	S_{2^2}	→	C_{2^1}	→	R_{2^0}
	↘		↘		↘	
T_{2^4}	→	S_{2^3}	→	C_{2^2}	→	R_{2^1}
⋮		⋮		⋮		⋮

例 7.11 用龙贝格公式求 $I = \int_0^2 \sin x \, dx$, $\varepsilon = 0.5 \times 10^{-6}$, 精确解为

$$I = 1.416146836547142.$$

解 根据题意, 计算结果如表 7.7 所示.

表 7.7 龙贝格公式计算结果

k	T_{2^k}	$S_{2^{k-1}}$	$C_{2^{k-2}}$	$R_{2^{k-3}}$
0	0.9092974268			
1	1.2961196982	1.4250604553		
2	1.3865201117	1.4166535828	1.4160931247	
3	1.4087633772	1.4161777991	1.4161460801	1.4161469207

因为 $|I - R_1| = 0.842 \times 10^{-7} \leqslant 0.5 \times 10^{-6}$, 所以取 $I \approx R_{2^0} = 1.4161469207$. 实际上, $I = \int_2^0 \sin x \, dx = -\cos x \big|_0^2 = 1 - \cos 2 \approx 1.4161468365$.

小 节 测 试

1. 在下列 (　　) 情况下, 复化梯形公式的计算结果更为精确. (单选)
   A. 被积函数在积分区间内变化剧烈
   B. 被积函数在积分区间内是线性函数
   C. 被积函数在积分区间内有间断点
   D. 被积函数在积分区间内是周期函数

2. 利用复化辛普森求积公式进行积分时, 积分区间必须满足的条件是 (单选)
   A. 区间长度任意
   B. 区间必须被等分为奇数个小区间
   C. 区间必须被等分为偶数个小区间
   D. 区间可以不被等分

3. 龙贝格求积公式是结合了递推化的梯形公式和 (　　) 技术来提高精度的. (单选)
   A. 牛顿–科茨公式　　　　　B. 理查森外推
   C. 拉格朗日插值　　　　　　D. 最小二乘法

4. 龙贝格求积公式中的误差随迭代次数 (单选)
   A. 线性减小　　　　　　　　B. 指数减小
   C. 对数减小　　　　　　　　D. 多项式减小

5. 在使用复化辛普森求积公式进行积分时, 需要保证 (多选)
   A. 区间被分割成偶数个子区间
   B. 被积函数必须是连续的
   C. 所有子区间的长度相同
   D. 被积函数在每个子区间上都可导

6. 递推梯形公式提高计算效率的特点包括 (多选)
   A. 避免重复计算　　　　　　B. 适用于任意区间分割
   C. 逐步减小误差　　　　　　D. 利用已有结果进行递推

7. 对于数值积分, 以下说法正确的是 (多选)
   A. 复化梯形公式适用于所有连续函数
   B. 复化辛普森求积公式需要偶数个子区间
   C. 递推化的梯形公式可以显著提高大区间积分的计算速度
   D. 龙贝格求积公式适用于处理高频振荡函数的积分

8. 复化辛普森求积公式的误差项与_____ 成正比, 这表明其精度高于复化梯形公式. (填空)

9. 在递推化的梯形公式中，当区间被二分至第 k 次时，区间的总数变为_____. (填空)

10. 在应用复化梯形公式进行积分近似时，增加子区间的数量会导致总误差_____. (填空)

11. 复化辛普森求积公式适用于所有连续函数的积分计算. (判断)

12. 龙贝格求积公式的计算复杂度随着精度要求的提高而指数增长. (判断)

13. 复化辛普森求积公式和复化梯形公式一样，都不需要函数在区间内的二阶导数连续. (判断)

14. 复化辛普森求积公式为何能提供比复化梯形公式更高的精度? (思考)

15. 如何确定在使用龙贝格求积公式时的迭代次数? (思考)

7.4 高斯求积公式

7.4.1 引言

对插值型积分公式

$$\int_a^b f(x)\mathrm{d}x = \sum_{j=1}^n A_j f(x_j),$$

若插值节点是等距的, 就是牛顿–科茨公式, 当节点个数 n 是奇数时, 代数精度是 n 次. 如果我们不预先指定 x_j 的位置, 而是将 x_j 和权系数 A_j 都作为待定常数, 能否通过恰当地确定它们, 以提高积分公式的代数精度? 回答是肯定的. $2n$ 个待定常数需 $2n$ 个方程来确定, 取一个函数组:

$$\{1, x, x^2, \cdots, x^{2n-1}\},$$

这一组函数构成了 $2n-1$ 次多项式的基. 如果某一积分公式, 对这组函数的每个函数都能精确积分, 则此积分公式就有 $2n-1$ 次代数精度. 分别取 $f(x)$ 为 $1, x, x^2, \cdots, x^{2n-1}$, 代入积分公式, 使等式精确成立:

$$\begin{cases} \int_a^b 1\mathrm{d}x = A_1 + A_2 + \cdots + A_n = b - a, \\ \int_a^b x\mathrm{d}x = A_1 x_1 + A_2 x_2 + \cdots + A_n x_n = \dfrac{1}{2}\left(b^2 - a^2\right), \\ \quad\cdots\cdots \\ \int_a^b x^{2n-1}\mathrm{d}x = A_1 x_1^{2n-1} + A_2 x_2^{2n-1} + \cdots + A_n x_n^{2n-1} = \dfrac{1}{2n}\left(b^{2n} - a^{2n}\right). \end{cases}$$

如果此方程有解, 且 $x_i \in [a,b]$, 则此积分公式有 $2n-1$ 次代数精度. 可见, 有可能使积分公式的代数精度提高到 $2n-1$ 次. 但是, 此方程是非线性的, 并不容易求解, 需要找别的途径来求出 A_i 和 x_i. 下面看一个简单的特例.

例 7.12 $n = \int_{-1}^{1} f(x)\mathrm{d}x = A_1 f(x_1) + A_2 f(x_2)$, 如何选择节点及系数, 使公式对任意三次多项式精度成立?

解 设 $f(x) = a_0 + a_1 x + a_2 x^2 + a_3 x^3$ 是任意的三次多项式.

$$P_2(x) = (x - x_1)(x - x_2).$$

由多项式除法知, $f(x) = P_2(x)q(x) + r(x)$.

显然 $f(x_i) = r(x_i)(i=1,2)$ 且 $q(x)$ 与 $r(x)$ 均为一次函数, 不妨设

$$q(x) = \beta_0 + \beta_1 x, \quad r(x) = \alpha_0 + \alpha_1 x.$$

若积分公式对任意不高于三次的多项式均精确成立, 必有

$$\int_{-1}^{1} f(x)\mathrm{d}x = \int_{-1}^{1} P_2(x)q(x)\mathrm{d}x + \int_{-1}^{1} r(x)\mathrm{d}x$$

$$= A_1 f(x_1) + A_2 f(x_2) = A_1 r(x_1) + A_2 r(x_2) = \int_{-1}^{1} r(x)\mathrm{d}x.$$

显然, $\int_{-1}^{1} P_2(x)q(x)\mathrm{d}x = 0$ 必须成立. 而由 $f(x)$ 的任意性知, $q(x)$ 中的系数 β_0, β_1 也是任意的, 因而

$$\int_{-1}^{1} (x-x_1)(x-x_2)(\beta_0 + \beta_1 x)\mathrm{d}x$$
$$= \beta_0 \int_{-1}^{1}(x-x_1)(x-x_2)\mathrm{d}x + \beta_1 \int_{-1}^{1} x(x-x_1)(x-x_2)\mathrm{d}x = 0,$$

只能

$$\int_{-1}^{1} (x-x_1)(x-x_2)\mathrm{d}x = 0,$$
$$\int_{-1}^{1} x(x-x_1)(x-x_2)\mathrm{d}x = 0$$

都成立, 解得 $x_{1,2} = \pm\dfrac{\sqrt{3}}{3} \in [-1,1]$. 再求 A_1, A_2, 由

$$\begin{cases} \displaystyle\int_{-1}^{1} 1\mathrm{d}x = A_1 + A_2 = 2, \\ \displaystyle\int_{-1}^{1} x\mathrm{d}x = -\dfrac{\sqrt{3}}{3}A_1 + \dfrac{\sqrt{3}}{3}A_2 = 0, \end{cases}$$

得 $A_1 = A_2 = 1$.

于是

$$\int_{-1}^{1} f(x)\mathrm{d}x = f\left(-\dfrac{\sqrt{3}}{3}\right) + f\left(\dfrac{\sqrt{3}}{3}\right).$$

容易验证此积分公式对 x^2, x^3 也是精确成立的, 因而该公式有三次代数精度.

从此例可看出, 关键在寻找适当的节点, 使

$$\int_{-1}^{1} P_2(x)q(x)\mathrm{d}x = 0,$$

而 $q(x)$ 是任意的, 关键在于 $P_2(x)$. 为了更一般地讨论这个问题, 需要进一步研究正交多项式.

7.4.2　正交多项式及其性质

定义 7.5　$\rho(x) \in C[a,b]$ 满足:

(1) $\rho(x) \geqslant 0, \forall x \in [a,b]$;

(2) $\forall g(x) \geqslant 0$, 有 $\displaystyle\int_a^b \rho(x)g(x)\mathrm{d}x = 0 \Rightarrow g(x) \equiv 0$,

则称 $\rho(x)$ 为区间 $[a,b]$ 上的权函数.

事实上, 在求正交多项式时, $\rho(x)$ 要作为权函数, 还需要满足下列条件:

(1) $\displaystyle\int_a^b \rho(x)\mathrm{d}x > 0$;

(2) $\displaystyle\int_a^b \rho(x)x^k\mathrm{d}x$ 存在, k 为整数.

定义 7.6　正交多项式

$$g_n(x) = A_n x^n + A_{n-1} x^{n-1} + \cdots + A_1 x + A_0 \quad (A_n \neq 0, n = 0, 1, 2, \cdots)$$

满足内积

$$(g_l, g_k) = \int_a^b \rho(x) g_l(x) g_k(x)\mathrm{d}x$$

$$= \begin{cases} 0, & l \neq k, \\ \int_a^b \rho(x) g_k^2(x) \mathrm{d}x, & l = k, \end{cases}$$

称为多项式序列 $\{g_k(x)\}_{k=0}^\infty$ 在区间 $[a,b]$ 上带权 $\rho(x)$ 正交, 并称 $g_n(x)$ 为 $[a,b]$ 上带权 $\rho(x)$ 的 n 次正交多项式.

性质 7.1 设 $g_j(x)(j=0,1,2,\cdots,n)$ 是 $[a,b]$ 上带权 $\rho(x)$ 的正交多项式, $f(x)$ 是任意不高于 $j-1$ 次的多项式, 则

$$\int_b^a \rho(x) f(x) g_j(x) \mathrm{d}x = 0,$$

这是因为 $f(x) = \sum_{i=0}^{j-1} a_i g_i(x)$,

$$\int_b^a \rho(x) f(x) g_j(x) \mathrm{d}x = \int_b^a \rho(x) \left(\sum_{i=0}^{j-1} a_i g_i(x) \right) g_j(x) \mathrm{d}x$$

$$= \sum_{i=0}^{j-1} a_i \int_b^a \rho(x) g_i(x) g_j(x) \mathrm{d}x = 0.$$

性质 7.2 有递推公式:

$$g_{k+1}^*(x) = (x - \beta_k) g_k^*(x) - \gamma_k g_{k-1}^*(x) \quad (k=1,2,3,\cdots),$$

其中 g_k^* 是首项系数为 1 的 k 次正交多项式,

$$\beta_k = \frac{(x g_k^*, g_k^*)}{(g_k^*, g_k^*)}, \quad \gamma_k = \frac{(g_k^*, g_k^*)}{(g_{k-1}^*, g_{k-1}^*)}.$$

证明 由于

$$x g_k^* = g_{k+1}^* + \sum_{j=0}^k C_j g_j^*, \tag{7.4.1}$$

$$(x g_k^*, g_s^*) = (g_{k+1}^*, g_s^*) + \sum_{j=0}^k C_j (g_j^*, g_s^*),$$

当 $k=2,3,\cdots; s=0,1,2,\cdots,k-2$ 时

$$(x g_k^*, g_s^*) = (g_k^*, x g_s^*) = 0,$$

$$(g_{k+1}^*, g_s^*) = 0,$$

因而

$$\sum_{j=0}^{k} C_j (g_j^*, g_s^*) = C_s (g_s^*, g_s^*) = 0.$$

而 $(g_s^*, g_s^*) \neq 0$, 只能 $C_s = 0$ $(s = 0, 1, 2, \cdots, k-2)$. 于是, 式 (7.4.1) 中许多项是零, 那么式 (7.4.1) 实际上应为

$$x g_k^* = g_{k+1}^* + C_{k-1} g_{k-1}^* + C_k g_k^*, \tag{7.4.2}$$

$$(x g_k^*, g_{k-1}^*) = (g_{k+1}^*, g_{k-1}^*) + C_{k-1}(g_{k-1}^*, g_{k-1}^*) + C_k(g_k^*, g_{k-1}^*)$$
$$= C_{k-1}(g_{k-1}^*, g_{k-1}^*),$$

$$C_{k-1} = \frac{(x g_k^*, g_{k-1}^*)}{(g_{k-1}^*, g_{k-1}^*)} = \frac{(g_k^*, x g_{k-1}^*)}{(g_{k-1}^*, g_{k-1}^*)} = \frac{(g_k^*, g_k^*)}{(g_{k-1}^*, g_{k-1}^*)} = \gamma_k,$$

$$(x g_k^*, g_k^*) = (g_{k+1}^*, g_k^*) + C_{k-1}(g_{k-1}^*, g_k^*) + C_k(g_k^*, g_k^*) = C_k(g_k^*, g_k^*),$$

$$C_k = \frac{(x g_k^*, g_k^*)}{(g_k^*, g_k^*)} = \beta_k.$$

代入式 (7.4.2) 得

$$g_{k+1}^* = (x - \beta_k) g_k^* - \gamma_k g_{k-1}^*.$$

当 $k = 1$ 时, $x g_k^* = g_2^* + C_0 g_0^* + C_1 g_1^*$. 分别在等式两边对 g_0^*, g_1^* 取内积, 不难定出

$$C_0 = \frac{(g_1^*, g_1^*)}{(g_0^*, g_0^*)}, \quad C_1 = \frac{(x g_1^*, g_1^*)}{(g_1^*, g_1^*)}.$$

这与 $k = 2, 3, \cdots$ 时的情况可以统一起来.

此递推公式与在离散点集 $\{x_i\}_{i=1}^{m}$ 上带权 $\omega(x)$ 的正交多项式的递推公式的形式完全一致, 只是内积的定义不同.

定理 7.3 n 次正交多项式 $g_n^*(x)$ 在 (a, b) 内有 n 个互异零点.

证明 (1) $g_n^*(x) = 0$ 在 (a, b) 内有根, 否则 $g_n^*(x)$ 在 (a, b) 不会变号. 不妨设 $g_n^*(x) > 0$, 而 $g_0^*(x) = 1$, 由正交性知

$$\int_a^b \rho(x) g_n^*(x) g_0^*(x) \mathrm{d}x = 0,$$

但由积分定义知 $\int_a^b \rho(x)g_n^*(x)\mathrm{d}x > 0$, 所以这两个结论矛盾.

(2) $g_n^*(x) = 0$ 在 (a,b) 内不可能有重根. 否则, 设 $x_1 \in (a,b)$ 是 $g_n^*(x) = 0$ 的 k 重根 $(k \geqslant 2)$, $g_n^*(x) = (x-x_1)^2 Q_{n-2}(x)$, 那么 $\dfrac{g_n^*(x)}{(x-x_1)^2} = Q_{n-2}(x)$ 是 $n-2$ 次多项式.

由性质 7.1 知

$$\int_a^b \rho(x)g_n^*(x)Q_{n-2}(x)\mathrm{d}x = \int_a^b \rho(x)g_n^*(x)\frac{g_n^*(x)}{(x-x_1)^2}\mathrm{d}x = 0,$$

而由积分定义知 $\int_a^b \rho(x)\left[\dfrac{g_n^*(x)}{(x-x_1)}\right]^2 \mathrm{d}x > 0$, 两个结论矛盾.

(3) $g_n^*(x) = 0$ 在 (a,b) 内必有 n 个根, 否则设只有 j 个根 $x_1, x_2, \cdots, x_j (j < n)$, 那么

$$g_n^*(x) = (x-x_1)(x-x_2)\cdots(x-x_j)Q_{n-j}(x),$$

$Q_{n-j}(x)$ 在 (a,b) 不变号, 否则 $Q_{n-j}(x) = 0$ 有根, 于是 $g_n^*(x) = 0$ 就有不止 j 个根了, 不妨设 $Q_{n-j}(x)$ 在 (a,b) 内大于零, 得到

$$g_n^*(x)(x-x_1)(x-x_2)\cdots(x-x_j) = Q_{n-j}(x)(x-x_1)^2(x-x_2)^2\cdots(x-x_j)^2.$$

由性质 7.1 可知

$$\int_a^b \rho(x)g_n^*(x)(x-x_1)(x-x_2)\cdots(x-x_j)\mathrm{d}x = 0,$$

又由积分定义知 $\int_a^b \rho(x)Q_{n-j}(x)(x-x_1)^2(x-x_2)^2\cdots(x-x_j)^2\mathrm{d}x > 0$, 两个结论矛盾, 于是定理得证.

7.4.3 高斯型积分

由于 $[a,b]$ 上带权 $\rho(x)$ 的 n 次正交多项式在 $[a,b]$ 上恰有 n 个互异零点 $x_1, x_2, \cdots, x_n$, 因此 $(x-x_1)(x-x_2)\cdots(x-x_n) = g_n^*(x)$ 正是首项为 1 的正交多项式, 且由性质 7.1 知, 对任何不高于 $n-1$ 次的多项式 $Q_{n-1}(x)$, 都有

$$\int_a^b \rho(x)g_n^*(x)Q_{n-1}(x)\mathrm{d}x = 0.$$

由此, 可以取这些零点 $x_1, x_2, \cdots, x_n$ 作为积分公式的插值节点来构造代数精度高的求积公式.

7.4 高斯求积公式

定理 7.4 $g_n(x)$ 是 $[a,b]$ 上带权 $\rho(x)$ 的 n 次正交多项式, $x_k(k=1,2,\cdots,n)$ 是 $g_n(x)$ 的零点, 则求积公式

$$\int_a^b \rho(x)f(x)\mathrm{d}x = \sum_{k=1}^n A_k f(x_k)$$

有 $2n-1$ 次代数精度, 其中 $x_k(k=1,2,\cdots,n)$ 称为高斯节点, $A_k = \int_a^b \rho(x)l_k(x)\mathrm{d}x$, 其中 $l_k(x)$ 是拉格朗日插值基函数.

证明 设 $P_{2n-1}(x)$ 是任意一个 $2n-1$ 次多项式, 有

$$P_{2n-1}(x) = g_n(x)Q_{n-1}(x) + r_{n-1}(x),$$

$$g_n(x) = A_n(x-x_1)(x-x_2)\cdots(x-x_n),$$

$$P_{2n-1}(x_k) = r_{n-1}(x_k) \quad (k=1,2,\cdots,n),$$

$$\int_a^b \rho(x)P_{2n-1}(x)\mathrm{d}x = \int_a^b \rho(x)g_n(x)Q_{n-1}(x)\mathrm{d}x + \int_a^b \rho(x)r_{n-1}(x)\mathrm{d}x.$$

由正交多项式性质 7.1 知, 右边第一个积分为零, 则

$$I = \int_a^b \rho(x)P_{2n-1}(x)\mathrm{d}x = \int_a^b \rho(x)r_{n-1}(x)\mathrm{d}x.$$

在 $x_1, x_2, \cdots, x_n$ 节点上对 $r_{n-1}(x)$ 进行拉格朗日插值, 余项为 0.

$$r_{n-1}(x) = \sum_{k=1}^n l_k(x)r_{n-1}(x_k),$$

$$I = \int_a^b \rho(x)r_{n-1}(x)\mathrm{d}x = \int_a^b \rho(x)\left[\sum_{k=1}^n l_k(x)r_{n-1}(x_k)\right]\mathrm{d}x$$

$$= \sum_{k=1}^n r_{n-1}(x_k)\int_a^b \rho(x)l_k(x)\mathrm{d}x$$

$$= \sum_{k=1}^n A_k r_{n-1}(x_k) = \sum_{k=1}^n A_k P_{2n-1}(x_k),$$

其中 $A_k = \int_a^b \rho(x)l_k(x)\mathrm{d}x$.

积分公式

$$\int_a^b \rho(x)f(x)\mathrm{d}x = \sum_{k=1}^n A_k f(x_k)$$

有 $2n-1$ 次代数精度, 称为高斯积分公式.

此定理给出了高斯积分公式的构造方法. 对于给定的区间 $[a,b]$ 和权函数 $\rho(x)$, 以及代数精度 (不妨设为 $2n-1$ 次), 都能构造高斯积分公式. 构造过程可分两步, 第一步是构造 $[a,b]$ 上带权 $\rho(x)$ 的 n 次正交多项式, 并求其零点 $x_1, x_2, \cdots, x_n$ 作为高斯节点; 第二步是确定权系数 A_k $(k=1,2,\cdots,n)$.

1. 正交多项式构造方法

由于首项系数并不影响正交性, 不妨把首项系数均定为 1.

(1) 待定系数法.

设 $g_0^*(x) = 1, g_1^*(x) = x+a, g_2^*(x) = x^2+bx+c, \cdots$, 由 $(g_1^*, g_0^*) = 0$ 定出 a, 由 $(g_2^*, g_0^*) = 0$ 及 $(g_2^*, g_1^*) = 0$ 定出 b 与 c, 以此类推.

(2) 利用递推公式.

在 $g_0^*(x)$ 和 $g_1^*(x)$ 已知的情况下, 才能用递推公式.

2. 确定权系数 A_k $(k=1,2,\cdots,n)$

(1) 解线性方程组法. 分别取 $f(x) = 1, x, \cdots, x^{n-1}$, 使积分公式精确成立, 列出 n 个方程:

$$\begin{cases} \int_a^b \rho(x)\mathrm{d}x = A_1 + A_2 + \cdots + A_n, \\ \int_a^b \rho(x)x\mathrm{d}x = A_1 x_1 + A_2 x_2 + \cdots + A_n x_n, \\ \cdots\cdots \\ \int_a^b \rho(x)x^{n-1}\mathrm{d}x = A_1 x_1^{n-1} + A_2 x_2^{n-1} + \cdots + A_n x_n^{n-1}, \end{cases}$$

解出 $A_1, A_2, \cdots, A_n$.

此方程组中的方程数比本节开始时提到的方程组少了一半, 而且由解非线性方程的问题变为只需解线性方程的问题.

注意, 此方程组左边的一些积分必须有意义, 因此, 并不是任何函数可以作权函数, 但只要 $\rho(x)$ 是 $[a,b]$ 上的权函数, 由权函数定义 (定义 7.5) 知 $\int_a^b \rho(x)x^k\mathrm{d}x$ $(k=0,1,\cdots)$ 均有意义. 事实上, 在求正交多项式的过程中, 求内积时, $\rho(x)$ 也必须是 $[a,b]$ 上的权函数.

(2) 用公式 $A_k = \int_a^b \rho(x) l_k(x) \mathrm{d}x$ 求 A_k. 其中 $l_k(x)$ 是拉格朗日插值基函数, $l_k(x) = \prod_{\substack{j=1 \\ j \neq k}}^n \dfrac{x - x_j}{x_k - x_j}$, 同样, A_k 也是在节点 $x_1, x_2, \cdots, x_n$ 确定之后才能计算的. 此积分计算比较麻烦.

由于 $l_k(x)$ 是 $n-1$ 次的, $l_k^2(x)$ 是 $2n-2$ 次的, 而高斯积分公式有 $2n-1$ 次代数精度, 设 $f(x) = l_k^2(x)$, 有

$$0 < \int_a^b \rho(x) l_k^2(x) \mathrm{d}x = \sum_{i=1}^n A_i l_k^2(x_i) = A_k l_k^2(x_k) = A_k.$$

高斯积分公式的权系数全是正的, 保证了积分公式的稳定性, 因此, 构造任意次代数精度的稳定的积分公式是可行的.

例 7.13 试求出 $[0,1]$ 上带权 $\rho(x) = x^2$ 的正交多项式 $g_0^*(x), g_1^*(x)$ 和 $g_2^*(x)$, 构造高斯积分公式:

$$\int_0^1 x^2 g(x) \mathrm{d}x = \sum_{k=1}^2 A_k g(x_k),$$

指出代数精度, 最后利用此积分公式求 $\int_0^1 (x^4 - 2x^2) \mathrm{d}x$ 的值.

解 设 $g_0^*(x) = 1, g_1^*(x) = x + a, g_2^*(x) = x^2 + bx + c$.

根据正交性, 将 $g_0^*(x) = 1, g_1^*(x) = x + a$ 代入 $\int_0^1 x^2 g(x) \mathrm{d}x = \sum_{k=1}^2 A_k g(x_k)$, 得到

$$\int_0^1 x^2 \cdot 1 \cdot (x + a) \mathrm{d}x = \frac{1}{4} + \frac{a}{3} = 0,$$

解得

$$a = -\frac{3}{4},$$

进而得到

$$g_1^*(x) = x - \frac{3}{4}.$$

同理, 根据正交性可得

$$\int_0^1 x^2 \cdot 1 \cdot (x^2 + bx + c) \mathrm{d}x = \frac{x^5}{5}\bigg|_0^1 + b\frac{x^4}{4}\bigg|_0^1 + c\frac{x^3}{3}\bigg|_0^1 = \frac{1}{5} + \frac{b}{4} + \frac{c}{3} = 0,$$

$$\int_0^1 x^2 \cdot \left(x - \frac{3}{4}\right) \cdot (x^2 + bx + c) \mathrm{d}x = \int_0^1 \left[x^5 + \left(b - \frac{3}{4}\right)x^4 + \left(c - \frac{3}{4}b\right)x^3 - \frac{3}{4}cx^2\right] \mathrm{d}x$$

$$= \frac{1}{60} + \frac{b}{80} = 0,$$

整理得到以下方程组

$$\begin{cases} 15b + 20c = -12, \\ 4 + 3b = 0, \end{cases}$$

解得

$$\begin{cases} b = -\dfrac{4}{3}, \\ c = \dfrac{2}{5}. \end{cases}$$

因此

$$g_2^*(x) = x^2 - \frac{4}{3}x + \frac{2}{5}.$$

令

$$g_2^*(x) = x^2 - \frac{4}{3}x + \frac{2}{5} = 0,$$

解得

$$x_{1,2} = \frac{10 \pm \sqrt{10}}{15}.$$

接下来计算权系数,

$$\begin{cases} \int_0^1 x^2 \mathrm{d}x = A_1 + A_2 = \dfrac{1}{3}, \\ \int_0^1 x^3 \mathrm{d}x = A_1 x_1 + A_2 x_2 = \dfrac{1}{4}, \end{cases}$$

解得

$$A_{1,2} = \frac{8 \pm \sqrt{10}}{48}.$$

将 x_1, x_2, A_1, A_2 代入积分公式得

$$\int_0^1 x^2 g(x)\mathrm{d}x = \left(\frac{8-\sqrt{10}}{48}\right) g\left(\frac{10-\sqrt{10}}{15}\right) + \left(\frac{8+\sqrt{10}}{48}\right) g\left(\frac{10+\sqrt{10}}{15}\right).$$

计算题目所求积分

$$I = \int_0^1 (x^4 - 2x^2)\,\mathrm{d}x = \int_0^1 x^2(x^2 - 2)\,\mathrm{d}x$$

$$= \frac{8-\sqrt{10}}{48}\left(\left(\frac{10-\sqrt{10}}{15}\right)^2 - 2\right) + \frac{8+\sqrt{10}}{48}\left(\left(\frac{10+\sqrt{10}}{15}\right)^2 - 2\right)$$

$$= -\frac{7}{15}.$$

小 节 测 试

1. 正交多项式序列的性质是 (单选)
    A. 任意两个不同多项式在同一权函数下的积分为零
    B. 所有多项式均通过线性组合得到
    C. 每个多项式的最高次系数相同
    D. 所有多项式的根都是实数

2. 高斯积分的权函数是指 (单选)
    A. 一个在积分区间内恒正的函数 　　B. 积分区间的长度
    C. 被积函数的导数 　　D. 积分的上下限

3. 高斯求积公式的特点是 (单选)
    A. 能精确积分所有的多项式函数 　　B. 只能用于线性函数的积分
    C. 积分结果与权函数无关 　　D. 只适用于有限区间的积分

4. 对于 n 次多项式, 高斯求积法能精确积分多项式的最高次数是 (单选)
    A. $2n+1$ 　　B. n 　　C. $2n-1$ 　　D. $n+1$

5. 正交多项式具有的性质: (多选)
    A. 在指定区间上对某个权函数正交
    B. 可以构成多项式空间的一组基
    C. 所有多项式的根都是复数
    D. 任意两个不同的正交多项式的最高次系数不同

6. 高斯求积公式的节点选择原则包括 (多选)
    A. 节点应为多项式的根 　　B. 所有节点均等距分布
    C. 节点分布应依据正交多项式的零点　D. 节点的选择与被积函数无关

7. 高斯求积公式适用于下列 (　　) 情况. (多选)
    A. 任意连续函数的积分 　　B. 多项式函数的高精度积分
    C. 有限区间内的积分 　　D. 无限区间内的积分

8. 在高斯求积中, 用于计算积分近似值的权系数和节点可以通过_____ 多项式的零点和积分区间以及权函数确定. (填空)

9. 如果要在区间 $[-1,1]$ 上使用高斯求积法精确积分一个三次多项式, 至少需要使用_____ 个节点. (填空)

10. 在任何给定的区间 $[a,b]$ 上进行积分时, 可以通过_____ 变换将区间转换为高斯求积法更常用的标准区间. (填空)

11. 正交多项式的根都是实数且互不相等. (判断)

12. 每个高斯求积公式都对应一个特定的权函数. (判断)

13. 在高斯求积法中, 节点的数量越多, 积分的精度就越低. (判断)

14. 高斯求积法总是比传统的数值积分方法 (如梯形法或辛普森法) 更精确. (判断)

15. 请思考求积法如何选择节点和权系数以提高积分的精度? (思考)

16. 为什么说高斯求积法比基于等距节点的数值积分方法更精确? (思考)

7.5 数值微分

在现代科学与工程实践中, 函数的导数不仅是理论分析的核心工具, 更是实时控制系统、物理场仿真、金融衍生品定价等关键领域的决定性参数. 然而, 实际场景常面临根本性挑战: 被观测对象往往以离散数据点形式存在 (如传感器采样信号、实验测量数据、经济时序序列), 且其内在机理可能未知或过于复杂 (如黑箱模型、隐式微分方程). 这些挑战往往导致经典解析求导方法失效. 数值微分方法通过离散化逼近原理, 将导数定义为差分商的极限形式, 并借助误差控制策略平衡截断误差与舍入误差, 以解决 "可微不可算" 的工程困局, 这正是本节讨论的核心价值所在.

7.5.1 插值型求导公式

用插值函数多项式的导数近似函数的导数是求导数的一个直接的方法.

设 $x_0, x_1, \cdots, x_n$ 是给定区间 I 上的 $n+1$ 个互异节点, 且 $f \in C^{n+2}(I)$, 则

$$f(x) = \sum_{k=0}^{n} f(x_k) l_k(x) + \frac{f^{(n+1)}(\xi(x))}{(n+1)!}(x-x_0)\cdots(x-x_n), \tag{7.5.1}$$

其中, $l_k(x)$ 表示节点插值 k 的拉格朗日插值基函数, 节点为 $x_0, x_1, \cdots, x_n, k = 0, 1, \cdots, n$.

若 $f^{(n+1)}(\xi(x))$ 可导, 对 (7.5.1) 式求导可得

$$f'(x) = \sum_{k=0}^{n} f(x_k) l_k'(x) + \frac{f^{(n+1)}(\xi(x))}{(n+1)!} \frac{\mathrm{d}}{\mathrm{d}x}[(x-x_0)\cdots(x-x_n)]$$

7.5 数值微分

$$+ \frac{(x-x_0)\cdots(x-x_n)}{(n+1)!}\left[\frac{\mathrm{d}}{\mathrm{d}x}f^{(n+1)}(\xi(x))\right]. \tag{7.5.2}$$

如果要求某一节点 x_k $(k=0,1,\cdots,n)$ 上的导数值, 那么该项

$$\frac{(x-x_0)\cdots(x-x_n)}{(n+1)!}\left[\frac{\mathrm{d}}{\mathrm{d}x}f^{(n+1)}(\xi(x))\right]$$

为零.

此时有

$$f'(x_j) = \sum_{k=0}^{n} f(x_k)l_k'(x_j) + \frac{f^{(n+1)}(\xi(x_j))}{(n+1)!}\prod_{\substack{i\neq j\\ i=0}}^{n}(x_j-x_i), \tag{7.5.3}$$

此公式称为逼近 $f'(x_j)$ 的插值型求导公式.

最常见的数值微分是三点公式, 下面我们推导出三点公式, 并考虑其误差.

由于 $l_0(x) = \dfrac{(x-x_1)(x-x_2)}{(x_0-x_1)(x_0-x_2)}$, 其导数为 $l_0'(x) = \dfrac{2x-x_1-x_2}{(x_0-x_1)(x_0-x_2)}$.

同理可得

$$l_1'(x) = \frac{2x-x_0-x_2}{(x_1-x_0)(x_1-x_2)} \quad \text{和} \quad l_2'(x) = \frac{2x-x_0-x_1}{(x_2-x_0)(x_2-x_1)}.$$

因此, 从 (7.5.3) 式可知节点 x_j $(j=1,2,3)$ 的导数值为

$$f'(x_j) = f(x_0)l_0'(x_j) + f(x_1)l_1'(x_j) + f(x_2)l_2'(x_j) + \frac{f^{(2+1)}(\xi_j)}{(2+1)!}\prod_{\substack{i=0\\ i\neq j}}^{2}(x_j-x_i)$$

$$= f(x_0)\frac{2x_j-x_1-x_2}{(x_0-x_1)(x_0-x_2)} + f(x_1)\frac{2x_j-x_0-x_2}{(x_1-x_0)(x_1-x_2)}$$

$$+ f(x_2)\frac{2x_j-x_0-x_1}{(x_2-x_0)(x_2-x_1)} + \frac{f^{(3)}(\xi_j)}{3!}\prod_{\substack{i=0\\ i\neq j}}^{2}(x_j-x_i). \tag{7.5.4}$$

当节点为等距分布时, 利用公式 (7.5.4) 就可以得到常用的三点公式:

$$f'(x_0) = \frac{1}{2h}[-3f(x_0) + 4f(x_1) - f(x_2)] + \frac{h^2}{3}f^{(3)}(\xi_0), \tag{7.5.5}$$

$$f'(x_1) = \frac{1}{2h}[-f(x_0) + f(x_2)] - \frac{h^2}{6}f^{(3)}(\xi_1), \tag{7.5.6}$$

$$f'(x_2) = \frac{1}{2h}[f(x_0) - 4f(x_1) + 3f(x_2)] + \frac{h^2}{3}f^{(3)}(\xi_2), \qquad (7.5.7)$$

其中, $x_1 = x_0 + h, x_2 = x_0 + 2h, h \neq 0$.

显然, 上述方法也适用于高阶导数, 近似 $f(x)$ 的二阶导数的三点公式为

$$f''(x_1) = \frac{1}{h^2}[f(x_0) - 2f(x_1) + f(x_2)] - \frac{h^2}{12}f^{(4)}(\xi), \qquad (7.5.8)$$

其中 ξ 介于 x_0 和 x_2 之间.

7.5.2 变步长中点公式

设 $f'(a)$ 存在, 则满足

$$f'(a) = \lim_{h \to 0} \frac{f(a+h) - f(a)}{h} = \lim_{h \to 0} \frac{f(a) - f(a-h)}{h} = \lim_{h \to 0} \frac{f(a+h) - f(a-h)}{2h}.$$

因此, 当 h 充分小时, $f'(a)$ 可以用下面的三个公式近似求解

$$\begin{aligned}&\frac{f(a+h) - f(a)}{h}, \\ &\frac{f(a) - f(a-h)}{h}, \\ &\frac{f(a+h) - f(a-h)}{2h}.\end{aligned} \qquad (7.5.9)$$

事实上, 公式 (7.5.9) 中的第三个公式最常用, 即

$$f'(a) \approx \frac{f(a+h) - f(a-h)}{2h},$$

此公式称为中点公式.

下面给出中点公式的误差, 首先, 记 $G(h) = \dfrac{f(a+h) - f(a-h)}{2h}$.

$f(a-h)$ 和 $f(a+h)$ 在 a 点分别进行泰勒展开:

$$f(a-h) = f(a) - hf'(a) + \frac{h^2}{2!}f''(a) - \frac{h^3}{3!}f'''(a) + \frac{h^4}{4!}f^{(4)}(a) - \frac{h^5}{5!}f^{(5)}(a) + \cdots,$$

$$f(a+h) = f(a) + hf'(a) + \frac{h^2}{2!}f''(a) + \frac{h^3}{3!}f'''(a) + \frac{h^4}{4!}f^{(4)}(a) + \frac{h^5}{5!}f^{(5)}(a) + \cdots.$$

7.5 数值微分

然后, 代入 $G(h)$ 可得

$$G(h) = \frac{f(a+h) - f(a-h)}{2h} = f'(a) + \frac{h^2}{3!}f'''(a) + \frac{h^4}{5!}f^{(5)}(a) + \cdots. \quad (7.5.10)$$

注: 从公式 (7.5.10) 中, 我们可以发现, 为了减少截断误差, 必须减少 h. 但随着 h 的减小, 舍入误差将增大. 在实际应用中, 通常采用变步长中点法来寻找合适的步长 h (近似最优 h) 用来近似导数.

例 7.14 令 $f(x) = x\mathrm{e}^x$, $a = 1$. 采用变步长中点方法来逼近 $f'(1)$. 选取初始步长为 $h_0 = 0.8$.

解 采用公式

$$G(h_k) = \frac{f(a+h_k) - f(a-h_k)}{2h_k} = \frac{f(1+h_k) - f(1-h_k)}{2h_k},$$

其中 $h_k = 0.8/2^k$, $k = 0, 1, 2, \cdots$, 计算结果见表 7.8 和图 7.3.

表 7.8 变步长中点公式计算结果

k	$G(h_k)$
0	6.653178
1	5.730011
2	5.509269
3	5.454699
⋮	⋮
9	5.436568
10	5.436563

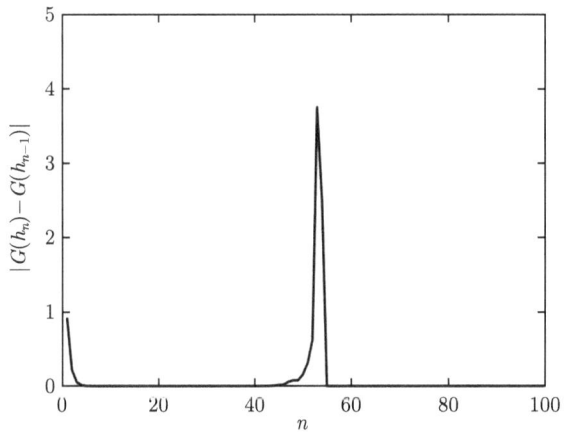

图 7.3 变步长中点公式求解结果

取 $\varepsilon = 0.5 \times 10^{-5}$,注意 $f'(1)$ 的精确解为 $2e = 5.436563\cdots$.

小 节 测 试

1. 插值型求导公式的主要思想是 (单选)
   A. 通过构造插值多项式, 然后直接对多项式求导得到导数的近似值
   B. 通过函数在不同点的值, 直接计算导数
   C. 利用泰勒展开式求导数的近似值
   D. 使用积分方法求导数
2. 变步长中点公式用于解决 (　　) 问题. (单选)
   A. 函数值的直接求解　　　　　B. 函数插值
   C. 提高数值微分的精度　　　　D. 数值积分的计算
3. 在使用中心差分公式求导数时, 如果步长为 h, 那么导数的近似误差阶数是 (单选)
   A. $O(h)$　　　B. $O(h^2)$　　　C. $O(h^3)$　　　D. $O(1/h)$
4. 在数值微分中, 使用太小的步长会导致 (　　) 问题. (单选)
   A. 计算速度过快　　　　　　　B. 精度显著提高
   C. 舍入误差增加　　　　　　　D. 计算不可能完成
5. 变步长中点公式与固定步长中点公式相比, 其主要优势是 (单选)
   A. 计算速度更快　　　　　　　B. 更容易实现
   C. 可以处理更复杂的函数　　　D. 可以更有效地减小误差
6. 插值型求导公式与直接差分求导相比, 其主要优势在于 (单选)
   A. 更高的计算速度　　　　　　B. 更低的计算成本
   C. 更高的灵活性和精度　　　　D. 更简单的计算过程
7. 插值型求导公式的特点包括 (多选)
   A. 可以基于离散数据点进行　　B. 需要函数的解析形式
   C. 适用于任意阶导数的估计　　D. 对数据的平滑性要求较高
8. 变步长中点公式的目的是 (多选)
   A. 减少计算量　　　　　　　　B. 增加计算复杂度
   C. 提高导数估计的精度　　　　D. 适应不同的函数形态
9. 在进行数值微分时, 想要选择合适的差分公式应考虑: (多选)
   A. 根据求导的阶数　　　　　　B. 依据函数的平滑度
   C. 计算的复杂度　　　　　　　D. 基于数据点的分布
10. 变步长中点公式是通过比较相同点处不同_____下的导数近似值来提高精度的方法. (填空)

11. 在实际应用中, 选择合适的步长是一种权衡, 需要平衡截断误差和_____误差之间的关系. (填空)

12. 在对具有不连续点的函数进行数值微分时, 应该避免在_____附近使用数值微分方法, 因为在这些点处函数的导数未定义或存在突变. (填空)

13. 使用三次插值多项式进行插值求导时, 得到的导数估计总是比使用二次插值多项式更精确. (判断)

14. 变步长中点公式无法减少数值微分的舍入误差. (判断)

15. 思考插值型求导公式如何提高数值微分的精度, 并讨论其局限性. (思考)

习题解析

16. 思考在数值微分中如何权衡舍入误差和截断误差, 以及如何通过实验确定最优步长. (思考)

7.6 案 例

7.6.1 问题背景

2020 年 7 月 31 日, 中国向全世界郑重宣告, 中国自主建设、独立运行的北斗三号全球卫星导航系统已全面建成, 中国北斗开启了高质量服务全球、造福人类的新时代. 截至 2020 年 7 月, 北斗卫星共有 55 颗北斗导航卫星, 每一颗北斗卫星均沿着一个固定的椭圆轨迹运行 (见图 7.4), 在观测与控制北斗卫星时, 需要知道它们的运行轨道长度, 该如何确定呢?

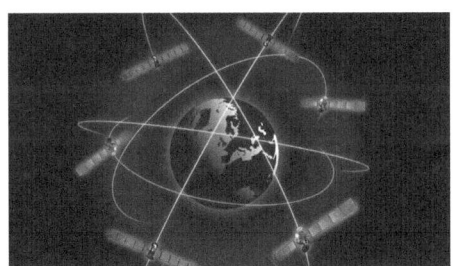

图 7.4 卫星运行轨迹示意图

7.6.2 数学模型

不妨设椭圆运行轨迹参数方程为 $x = a\cos\theta, y = b\sin\theta, \theta \in [0, 2\pi]$, 采用弧长积分公式可得该椭圆运行轨迹的长度为

$$L = 4\int_0^{\frac{\pi}{2}} \sqrt{a^2\sin^2\theta + b^2\cos^2\theta}\,\mathrm{d}\theta.$$

但是注意到, 该被积函数的原函数不能用初等函数表示出来, 因而无法用牛顿–莱布尼茨公式得到它的解. 事实上, 除了上面介绍的这种情况, 许多实际问题中计算积分使用牛顿–莱布尼茨公式往往都有困难, 例如, 被积函数是 $\dfrac{\sin x}{x}(x \neq 0)$, e^{-x^2} 等, 其原函数不能用初等函数表示, 有些即使可以, 能求得原函数的积分有时计算十分困难. 另外, 当被积函数是由测量或数值计算给出的一张数据表时, 牛顿–莱布尼茨公式也不能直接运用, 此时就要研究积分的数值计算问题, 也就是数值积分.

7.6.3 计算方法

记被积函数 $f(\theta) = \sqrt{a^2\sin^2\theta + b^2\cos^2\theta}$, 积分区间端点 $l = 0, r = \dfrac{\pi}{2}$. 对区间 $[l, r]$ 进行 n 等分, 得一组等距节点 $l = \theta_0 < \theta_1 < \cdots < \theta_n = r$, 相邻节点间距 $h = \dfrac{l-r}{n}$, 节点 $\theta_k = \theta_0 + kh, k = 0, 1, \cdots, n$. 已知被积函数 $f(\theta)$ 在这些节点上的值, 作插值函数 $f_n(\theta)$, 由于代数多项式 $f_n(\theta)$ 的原函数是容易求出的, 我们取 $L_n = \int_l^r f_n(\theta)\mathrm{d}\theta$ 作为积分 $L = \int_l^r f(\theta)\mathrm{d}\theta$ 的近似值.

这里不妨取插值函数 $f_n(\theta)$ 为分段二次多项式, 即在小区间 $[\theta_i, \theta_{i+1}]$ ($i = 0, 1, \cdots, n-1$) 上都是一个二次多项式, 为方便叙述, 记区间中点为 $\theta_{i+\frac{1}{2}} = \dfrac{\theta_i + \theta_{i+1}}{2}$. 在小区间 $[\theta_i, \theta_{i+1}]$ 上, 插值函数表达式为

$$f_n(\theta) = l_i(\theta)f(\theta_i) + l_{i+\frac{1}{2}}(\theta)f(\theta_{i+\frac{1}{2}}) + l_{i+1}(\theta)f(\theta_{i+1}),$$

其中插值节点基函数为

$$l_i(\theta) = \dfrac{(\theta - \theta_{i+\frac{1}{2}})(\theta - \theta_{i+1})}{(\theta_i - \theta_{i+\frac{1}{2}})(\theta_i - \theta_{i+1})},$$

$$l_{i+\frac{1}{2}}(\theta) = \dfrac{(\theta - \theta_i)(\theta - \theta_{i+1})}{(\theta_{i+\frac{1}{2}} - \theta_i)(\theta_{i+\frac{1}{2}} - \theta_{i+1})},$$

$$l_{i+1}(\theta) = \dfrac{(\theta - \theta_i)(\theta - \theta_{i+\frac{1}{2}})}{(\theta_{i+1} - \theta_i)(\theta_{i+1} - \theta_{i+\frac{1}{2}})}.$$

代入求积公式中, 得

$$\begin{aligned}L_n &= \int_l^r f_n(\theta)\mathrm{d}\theta = \int_{\theta_0}^{\theta_n} f_n(\theta)\mathrm{d}\theta \\ &= \sum_{i=0}^{n-1}\int_{\theta_i}^{\theta_{i+1}} f_n(\theta)\mathrm{d}\theta\end{aligned}$$

$$= \sum_{i=0}^{n-1} \int_{\theta_i}^{\theta_{i+1}} \left[l_i(\theta)f(\theta_i) + l_{i+\frac{1}{2}}(\theta)f(\theta_{i+\frac{1}{2}}) + l_{i+1}(\theta)f(\theta_{i+1}) \right] \mathrm{d}\theta$$

$$= \sum_{i=0}^{n-1} \left[f(\theta_i) \int_{\theta_i}^{\theta_{i+1}} l_i(\theta)\mathrm{d}\theta + f(\theta_{i+\frac{1}{2}}) \int_{\theta_i}^{\theta_{i+1}} l_{i+\frac{1}{2}}(\theta)\mathrm{d}\theta + f(\theta_{i+1}) \int_{\theta_i}^{\theta_{i+1}} l_{i+1}(\theta)\mathrm{d}\theta \right]$$

$$= \sum_{i=0}^{n-1} \frac{h}{6} \left[f(\theta_i) + 4f(\theta_{i+\frac{1}{2}}) + f(\theta_{i+1}) \right]$$

$$= \frac{h}{6} \left[f(\theta_0) + 4\sum_{i=0}^{n-1} f(\theta_{i+\frac{1}{2}}) + 2\sum_{i=1}^{n-1} f(\theta_i) + f(\theta_n) \right].$$

7.6.4 编程实现

```
function y=f_name(x)
y=sqrt(a^2*(sinθ)^2+b^2*(cosθ)^2)
end
function I=mysimpon(f_name,l,r,n)
format long
n=n;hold off
h=(r-l)/n;
x=l+(0:n)*h; fx=feval(f_name,x);
y=x+h/2;fy=feval(f_name,y);
Ln=h/6*(f(1)+f(n+1)+4*sum(fy(1:n))+2*sum(fx(2:n)))
end
clear all
clc
Ln=mysimpon('f_name',l,r,n)
```

7.7 章节测试

理论题:

1. 在数值积分中, 复化求积公式是指 (单选)

    A. 在整个区间上应用单一的求积公式

    B. 将积分区间分成多个小区间, 分别应用求积公式

    C. 应用高阶求积公式提高精度

    D. 使用最小二乘法进行积分

2. 数值微分与数值积分相比, 主要的困难在于 (单选)

    A. 数值微分更容易受到舍入误差的影响

B. 数值微分的计算公式更复杂

C. 数值积分需要更多的计算资源

D. 数值微分无法处理高阶导数

3. 高斯求积公式与牛顿–科茨公式相比,具有(　　)优势. (单选)

　　A. 需要的节点更少　　　　　　B. 实现更简单

　　C. 计算速度更快　　　　　　　D. 适用于所有类型的函数

4. 下列情况中,高斯求积法特别适用的是 (多选)

　　A. 函数变化缓慢且光滑　　　　B. 需要高精度的积分结果

　　C. 函数具有不连续点或奇异点　D. 积分区间非常大

5. 复化求积公式的应用中,平衡计算精度与计算成本可以通过 (多选)

　　A. 增加子区间的数量

　　B. 减少每个子区间的求积规则的阶数

　　C. 选择适合的求积规则

　　D. 自适应调整子区间的大小

6. 牛顿–科茨公式在实际应用中的限制是 (多选)

　　A. 只适用于多项式函数

　　B. 对于高阶多项式,数值稳定性较差

　　C. 需要的节点数随积分区间长度增加

　　D. 在处理振荡函数时精度较低

7. 高斯求积法的效率和精度优于传统方法,如梯形法和辛普森法,因为它选择的节点和权重是通过 ＿＿＿＿＿ 来优化的,使其在给定节点数下实现最佳积分精度. (填空)

8. 复化求积公式通过将积分区间划分为多个子区间并在每个子区间上应用基本求积公式,如 ＿＿＿＿＿ 或 ＿＿＿＿＿ 法,从而提高整体积分的精度. (填空)

9. 在数值积分和数值微分的结合应用中,特别是在解决微分方程时,数值积分方法常用于计算解的 ＿＿＿＿＿ 部分,而数值微分方法用于估计解的 ＿＿＿＿＿ 部分.(填空)

10. 复化求积公式通过将积分区间分为多个小区间来提高精度,这种方法特别适用于处理 ＿＿＿＿＿ 的函数. (填空)

11. 在任何情况下,高斯求积公式都比辛普森公式精确. (判断)

12. 数值微分的精度总是随着使用的数据点数量增加而提高. (判断)

13. 高斯求积公式的节点总是均匀分布在积分区间内. (判断)

14. 高斯求积法比复化梯形法需要更多的函数评估次数来达到相同的积分精度. (判断)

15. 高斯求积法中, 选取的节点数量越多, 计算的积分结果越接近精确值. (判断)

16. 在使用牛顿–科茨公式进行数值积分时, 如何确定使用多少个插值节点? 插值节点的数量对积分精度有什么影响? (思考)

17. 高斯求积法为何能在较少的节点下提供高精度的积分结果? 节点的选择有何特点? (思考)

计算题:

1. 确定下列求积公式中的待定参数, 使其代数精度尽量高, 并指明所构造的求积公式所具有的代数精度.

(1) $\int_{-h}^{h} f(x)\mathrm{d}x \approx A_{-1}f(-h) + A_0 f(0) + A_1 f(h)$;

(2) $\int_{-1}^{1} f(x)\mathrm{d}x \approx [f(-1) + 2f(x_1) + 3f(x_2)]/3$.

2. 分别用梯形公式和辛普森公式计算积分 $\int_0^1 \dfrac{x}{4+x^2}\mathrm{d}x$, $n=8$.

3. 直接验证科茨公式具有 5 次代数精度.

4. 用辛普森公式求积分 $\int_0^1 \mathrm{e}^{-x}\mathrm{d}x$ 并估计误差.

5. 推导中矩形求积公式: $\int_a^b f(x)\mathrm{d}x = (b-a)f\left(\dfrac{a+b}{2}\right) - \dfrac{f''(\eta)}{24}(b-a)^3$, 并说明该求积公式的几何意义.

6. 若用复化梯形公式计算积分 $I = \int_0^1 \mathrm{e}^x \mathrm{d}x$, 问区间 $[0,1]$ 应等分多少份才能使截断误差不超过 $\dfrac{1}{2} \times 10^{-5}$? 若改用复化辛普森公式, 要达到同样精度区间 $[0,1]$ 应等分多少份?

7. 如果 $f''(x) > 0$, 证明用梯形公式计算积分 $\int_a^b f(x)\mathrm{d}x$ 所得结果比准确值 I 大, 并说明其几何意义.

8. 取 7 个等距节点 (含区间端点), 分别用复化梯形、复化辛普森求积公式计算积分 $\int_1^2 \ln x \mathrm{d}x$ 的近似值 (计算过程取 6 位小数计算).

9. 用递推化的梯形公式计算 $\int_1^{1.5} x^2 \ln x \mathrm{d}x$, 使误差不超过 10^{-3}.

10. 用三点公式求 $f(x) = \dfrac{1}{(1+x)^2}$ 在 $x = 1.0, 1.1, 1.2$ 处的导数值, 并估计

其误差.

11. 地球卫星轨道是一个椭圆, 椭圆周长的计算公式为

$$S = 4a \int_0^{\pi/2} \sqrt{1 - \left(\frac{c}{a}\right)^2 \sin^2\theta} d\theta,$$

其中 a 是椭圆的半长轴, c 是地球中心与轨道中心 (椭圆中心) 的距离, 记 h 为近地点距离, H 为远地点距离, $R = 6371 \mathrm{km}$ 为地球半径, 则

$$a = (2R + H + h)/2, \quad c = (H - h)/2.$$

我国第一颗人造地球卫星近地点距离 $h = 439 \mathrm{km}$, 远地点距离 $H = 2384 \mathrm{km}$, 试求卫星轨道的周长.

12. 用龙贝格求积方法计算积分 $\dfrac{2}{\sqrt{\pi}} \int_0^1 \mathrm{e}^{-x} \mathrm{d}\theta$, 使误差不超过 10^{-5}.  习题解析

第 8 章 常微分方程初值问题的数值解法

8.1 概述

考虑如下一般形式的一阶常微分方程初值问题:

$$\begin{cases} \dfrac{\mathrm{d}y}{\mathrm{d}x} = f(x,y), \\ y(x_0) = y_0. \end{cases} \tag{8.1.1}$$

具体地, 例如, 常微分方程 $xy' - 2y = 4x$ 可转变为 $y' = \dfrac{2y}{x} + 4$, 这里 $f(x,y) = \dfrac{2y}{x} + 4$, 加上定解条件 (初值条件): $y(1) = -3$, 则可得一阶常微分方程的初值问题

$$\begin{cases} y'(x) = \dfrac{2y}{x} + 4, \\ y(1) = -3. \end{cases}$$

常微分方程的定解问题是求一个函数 $y = y(x)$ 使得该函数满足常微分方程并且符合初值条件. 例如对于函数 $y(x) = x^2 - 4x$ 满足以上条件, 因而是该初值问题的解. 但是, 只有一些特殊类型的常微分方程问题能够得到用解析表达式表示的函数解, 而大量的常微分方程问题很难得到其解析解, 有的甚至无法用解析表达式来表示, 而在实际工程技术、生产和科研中会出现大量的常微分方程问题, 需要得到其解, 因此只能依赖于数值计算的方法去获得常微分方程的数值解[15].

为了获得常微分方程初值问题的数值解, 首先要确保该方程的解具有存在唯一性, 因此给出以下定理.

定理 8.1 设 f 是 x 和 y 的连续函数, 且关于 y 满足利普希茨条件, 即有

$$|f(x,y_1) - f(x,y_2)| \leqslant L|y_1 - y_2|, \quad \forall y_1, y_2,$$

其中, L 称为利普希茨常数, 则对于任意实数 $y(x_0) = \eta$, 初值问题 (8.1.1) 存在唯一的连续可微解 $y(x)$.

记 D_δ 为解 $y(x)$ 的一个 δ 邻域, 见图 8.1, 即有

$$D_\delta = \{(x,y) | a \leqslant x \leqslant b, y(x) - \delta \leqslant y(x) \leqslant y(x) + \delta\}.$$

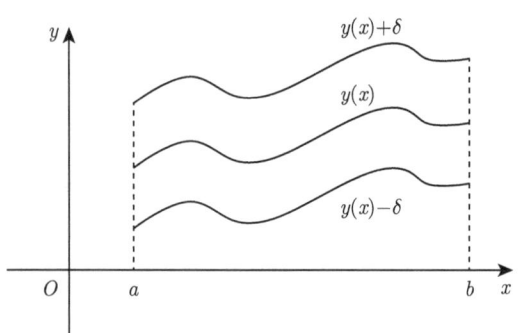

图 8.1 解的区域

在本章的讨论中, 若没有特别说明, 我们总假设 $f(x,y)$ 和 $\dfrac{\partial f(x,y)}{\partial y}$ 在 D_δ 内连续, 记 $M_1 = \max\limits_{(x,y)\in D_\delta}\left|\dfrac{\partial f(x,y)}{\partial y}\right|$. 进一步地, 假设常微分方程的解 $y(x)$ 在 $[a,b]$ 上存在所需阶数的连续导数.

常微分方程初值问题的数值解　设初值问题的解 $y(x)$ 的存在区间是 $[a,b]$, 初始值 $x_0=a$, $[a,b]$ 内的一系列节点为 $x_0,x_1,\cdots,x_n$, $a=x_0<x_1<\cdots<x_n=b$, 其中 $h_k=x_{k+1}-x_k$. 若是等距节点 $h=\dfrac{b-a}{n}$, 对一切 k, 有 $h=x_{k+1}-x_k(k=0,1,\cdots,n-1)$. 这里, h 称为步长; 在实际计算时, 往往都采用等距步长. $y(x)$ 的解析表达式不容易得到或根本无法得到时, 可用数值方法求得 $y(x)$ 在每个节点 x_k 的值 $y(x_k)$ 的近似值, 用 y_k 表示, 即 $y_k\approx y(x_k)$, 这样 $y_0,y_1,\cdots,y_n$ 称为常微分方程初值问题的数值解.

常微分方程初值问题数值解法的基本特点是依照某一递推公式, 从初值条件出发, 按节点从左到右的顺序依次求出 $y(x_k)$ 的近似值 y_k ($k=1,2,\cdots,n$). 初值问题的数值解法一般可分为单步方法和多步方法两种. 如果计算 y_{k+1} 只利用到前一步的值 y_k, 则称这类方法为单步方法; 如果计算 y_{k+1} 需用到前 r ($r\geqslant 2$) 步的值 $y_k,y_{k-1},\cdots,y_{k-r+1}$, 称这类方法为 r 步方法. 在本章中, 我们主要考虑单步方法的构造、理论分析和具体实现.

小 节 测 试

1. 对于常微分方程初值问题的数值解法, 下列叙述 (　　) 是正确的. (单选)

   A. 数值解法试图找到问题的解析解

   B. 数值解法可以应用于任何类型的微分方程

   C. 数值解法不需要初始条件就可以开始求解

   D. 数值解法通过迭代过程逼近真实解

2. 在求解常微分方程初值问题时需要考虑误差控制的原因是 (单选)

    A. 避免解析解的复杂性   B. 确保数值解的快速收敛

    C. 防止数值解偏离真实解   D. 减少计算所需的时间

3. 数值方法求解常微分方程时通常面临的挑战是 (单选)

    A. 误差控制和稳定性   B. 寻找解析解

    C. 定义微分方程   D. 忽略初始条件

4. 在求解常微分方程初值问题时, 初始条件的准确性是至关重要的, 因为它直接决定了数值解的_____. (填空)

5. 数值方法求解常微分方程初值问题时不需要考虑边界条件, 只需关注初始条件. (判断)

6. 为什么在数值求解过程中, 对于不同类型的常微分方程, 选择合适的数值方法很重要, 并解释方程的特性及其对求解方法的影响. (思考)

8.2 欧拉公式

8.2.1 显式欧拉公式

1. 方法构造的思想

显式欧拉公式是求解常微分方程初值问题的最简单的数值解法. 考虑以下常微分方程初值问题

$$\begin{cases} y'(x) = \dfrac{\mathrm{d}y}{\mathrm{d}x} = f(x,y), \\ y(x_0) = y_0. \end{cases}$$

对方程的两边在区间 $[x_i, x_{i+1}]$ 上积分, 即有

$$\int_{x_i}^{x_{i+1}} y'(x)\mathrm{d}x = \int_{x_i}^{x_{i+1}} f(x, y(x))\mathrm{d}x.$$

进一步, 有

$$y(x_{i+1}) = y(x_i) + \int_{x_i}^{x_{i+1}} f(x, y(x))\mathrm{d}x.$$

对上面等式右端使用左矩形公式, 可得

$$y(x_{i+1}) = y(x_i) + hf(x_i, y(x_i)) + R_{i+1}^{(1)},$$

其中

$$R_{i+1}^{(1)} = \int_{x_i}^{x_{i+1}} \left.\dfrac{\mathrm{d}f(x,y(x))}{\mathrm{d}x}\right|_{x=\eta_i} (x - x_i)\mathrm{d}x \quad (x_i < \eta_i < x_{i+1})$$

$$= \frac{1}{2} \left. \frac{\mathrm{d}f(x,y(x))}{\mathrm{d}x} \right|_{x=\xi_i} h^2 = \frac{1}{2} y''(\xi_i) h^2 \quad (x_i < \xi_i < x_{i+1}).$$

在上式中, 略去 $R_{i+1}^{(1)}$, 可得

$$y(x_{i+1}) \approx y(x_i) + hf(x_i, y(x_i)).$$

设已求得 $y(x_i)$ 的一个近似值 y_i, 那么可得

$$y(x_{i+1}) \approx y(x_i) + hf(x_i, y(x_i)) \approx y_i + hf(x_i, y_i) = y_{i+1}.$$

因此, 可由

$$y_{i+1} = y_i + hf(x_i, y_i) \quad (i = 0, 1, \cdots, n-1) \tag{8.2.1}$$

通过迭代依次求出 $y_1, y_2, \cdots, y_n$. 公式 (8.2.1) 就称为求解常微分方程初值问题的显式欧拉公式.

公式 (8.2.1) 在计算 y_{i+1} 时只用到了前一步的值 y_i. 另外, 若 y_i 已知, 该公式给出了 y_{i+1} 和 y_i 的显式依赖关系, 即将 y_i 代入式 (8.2.1) 的右端可直接得到 y_{i+1}. 故, 称公式 (8.2.1) 为单步显式公式.

单步显式公式的一般形式可表示为

$$\begin{cases} y_{i+1} = y_i + h\varphi(x_i, y_i, h), \\ y_0 = \eta \end{cases} \quad (i = 0, 1, \cdots, n-1), \tag{8.2.2}$$

称 $\varphi(x, y, h)$ 为增量函数. 显式欧拉公式 (8.2.1) 的增量函数为 $\varphi(x, y, h) = f(x, y)$. 一般来说微分方程问题 (8.1.1) 的精确解 $y(x_i)$ 不满足 (8.2.2), 即一般有

$$y(x_{i+1}) \neq y(x_i) + h\varphi(x_i, y(x_i), h)$$

或

$$y(x_{i+1}) - [y(x_i) + h\varphi(x_i, y(x_i), h)] \neq 0.$$

定义 8.1 称

$$R_{i+1} = y(x_{i+1}) - [y(x_i) + h\varphi(x_i, y(x_i), h)]$$

为单步显式公式 (8.2.2) 在 x_{i+1} 处的局部截断误差.

一个求解公式的局部截断误差刻画了其逼近微分方程的准确程度. 根据上述定义可直接求得显式欧拉公式 (8.2.1) 的局部截断误差

$$R_{i+1} = y(x_{i+1}) - [y(x_i) + h\varphi(x_i, y(x_i), h)]$$

$$= y(x_i) + hy'(x_i) + \frac{1}{2}h^2 y''(\xi_i) - [y(x_i) + hy'(x_i)]$$

$$= \frac{1}{2}h^2 y''(\xi_i) \quad (x_i < \xi_i < x_{i+1}).$$

2. 几何意义

显式欧拉公式 (8.2.1) 具有明显的几何意义 (图 8.2). 在区间 $[x_0, x_1]$ 上, 用过点 $P_0(x_0, y_0)$ 以 $f(x_0, y_0)$ 为斜率的直线

$$y = y_0 + f(x_0, y_0)(x - x_0)$$

近似代替 $y(x)$, 用该直线与直线 $x = x_1$ 的交点 $P_1(x_1, y_1)$ 的纵坐标

$$y_1 = y_0 + hf(x_0, y_0)$$

作为 $y(x_1)$ 的近似值. 然后在区间 $[x_1, x_2]$ 上用过点 $P_1(x_1, y_1)$ 以 $f(x_1, y_1)$ 为斜率的直线

$$y = y_1 + f(x_1, y_1)(x - x_1)$$

近似代替 $y(x)$, 用该直线与直线 $x = x_2$ 的交点 $P_2(x_2, y_2)$ 的纵坐标

$$y_2 = y_1 + hf(x_1, y_1)$$

作为 $y(x_2)$ 的近似值. 一般地, 设折线已推进到点 $P_i(x_i, y_i)$. 在区间 $[x_i, x_{i+1}]$ 上, 用过点 $P_i(x_i, y_i)$ 以 $f(x_i, y_i)$ 为斜率的直线

$$y = y_i + f(x_i, y_i)(x - x_i)$$

近似代替 $y(x)$, 用该直线与直线 $x = x_{i+1}$ 的交点 $P_{i+1}(x_{i+1}, y_{i+1})$ 的纵坐标 y_{i+1} 作为 $y(x_{i+1})$ 的近似值. 综上过程, 我们得到一条折线, 所以显式欧拉公式有时又称为折线法.

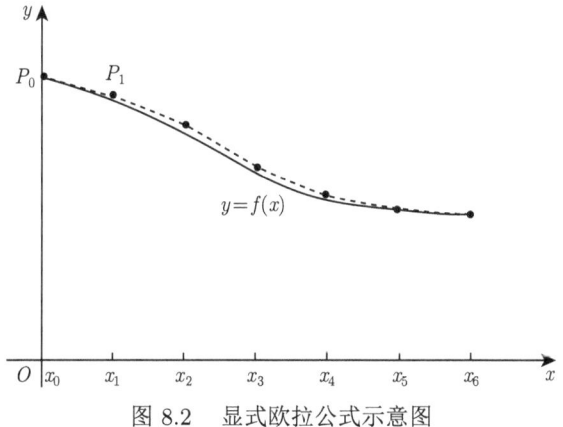

图 8.2 显式欧拉公式示意图

8.2.2 隐式欧拉公式

对于公式
$$y(x_{i+1}) = y(x_i) + \int_{x_i}^{x_{i+1}} f(x, y(x)) \mathrm{d}x.$$

若对上式右端的积分应用右矩形公式, 可得
$$y(x_{i+1}) = y(x_i) + hf(x_{i+1}, y(x_{i+1})) + R_{i+1}^{(2)},$$

其中
$$R_{i+1}^{(2)} = -\frac{1}{2} \left. \frac{\mathrm{d}f(x, y(x))}{\mathrm{d}x} \right|_{x=\xi_i} h^2 = -\frac{1}{2} y''(\xi_i) h^2 \quad (x_i < \xi_i < x_{i+1}).$$

在上式中, 略去 $R_{i+1}^{(2)}$, 并用 y_i 和 y_{i+1} 分别代替 $y(x_i)$ 和 $y(x_{i+1})$, 得到
$$y_{i+1} = y_i + hf(x_{i+1}, y_{i+1}) \quad (i = 0, 1, \cdots, n-1). \tag{8.2.3}$$

但是, 若 $f(x, y)$ 是关于 y 的非线性函数, 则从 y_i 计算 y_{i+1} 时, 需要求解关于 y_{i+1} 的非线性方程, 故称公式 (8.2.3) 为隐式欧拉公式. 隐式欧拉公式在计算 y_{i+1} 时, 只用到了值 y_i. 因此, 它是单步格式. 综上, 隐式欧拉公式就是单步隐式公式.

单步隐式公式一般形式为
$$\begin{cases} y_{i+1} = y_i + h\varphi(x_i, y_i, y_{i+1}, h), \\ y_0 = \eta, \end{cases}$$

其中, 称 $\varphi(x_i, y_i, y_{i+1}, h)$ 为增量函数. 隐式欧拉公式的增量函数为
$$\varphi(x_i, y_i, y_{i+1}, h) = f(x_i + h, y_{i+1}).$$

定义 8.2 称
$$R_{i+1} = y(x_{i+1}) - [y(x_i) + h\varphi(x_i, y(x_i), y(x_{i+1}), h)]$$

为单步隐式公式在 x_{i+1} 处的局部截断误差.

根据定义 8.2, 可直接求得隐式欧拉公式 (8.2.3) 的局部截断误差
$$\begin{aligned} R_{i+1} &= y(x_{i+1}) - [y(x_i) + h\varphi(x_i, y(x_i), y(x_{i+1}), h)] \\ &= y(x_{i+1}) - [y(x_i) + hf(x_{i+1}, y(x_{i+1}))] \\ &= R_{i+1}^{(2)} = -\frac{1}{2} h^2 y''(\xi_i) \quad (x_i < \xi_i < x_{i+1}). \end{aligned}$$

8.2 欧拉公式

可以看出：显式欧拉公式和隐式欧拉公式的局部截断误差都是 $O(h^2)$.

例 8.1 用显式欧拉公式 (8.2.2) 和隐式欧拉公式 (8.2.3) 求解初值问题

$$\begin{cases} y' = -2xy^2, \\ y(0) = 1 \end{cases} \quad (0 \leqslant x \leqslant 1.2),$$

取步长 $h = 0.1$.

解 对以上初值问题分别用显式欧拉公式和隐式欧拉公式，可得

$$\begin{cases} y_{i+1} = y_i - 2hx_iy_i^2, \\ y_0 = 1 \end{cases} \quad (i = 0, 1, \cdots, 11)$$

和

$$\begin{cases} y_{i+1} = y_i - 2hx_{i+1}y_{i+1}^2, \\ y_0 = 1 \end{cases} \quad (i = 0, 1, \cdots, 11),$$

其中 $x_i = 0.1i$. 该初值问题的精确解 $y(x) = 1/(1+x^2)$.

显式欧拉公式和隐式欧拉公式计算结果如表 8.1 所示.

表 8.1 欧拉公式计算值

i	x_i	$y(x_i)$	显式欧拉公式 y_i	显式欧拉公式误差	隐式欧拉公式 y_i	隐式欧拉公式误差
1	0.1	0.990099	1.000000	0.009901	0.980762	0.009337
2	0.2	0.961538	0.980000	0.018462	0.945038	0.016500
3	0.3	0.917431	0.941584	0.024153	0.896785	0.020646
4	0.4	0.862069	0.888389	0.026320	0.840297	0.021772
5	0.5	0.800000	0.825250	0.025250	0.779530	0.020470
6	0.6	0.735294	0.757147	0.021852	0.717716	0.017570
7	0.7	0.671141	0.688354	0.017213	0.657241	0.013900
8	0.8	0.609756	0.622018	0.012262	0.599699	0.010057
9	0.9	0.552486	0.560113	0.007626	0.546032	0.006454
10	1.0	0.500000	0.503642	0.003642	0.496691	0.003309
11	1.1	0.452489	0.452911	0.000422	0.451787	0.000702
12	1.2	0.409836	0.407783	0.002053	0.411205	0.001369

从表 8.1 的误差列可以看出，显式欧拉公式和隐式欧拉公式的数值解都已达到了一定的精度；且可发现，两种公式的计算误差相差不大. 但一般来说，隐式公式比显式公式更稳定，更适合用于刚性微分方程的数值求解.

小 节 测 试

1. 显式欧拉法是通过下列 (　　) 公式实现的. (单选)
   A. $y_{n+1} = y_n + hf(y_{n+1}, t_{n+1})$ B. $y_{n+1} = y_n + hf(y_n, t_n)$

C. $y_{n+1} = y_n + \dfrac{h}{2}(f(y_n, t_n) + f(y_{n+1}, t_{n+1}))$ D. $y_{n+1} = y_{n-1} + 2hf(y_n, t_n)$

2. 隐式欧拉法的主要特点是 (单选)

   A. 需要解线性方程组   B. 计算速度快

   C. 稳定性差   D. 适合大步长计算

3. 在显式欧拉法中, 增加步长会对计算的准确性 (　　) 影响. (单选)

   A. 增加   B. 减少

   C. 没有影响   D. 首先增加, 然后减少

4. 隐式欧拉法相比于显式欧拉法的一个优点是 (单选)

   A. 更容易实现   B. 计算速度更快

   C. 更稳定   D. 需要的计算资源更少

5. 显式欧拉法在求解 (　　) 时最为适用. (单选)

   A. 刚性问题   B. 非刚性问题

   C. 线性问题   D. 非线性问题

6. 隐式欧拉法求解下一个点的值时需要做 (单选)

   A. 直接计算   B. 解一个非线性方程

   C. 使用迭代方法   D. B 和 C

7. 隐式欧拉法适用于解决 (　　) 问题. (多选)

   A. 刚性   B. 大步长计算

   C. 高精度要求的   D. 非线性

8. 下列因素中决定了使用显式或隐式欧拉法时的计算复杂度是 (多选)

   A. 步长的选择   B. 微分方程的线性或非线性

   C. 解的稳定性要求   D. 方程组的大小

9. 在使用显式欧拉法时, (　　) 措施可以帮助提高数值解的精度. (多选)

   A. 减小步长   B. 增加步长

   C. 使用自适应步长   D. 提高初始条件的精度

10. 隐式欧拉法的迭代公式为 _____, 这种方法相比显式欧拉法在处理 _____ 问题时更加稳定. (填空)

11. 在隐式欧拉法求解过程中, 通常需要使用 _____ 方法来解决由 $f(y_{n+1}, t_{n+1})$ 引入的非线性方程. (填空)

12. 相比于显式欧拉法, 隐式欧拉法允许使用更大的步长, 而不牺牲方法的 _____. (填空)

13. 在显式欧拉法中, 数值解的误差与步长 h 的 _____ 成正比. (填空)

14. 显式欧拉法一般不用于求解刚性微分方程. (判断)

15. 隐式欧拉法的计算成本通常高于显式欧拉法. (判断)

16. 显式欧拉法在每一步的计算中需要解一个线性或非线性方程. (判断)

17. 隐式欧拉法在每一步的计算中不受步长大小的限制, 保证数值方法的稳定性. (判断)

18. 为什么在处理刚性微分方程时, 隐式欧拉法比显式欧拉法更受青睐? (思考)

19. 如何选择显式欧拉法和隐式欧拉法的步长以优化解的稳定性和准确性? (思考)

20. 隐式欧拉法在求解过程中通常需要用到哪些数值技巧? (思考)

习题解析

8.3 改进欧拉方法

考虑如下形式的常微分方程初值问题:

$$\begin{cases} y' = f(x,y), \\ y(a) = \eta \end{cases} (a \leqslant x \leqslant b).$$

将上面微分方程的两边在区间 $[x_i, x_{i+1}]$ 上积分, 即有

$$\int_{x_i}^{x_{i+1}} y'(x)\mathrm{d}x = \int_{x_i}^{x_{i+1}} f(x,y(x))\mathrm{d}x,$$

进一步, 有

$$y(x_{i+1}) = y(x_i) + \int_{x_i}^{x_{i+1}} f(x,y(x))\mathrm{d}x.$$

为了构造高精度的方法, 对上式右端的积分应用数值积分中的梯形公式, 有

$$y(x_{i+1}) = y(x_i) + \frac{h}{2}[f(x_i,y(x_i)) + f(x_{i+1},y(x_{i+1}))] + R_{i+1}^{(3)},$$

其中, 由梯形公式的截断误差, 可知

$$R_{i+1}^{(3)} = -\frac{h^3}{12} \frac{\mathrm{d}^2 f(x,y(x))}{\mathrm{d}^2 x}\bigg|_{x=\xi_i} = -\frac{1}{12} y'''(\xi_i) h^3 \quad (x_i < \xi_i < x_{i+1}).$$

在上式中, 略去 $R_{i+1}^{(3)}$, 并用 y_i 和 y_{i+1} 分别代替 $y(x_i)$ 和 $y(x_{i+1})$, 可得到

$$y_{i+1} = y_i + \frac{h}{2}[f(x_i,y_i) + f(x_{i+1},y_{i+1})] \quad (i = 0,1,\cdots,n-1). \qquad (8.3.1)$$

由于上式是由数值积分中的梯形公式得出来的, 我们也将其称为梯形公式.

8.3.1 方法原理

梯形公式 (8.3.1) 与欧拉公式相比, 其局部截断误差高一阶, 但它是一个隐式格式, 需要解方程, 甚至可能是解非线性方程, 才能获得数值解 y_{k+1}, 计算量较大. 为了降低计算量, 通常只迭代一两次就转入下一步的计算, 这就可以简化算法.

在实际计算时, 可将显式欧拉公式与梯形公式联合起来使用. 先用显式欧拉公式求得 $y(x_{k+1})$ 的一个初步近似值

$$y_{k+1}^{(p)} = y_k + hf(x_k, y_k),$$

称为预测值. 这个预测值的精度可能很差, 因此再将预测值代入梯形公式的右端, 将其校正为较准确的值

$$y_{k+1} = y_k + \frac{h}{2}(f(x_k, y_k) + f(x_{k+1}, y_{k+1}^{(p)})),$$

称为校正值, 而这样建立的预测–校正系统就称为改进欧拉公式, 即

$$\begin{cases} y_{k+1}^{(p)} = y_k + hf(x_k, y_k), \\ y_{k+1} = y_k + \dfrac{h}{2}(f(x_k, y_k) + f(x_{k+1}, y_{k+1}^{(p)})). \end{cases} \quad (8.3.2)$$

上式也可表示为下列平均化形式

$$\begin{cases} y_{k+1}^{(p)} = y_k + hf(x_k, y_k), \\ y_{k+1}^{(c)} = y_k + hf(x_{k+1}, y_{k+1}^{(p)}), \\ y_{k+1} = \dfrac{1}{2}(y_{k+1}^{(p)} + y_{k+1}^{(c)}). \end{cases}$$

例 8.2 用改进欧拉公式求解下面的初值问题, 取 $h = 0.1$.

$$\begin{cases} y' = -2xy^2, \\ y(0) = 1 \end{cases} \quad (0 \leqslant x \leqslant 1.2).$$

解 对此初值问题采用改进欧拉公式, 其具体形式为

$$\begin{cases} y_{i+1}^{(p)} = y_i - 2hx_iy_i^2, \\ y_{i+1}^{(c)} = y_i - 2hx_{i+1}\left(y_{i+1}^{(p)}\right)^2, \quad (i = 0, 1, \cdots, 11), \\ y_{i+1} = \dfrac{1}{2}\left(y_{i+1}^{(p)} + y_{i+1}^{(c)}\right) \end{cases}$$

8.3 改进欧拉方法

其中, 初始值 $y_0 = 1$. 改进欧拉公式的计算结果如表 8.2 所示.

表 8.2 改进欧拉公式的计算结果

i	x_i	y_i	$y_{i+1}^{(p)}$	$y_{i+1}^{(c)}$	$|y(x_i) - y_i|$
0	0.0	1.000000	1.000000	0.980000	0.000000
1	0.1	0.990000	0.970398	0.952333	0.000099
2	0.2	0.961366	0.924397	0.910095	0.000173
3	0.3	0.917246	0.866765	0.857143	0.000185
4	0.4	0.861954	0.802517	0.797551	0.000115
5	0.5	0.800034	0.736029	0.735025	0.000034
6	0.6	0.735527	0.670607	0.672567	0.000233
7	0.7	0.671587	0.608443	0.612355	0.000446
8	0.8	0.610399	0.550785	0.555793	0.000643
9	0.9	0.553289	0.498186	0.503651	0.000803
10	1.0	0.500919	0.450735	0.456223	0.000919
11	1.1	0.453479	0.408237	0.413481	0.000990
12	1.2	0.4108560	0.407783	0.411205	0.001023

与欧拉公式的计算结果相比, 改进欧拉公式 (8.3.2) 的精度明显要高得多. 事实上, 改进欧拉公式也可以看成是把显式欧拉公式得到的 y_{k+1} 作为初始值直接代入梯形公式的右端, 即有

$$y_{k+1} = y_k + \frac{h}{2}(f(x_k, y_k) + f(x_k + h, y_k + hf(x_k, y_k))),$$

或

$$\begin{cases} y_{k+1} = y_k + \frac{h}{2}(k_1 + k_2), \\ k_1 = f(x_k, y_k), \\ k_2 = f(x_{k+1}, y_k + hk_1). \end{cases}$$

因而改进欧拉公式本质上是一个单步显式公式. 它的局部截断误差为

$$\begin{aligned} R_{k+1} &= y(x_{k+1}) - y(x_k) - \frac{h}{2}\left[f(x_k, y(x_k)) + f(x_{k+1}, y(x_k) + hf(x_k, y(x_k)))\right] \\ &= y(x_{k+1}) - y(x_k) - \frac{h}{2}\left[f(x_k, y(x_k)) + f(x_{k+1}, y(x_{k+1}))\right] \\ &\quad + \frac{h}{2}\left[f(x_{k+1}, y(x_{k+1})) - f(x_{k+1}, y(x_k)) + hf(x_k, y(x_k))\right]. \end{aligned} \quad (8.3.3)$$

由梯形公式的局部截断误差, 可得

$$y(x_{k+1}) - y(x_k) - \frac{h}{2}[f(x_k, y(x_k)) + f(x_{k+1}, y(x_{k+1}))] = -\frac{1}{12}y'''(\xi_i)h^3,$$

其中 $x_k < \xi_k < x_{k+1}$. 由显式欧拉公式及其局部截断误差, 可得

$$f(x_{k+1}, y(x_{k+1})) - f(x_{k+1}, y(x_k) + hf(x_k, y(x_k)))$$
$$= \frac{\partial f(x_{k+1}, \eta_{k+1})}{\partial y}[y(x_{k+1}) - y(x_k) - hf(x_k, y(x_k))]$$
$$= \frac{1}{2}\frac{\partial f(x_{k+1}, \eta_{k+1})}{\partial y}y''(\widetilde{\xi}_k)h^2,$$

其中 $x_k < \widetilde{\xi}_k < x_{k+1}$, η_{k+1} 介于 $y(x_{k+1})$ 与 $y(x_k) + hf(x_k, y(x_k))$ 之间.

将以上两式代入式 (8.3.3), 得到改进欧拉公式的局部截断误差为

$$R_{k+1} = \left[-\frac{1}{12}y'''(\xi_k) + \frac{1}{4}\frac{\partial f(x_{k+1}, \eta_{k+1})}{\partial y}y''(\widetilde{\xi}_k)\right]h^3. \tag{8.3.4}$$

这说明改进欧拉公式的局部截断误差是 $O(h^3)$. 改进欧拉公式和显式欧拉公式相比, 它们同为单步显式公式, 但前者的局部截断误差比后者的局部截断误差高 1 阶, 因而计算精度更高.

8.3.2 整体截断误差

用某种数值方法 (例如欧拉公式、改进欧拉公式) 求得的数值解 $y_1, y_2, \cdots, y_n$ 是与步长 h 有关的. 所以为了反映出这种关系, 可将数值解记为

$$y_1^{[h]}, y_2^{[h]}, \cdots, y_n^{[h]}.$$

求数值解的目的是用 $y_i^{[h]}$ 作为 $y(x_i)$ 的近似值. 那人们自然要问, 在每一节点 x_i 处近似值 $y_i^{[h]}$ 与精确值 $y(x_i)$ 的差, 即

$$\left|y(x_i) - y_i^{[h]}\right| \quad (i = 1, 2, \cdots, n)$$

是否很小?

定义 8.3 设 $y(x_i), y(x_2), \cdots, y(x_n)$ 为常微分方程初值问题的解在节点处的值, $y_1^{[h]}, y_2^{[h]}, \cdots, y_n^{[h]}$ 为用某种数值方法求得的近似解, 则称

$$E(h) = \max_{1 \leqslant i \leqslant n} \left|y(x_i) - y_i^{[h]}\right|$$

为该方法的整体截断误差或全局截断误差. 如果

$$\lim_{h \to 0} E(h) = 0,$$

8.3 改进欧拉方法

则称该方法是收敛的.

整体截断误差为所有节点上误差的最大值, 它和局部截断误差是有紧密联系的. 在一定条件下, 如果局部截断误差是 $O(h^{p+1})$, 则整体截断误差是 $O(h^p)$. 而分析局部截断误差是比较容易的, 所以我们可以直接根据局部截断误差来刻画求解公式的精度, 为此给出下面的定义.

定义 8.4 设如果一个求解公式的局部截断误差为 $O(h^{p+1})$, 则称该求解公式是 p 阶的, 或称具有 p 阶精度.

根据此定义: 显式欧拉公式和隐式欧拉公式是 1 阶的; 梯形公式和改进欧拉公式是 2 阶的.

前面所介绍的显式欧拉公式、隐式欧拉公式和梯形公式都是通过数值积分获得的, 改进欧拉公式是由预测–校正方法得到的. 事实上, 这些公式以及具有更高精度的求解公式还可用其他方法来推得.

小 节 测 试

1. 改进欧拉方法与普通欧拉方法相比, 其主要区别在于 (单选)
    A. 使用了更小的步长　　　　　　B. 使用了更大的步长
    C. 采用了预测–校正技术　　　　　D. 只能用于非线性方程
2. 改进欧拉方法的局部截断误差是 (单选)
    A. $O(h)$　　B. $O(h^2)$　　C. $O(h^3)$　　D. $O(h^4)$
3. 改进欧拉方法的全局截断误差是 (单选)
    A. $O(h)$　　B. $O(h^2)$　　C. $O(h^3)$　　D. $O(h^4)$
4. 在改进欧拉方法中, 校正步骤的目的是 (单选)
    A. 减少计算时间　　　　　　　　B. 增加稳定性
    C. 减少误差　　　　　　　　　　D. 增加步长
5. 对于确定改进欧拉方法的步长, 下列叙述正确的是 (单选)
    A. 步长是固定的, 不能更改　　　　B. 步长由所求解的微分方程决定
    C. 步长可以根据误差估计动态调整　D. 步长由解析解决定
6. 改进欧拉方法可以 (　　) 以减少全局截断误差. (单选)
    A. 通过增加步长　　　　　　　　B. 通过减少步长
    C. 通过采用更高阶的方法　　　　D. 通过改变初值条件
7. 在改进欧拉方法中 (　　) 因素可以影响误差大小. (多选)
    A. 步长的大小　　　　　　　　　B. 微分方程的性质
    C. 初始条件的准确性　　　　　　D. 迭代次数
8. 以下关于改进欧拉公式局部截断误差的叙述中, 正确的是 (多选)
    A. 局部截断误差是每一步中的误差

B. 局部截断误差是累积误差

C. 局部截断误差与步长的立方成正比

D. 局部截断误差与步长的平方成正比

9. 以下 ( ) 策略可以用来减少改进欧拉方法的全局截断误差. (多选)

    A. 减小步长　　　　　　　　B. 增加步长

    C. 使用自适应步长控制　　　　D. 采用更高阶的数值方法

10. 改进欧拉方法适用于以下 ( ) 类型的微分方程. (多选)

    A. 线性方程　　　　　　　　B. 非线性方程

    C. 偏微分方程　　　　　　　　D. 常微分方程

11. 改进欧拉方法是一种_____ 阶数的数值解法. (填空)

12. 自适应步长控制在改进欧拉方法中可用于控制_____. (填空)

13. 当解的行为变得更加剧烈时, 改进欧拉方法可能需要_____ 步长以保持精度. (填空)

14. 改进欧拉方法是一种隐式方法. (判断)

15. 全局截断误差是在整个积分区间内误差的累积. (判断)

16. 在使用改进欧拉方法时, 如果微分方程的解在某区间内几乎是常数, 那么可以使用较大的步长而不影响精度. (判断)

17. 改进欧拉方法为什么能提供比原始欧拉方法更准确的结果. (思考)

18. 改进欧拉方法的局部截断误差和全局截断误差之间的关系. (思考)

8.4 龙格-库塔法

8.4.1 龙格-库塔法的思想

考虑如下常微分方程初值问题:

$$\begin{cases} y' = f(x,y), \\ y(x_0) = y_0. \end{cases} \tag{8.4.1}$$

如果用差商 $\dfrac{y(x_{k+1}) - y(x_k)}{h}$ 代替 (8.4.1) 中的导数, 并用微分中值定理, 则有

$$\frac{y(x_{k+1}) - y(x_k)}{h} = y'(x_k + \theta h) = f(x_k + \theta h, y(x_k + \theta h)), \quad 0 < \theta < 1,$$

从而得

$$y(x_{k+1}) = y(x_k) + hf(x_k + \theta h, y(x_k + \theta h)), \tag{8.4.2}$$

8.4 龙格–库塔法

其中 $f(x_k+\theta h, y(x_k+\theta h))$ 称为 $y(x)$ 在区间 $[x_k, x_{k+1}]$ 上的平均斜率, 记作 K, 而值 θ 是存在但未知的. 因此, 对平均斜率 K, 提供一种近似的计算方法, 就得到一种近似公式, 或称为常微分方程初值问题的一种数值计算格式.

前面用 $f(x_k, y_k)$ 作为 (8.4.2) 中平均斜率 K 的近似值, 就可得到显式欧拉公式 $y_{k+1}=y_k+hf(x_k,y_k)$. 而平均斜率用 $\frac{1}{2}(f(x_k,y_k)+f(x_{k+1},y_{k+1}))$ 来逼近, 则可得到比欧拉公式高一阶精度的公式, 即梯形公式. 若令

$$k_1 = f(x_k, y_k), \quad k_2 = f(x_{k+1}, y_{k+1}) = f(x_{k+1}, y_k + hk_1),$$

而用 $\frac{1}{2}(k_1+k_2)$ 来作为平均斜率的近似值, 就得到了改进欧拉公式. 改进欧拉公式精度高的原因, 也就在于确定平均斜率时多取了一个点的斜率值. 因此它启发我们, 如果设法在 $[x_k, x_{k+1}]$ 上多预报几个点的斜率值, 然后将它们作加权平均以作为 K 的近似值, 则有可能构造出更高精度的计算公式. 一般地, 若取 r 个点, 则可构造出如下形式的求解公式:

$$\begin{cases} y_{i+1} = y_i + h\sum_{j=1}^{r}\alpha_j k_j, \\ k_1 = f(x_i, y_i), \\ k_j = f\left(x_i+\lambda_j h, y_i+h\sum_{l=1}^{j-1}\mu_{jl}k_l\right) \quad (j=2,3,\cdots,r). \end{cases} \tag{8.4.3}$$

这种方法称为显式 r 级龙格–库塔 (Runge-Kutta) 方法, 简记为 R-K 方法, 其中 α_j, λ_j 及 μ_{jl} 为待定参数.

公式 (8.4.3) 的局部截断误差为

$$R_{K+1} = y(x_{i+1}) - y(x_i) - h\sum_{j=1}^{r}\alpha_j k_j, \tag{8.4.4}$$

其中

$$k_1 = f(x_i, y(x_i)),$$
$$k_j = f\left(x_i+\lambda_j h, y(x_i)+h\sum_{l=1}^{j-1}\mu_{jl}k_l\right).$$

将式 (8.4.4) 中的各项应用泰勒级数展开成 h 的幂级数, 可得

$$R_{i+1} = c_0 + c_1 h + \cdots + c_p h^p + c_{p+1}h^{p+1} + \cdots. \tag{8.4.5}$$

如果所选参数 α_j, λ_j 及 μ_{jl}, 使得 $c_0 = 0, c_1 = 0, \cdots, c_p = 0$, 而 $c_{p+1} \neq 0$, 则公式 (8.4.3) 是 p 阶的.

当 $r = 1$ 时, 取 $\alpha = 1$, 则得显式 1 级龙格–库塔公式

$$y_{i+1} = y_i + hf(x_i, y_i).$$

事实上, 此公式即为一阶显式欧拉公式. "一阶" 是指该方法的局部截断误差是 $O(h^2)$, 所以其全局误差为 $O(h)$, 称为一阶精度; "一级" 是从龙格–库塔方法的级数角度来说, 它只用了一次斜率评估 (一次函数值计算), 所以是 1 级.

在推导高阶龙格–库塔公式时常需用到如下几个公式:

$$y'(x) = f(x, y(x)), \tag{8.4.6}$$

$$y''(x) = \frac{\partial f(x, y(x))}{\partial x} + y'(x)\frac{\partial f(x, y(x))}{\partial y}, \tag{8.4.7}$$

$$y'''(x) = \frac{\partial^2 f(x, y(x))}{\partial x^2} + 2y'(x)\frac{\partial^2 f(x, y(x))}{\partial x \partial y}$$

$$+ (y'(x))^2 \frac{\partial^2 f(x, y(x))}{\partial y^2} + y''(x)\frac{\partial f(x, y(x))}{\partial y}. \tag{8.4.8}$$

$$y^{(4)}(x) = \frac{\partial^3 f(x, y(x))}{\partial x^3} + 3y'(x)\frac{\partial^3 f(x, y(x))}{\partial x^2 \partial y}$$

$$+ 3(y'(x))^2 \frac{\partial^3 f(x, y(x))}{\partial x \partial y^2}$$

$$+ (y'(x))^3 \frac{\partial^3 f(x, y(x))}{\partial y^3} + 3y''(x)\frac{\partial^2 f(x, y(x))}{\partial x \partial y}$$

$$+ 3y'(x)y''(x)\frac{\partial^2 f(x, y(x))}{\partial y^2} + y'''(x)\frac{\partial f(x, y(x))}{\partial y}. \tag{8.4.9}$$

8.4.2 二阶龙格–库塔公式

当 $r = 2$ 时, 龙格–库塔公式一般形式为

$$\begin{cases} y_{i+1} = y_i + h(\alpha_1 k_1 + \alpha_2 k_2), \\ k_1 = f(x_i, y_i), \\ k_2 = f(x_i + \lambda_2 h, y_i + h\mu_{21} k_1), \end{cases} \tag{8.4.10}$$

其局部截断误差为

$$\begin{cases} R_{i+1} = y(x_{i+1}) - y(x_i) - h(\alpha_1 k_1 + \alpha_2 k_2), \\ k_1 = f(x_i, y(x_i)), \\ k_2 = f(x_i + \lambda_2 h, y(x_i) h\mu_{21} k_1). \end{cases} \tag{8.4.11}$$

8.4 龙格–库塔法

将

$$k_1 = f(x_i, y(x_i)) = y'(x_i),$$

$$k_2 = f(x_i + \lambda_2 h, y(x_i) + h\mu_{21}k_1)$$

$$= f(x_i, y(x_i)) + \left(\lambda_2 h \frac{\partial}{\partial x} + h\mu_{21}y'(x_i)\frac{\partial}{\partial y}\right) f(x_i, y(x_i))$$

$$+ \frac{1}{2}\left(\lambda_2 h \frac{\partial}{\partial x} + h\mu_{21}y'(x_i)\frac{\partial}{\partial y}\right)^2 f(x_i, y(x_i)) + O(h^3)$$

代入式 (8.4.11), 对 $y(x_{i+1})$ 在 x_i 处展开并利用公式 (8.4.6)—(8.4.8), 得

$$R_{i+1} = hy'(x_i) + \frac{h^2}{2}y''(x_i) + \frac{1}{6}h^3 y'''(x_i) + O(h^4) - h\alpha_1 y'(x_i)$$

$$- h\alpha_2 \bigg[y'(x_i) + \lambda_2 h\frac{\partial f(x_i, y(x_i))}{\partial x} + h\mu_{21}y'(x_i)\frac{\partial f(x_i, y(x_i))}{\partial x}$$

$$+ \frac{1}{2}h^2\left(\lambda_2 \frac{\partial}{\partial x} + \mu_{21}y'(x_i)\frac{\partial}{\partial y}\right)^2 f(x_i, y(x_i)) + O\left(h^3\right)\bigg]$$

$$= h(1 - \alpha_1 - \alpha_2)y'(x_i)$$

$$+ h^2\left[\left(\frac{1}{2} - \alpha_2\lambda_2\right)\frac{\partial f(x_i, y(x_i))}{\partial x} + \left(\frac{1}{2} - \alpha_2\mu_{21}\right)y'(x_i)\frac{\partial f(x_i, y(x_i))}{\partial x}\right]$$

$$+ h^3\left[\frac{1}{6}y'''(x_i) - \frac{1}{2}\alpha_2\left(\lambda_2\frac{\partial}{\partial x} + \mu_{21}y'(x_i)\frac{\partial}{\partial y}\right)^2 f(x_i, y(x_i))\right] + O(h^4).$$

由于 f 具有任意性, 要使得式 (8.4.10) 具有二阶精度, 当且仅当参数 $\alpha_1, \alpha_2, \lambda_2$ 和 μ_{21} 满足

$$\begin{cases} 1 - \alpha_1 - \alpha_2 = 0, \\ \dfrac{1}{2} - \alpha_2\lambda_2 = 0, \\ \dfrac{1}{2} - \alpha_2\mu_{21} = 0, \end{cases} \quad 即 \begin{cases} \alpha_1 + \alpha_2 = 1, \\ \alpha_2\lambda_2 = \dfrac{1}{2}, \\ \alpha_2\mu_{21} = \dfrac{1}{2}. \end{cases}$$

此方程组有一簇解, 并且可表示为

$$\begin{cases} \alpha_1 = 1 - \alpha_2, \\ \lambda_2 = \dfrac{1}{2\alpha_2}, \\ \mu_{21} = \dfrac{1}{2\alpha_2} \end{cases} \quad (\alpha_2 \neq 0).$$

将上式代入式 (8.4.10), 则可得到一簇二阶精度的龙格–库塔公式

$$\begin{cases} y_{i+1} = y_i + h[(1-\alpha_2)k_1 + \alpha_2 k_2], \\ k_1 = f(x_i, y_i), \\ k_2 = f\left(x_i + \dfrac{1}{2\alpha_2}h, y_i + \dfrac{1}{2\alpha_2}hk_1\right), \end{cases} \quad (8.4.12)$$

其局部截断误差为

$$R_{i+1} = \left[\left(\frac{1}{6} - \frac{1}{8\alpha_2}\right)y'''(x_i) + \frac{1}{8\alpha_2}y''(x_i)\frac{\partial f(x_i, y(x_i))}{\partial y}\right]h^3 + O(h^4).$$

这里, 公式 (8.4.12) 称为二阶龙格–库塔公式.

若在 (8.4.12) 中取 $\alpha_2 = \dfrac{1}{2}$, 便得到

$$\begin{cases} y_{i+1} = y_i + \dfrac{h}{2}(k_1 + k_2), \\ k_1 = f(x_i, y_i), \\ k_2 = f(x_i + h, y_i + hk_1), \end{cases}$$

或写成

$$y_{k+1} = y_i + \frac{h}{2}[f(x_i, y_i) + f(x_{i+1}, y_i + hf(x_i, y_i))].$$

这就是改进欧拉公式.

若取 $\alpha_2 = 1$, 便得到

$$\begin{cases} y_{i+1} = y_i + hk_2, \\ k_1 = f(x_i, y_i), \\ k_2 = f\left(x_i + \dfrac{1}{2}h, y_i + \dfrac{1}{2}hk_1\right), \end{cases}$$

或

$$y_{i+1} = y_i + hf\left(x_i + \frac{1}{2}h, y_i + \frac{1}{2}hf(x_i, y_i)\right).$$

此公式称为变形的欧拉公式.

若取 $\alpha_2 = \dfrac{3}{4}$, 则得到

$$\begin{cases} y_{i+1} = y_i + \dfrac{h}{4}(k_1 + 3k_2), \\ k_1 = f(x_i, y_i), \\ k_2 = f\left(x_i + \dfrac{2}{3}h, y_i + \dfrac{2}{3}hk_1\right), \end{cases}$$

或

$$y_{i+1} = y_i + \dfrac{h}{4}\left[f(x_i, y_i) + 3f\left(x_i + \dfrac{2}{3}h, y_i + \dfrac{2}{3}hf(x_i, y_i)\right)\right].$$

8.4.3 三阶与四阶显式龙格–库塔方法

要得到三阶显式龙格–库塔方法, 须取 $r = 3$. 此时公式 (8.4.3) 可表示为

$$\begin{cases} y_{i+1} = y_i + h(\alpha_1 k_1 + \alpha_2 k_2 + \alpha_3 k_3), \\ k_1 = f(x_i, y_i), \\ k_2 = f(x_i + \lambda_2 h, y_i + \mu_{21} h k_1), \\ k_3 = f(x_i + \lambda_3 h, y_i + \mu_{31} h k_1 + \mu_{32} h k_2), \end{cases} \qquad (8.4.13)$$

其中, $\alpha_1, \alpha_2, \alpha_3$ 及 $\lambda_2, \mu_{21}, \lambda_3, \mu_{31}, \mu_{32}$ 均为待定参数, (8.4.13) 的局部截断误差为

$$R_{i+1} = y(x_{i+1}) - y(x_i) - h[\alpha_1 k_1 + \alpha_2 k_2 + \alpha_3 k_3].$$

只要将 k_2, k_3 采用 (8.4.9) 按二元函数泰勒展开, 使 $R_{i+1} = O(h^4)$, 可得待定参数满足方程组

$$\begin{cases} \alpha_1 + \alpha_2 + \alpha_3 = 1, \\ \lambda_2 = \mu_{21}, \\ \lambda_3 = \mu_{31} + \mu_{32}, \\ \alpha_2 \lambda_2 + \alpha_3 \lambda_3 = \dfrac{1}{2}, \\ \alpha_2 \lambda_2^2 + \alpha_3 \lambda_3^2 = \dfrac{1}{3}, \\ \alpha_3 \lambda_2 \mu_{32} = \dfrac{1}{6}, \end{cases}$$

这是 8 个未知数 6 个方程的非线性方程组, 解也不是唯一的, 可以得到很多组解, 满足上述条件的公式 (8.4.13) 统称为三阶龙格–库塔公式. 下面只给出其中一个常

见的公式:
$$\begin{cases} y_{i+1} = y_i + \dfrac{h}{6}(k_1 + 4k_2 + k_3), \\ k_1 = f(x_i, y_i), \\ k_2 = f\left(x_i + \dfrac{h}{2}, y_i + \dfrac{h}{2}k_1\right), \\ k_3 = f(x_i + h, y_i - hk_1 + 2hk_2), \end{cases}$$

此公式称为三阶库塔方法.

继续上述过程, 经过较复杂的数学演算, 可以导出各种四阶龙格–库塔公式, 下列经典公式是其中常用的一个:

$$\begin{cases} y_{i+1} = y_i + \dfrac{h}{6}(k_1 + 2k_2 + 2k_3 + k_4), \\ k_1 = f(x_i, y_i), \\ k_2 = f\left(x_i + \dfrac{h}{2}, y_i + \dfrac{h}{2}k_1\right), \\ k_3 = f\left(x_i + \dfrac{h}{2}, y_i + \dfrac{h}{2}k_2\right), \\ k_4 = f(x_i + h, y_i + hk_3). \end{cases}$$

四阶龙格–库塔方法的每一步需要计算四次函数值 f, 可以证明其截断误差为 $O(h^5)$. 不过证明极其繁琐, 这里从略.

例 8.3 用经典龙格–库塔公式解如下初值问题 (取步长 $h = 0.1$):

$$\begin{cases} y' = -2xy^2, \\ y(0) = 1, \end{cases} \quad 0 \leqslant x \leqslant 1.2.$$

解 对所给初值问题 (见表 8.3), 取 $y_0 = 1$; 采用经典龙格–库塔公式, 其具体形式为

$$\begin{cases} y_{i+1} = y_i + \dfrac{h}{6}(k_1 + 2k_2 + 2k_3 + k_4), \\ k_1 = -2x_i y_i^2, \\ k_2 = -2\left(x_i + \dfrac{h}{2}\right)\left(y_i + \dfrac{h}{2}k_1\right)^2, \\ k_3 = -2\left(x_i + \dfrac{h}{2}\right)\left(y_i + \dfrac{h}{2}k_2\right)^2, \\ k_4 = -2x_{i+1}(y_i + hk_3)^2, \end{cases} \quad i = 0, 1, \cdots, 11.$$

表 8.3 经典龙格–库塔公式的计算结果

x_k	y_k	$y(x_k)$	e_k
0.0	1.000000	1.000000	0.000000
0.1	0.990099	0.990099	0.000000
0.2	0.961538	0.961538	0.000000
0.3	0.917431	0.917431	0.000001
0.4	0.862068	0.862069	0.000001
0.5	0.799999	0.800000	0.000001
0.6	0.735294	0.735294	0.000001
0.7	0.671141	0.671141	0.000000
0.8	0.609756	0.609756	0.000000
0.9	0.552487	0.552486	0.000000
1.0	0.500001	0.500000	0.000001
1.1	0.452489	0.452489	0.000001
1.2	0.409837	0.409836	0.000001

由上面的结果可以看出, 四阶龙格–库塔方法比欧拉公式和改进欧拉公式的精度高得多.

8.4.4 常用的隐式龙格–库塔方法

前面所讨论的龙格–库塔方法是显式的. 隐式的龙格–库塔公式具有很好的数值稳定性[16]. 在求解刚性 (stiff) 微分方程组时, 常使用隐式的龙格–库塔公式. r 级隐式龙格–库塔方法的一般形式为

$$\begin{cases} y_{i+1} = y_i + h\sum_{j=1}^{r} \alpha_j k_j, \\ k_j = f\left(x_i + \lambda_j h, y_i + h\sum_{l=1}^{r} \mu_{jl} k_l\right), \end{cases} \quad j = 1, \cdots, r.$$

常用的两个隐式龙格–库塔方法, 如下:

$$\begin{cases} y_{i+1} = y_i + hk_1, \\ k_1 = f\left(x_i + \frac{1}{2}h, y_i + \frac{1}{2}hk_1\right), \end{cases}$$

这是二阶方法, 而

$$\begin{cases} y_{i+1} = y_i + \dfrac{h}{2}(k_1 + k_2), \\ k_1 = f\left(x_i + \dfrac{3-\sqrt{3}}{6}h, y_i + \dfrac{1}{4}hk_1 + \dfrac{3-2\sqrt{3}}{12}k_2 h\right), \\ k_2 = f\left(x_i + \dfrac{3+\sqrt{3}}{6}h, y_i + \dfrac{3+2\sqrt{3}}{12}hk_1 + \dfrac{1}{4}k_2 h\right) \end{cases}$$

是四阶方法.

小 节 测 试

1. 龙格–库塔方法的基本思想是 (单选)

   A. 使用函数的导数　　　　　　B. 通过多个中间点估计斜率

   C. 直接积分　　　　　　　　　D. 线性逼近

2. 在四阶龙格–库塔方法中, 每一步需要计算斜率的次数是 (单选)

   A. 2　　　　　B. 3　　　　　C. 4　　　　　D. 5

3. 下列龙格–库塔方法中, 在处理快速变化的解时一般常用的是 (单选)

   A. 一阶龙格–库塔方法　　　　　B. 二阶龙格–库塔方法

   C. 四阶龙格–库塔方法　　　　　D. 隐式龙格–库塔方法

4. 二阶龙格–库塔方法的特点是 (单选)

   A. 它只需要一个中间步骤的函数评估

   B. 它包含两个中间步骤的函数评估

   C. 它直接计算末值而不使用中间步骤

   D. 它与改进欧拉方法等价

5. 三阶显式龙格–库塔方法相比于二阶方法的主要改进是 (单选)

   A. 更快的计算速度　　　　　　B. 更低的内存使用

   C. 更高的精度　　　　　　　　D. 简化的计算步骤

6. 显式龙格–库塔方法与隐式龙格–库塔方法相比, 显式方法 (多选)

   A. 更易于实现　　　　　　　　B. 计算成本更高

   C. 更适合处理刚性问题　　　　D. 需要更少的函数值计算

7. 隐式龙格–库塔方法相比于显式方法的缺点包括 (多选)

   A. 实现更复杂　　　　　　　　B. 计算成本更低

   C. 更难以找到适当的步长　　　D. 需要迭代求解非线性方程

8. 隐式龙格–库塔方法特别适合处理_____问题. (填空)

9. 在数值方法中, 步长的选择直接影响计算的_____和_____. (填空)

8.5 单步方法的收敛性和稳定性

10. 在龙格–库塔方法中, 增加方法的_____ 可以提高解的精度, 但同时会增加计算的复杂度. (填空)

11. 龙格–库塔方法只适用于线性微分方程的数值解. (判断)

12. 阶数高的龙格–库塔方法可以减少数值解的全局误差. (判断)

13. 所有龙格–库塔方法都是显式方法. (判断)

14. 在使用龙格–库塔方法时, 较大的步长可以提高计算速度, 但可能会牺牲精度. (判断)

15. 隐式龙格–库塔方法如何解决显式方法在处理刚性问题时的局限性? (思考)

16. 为什么说高阶龙格–库塔方法并不总是比低阶方法更优? (思考)   习题解析

8.5 单步方法的收敛性和稳定性

对于常微分方程初值问题的数值解法, 其计算精度是必须考虑的, 这个其实就是方法的收敛性问题; 另外, 在求解过程中, 几乎每步计算都会产生舍入误差, 因此还需要考虑误差在计算中的传播和积累问题, 即方法的稳定性问题.

8.5.1 单步方法的收敛性

考虑常微分方程初值问题

$$\begin{cases} y' = f(x,y), \\ y(x_0) = y_0 \end{cases} \quad (a \leqslant x \leqslant b) \tag{8.5.1}$$

的单步显式公式

$$\begin{cases} y_{i+1} = y_i + h\varphi(x_i, y_i, h), \\ y_0 = \eta \end{cases} \quad (i = 0, 1, \cdots, n-1), \tag{8.5.2}$$

其局部截断误差为

$$R_{i+1} = y(x_{i+1}) - [y(x_i) + h\varphi(x_i, y(x_i), h)] \quad (i = 0, 1, \cdots, n-1). \tag{8.5.3}$$

引理 8.1 假设 A, B 为非负常数, 数列 $\{z_i\}$ 满足不等式

$$|z_{i+1}| \leqslant A|z_i| + B \quad (i = 0, 1, \cdots, k-1), \tag{8.5.4}$$

则有

$$|z_k| \leqslant A^k |z_0| + \begin{cases} \dfrac{A^k - 1}{A - 1} B, & A \neq 1, \\ kB, & A = 1. \end{cases}$$

证明 反复应用不等式 (8.5.4), 可得

$$
\begin{aligned}
|z_k| &\leqslant A|z_{k-1}| + B \leqslant A(A|z_{k-2}| + B) + B \\
&= A^2|z_{k-2}| + (A+1)B \\
&\leqslant A^2(A|z_{k-3}| + B) + (A+1)B \\
&= A^3|z_{k-3}| + (A^2+A+1)B \\
&\leqslant \cdots \\
&\leqslant A^k|z_0| + (A^{k-1} + A^{k-2} + \cdots + A + 1)B \\
&= \begin{cases} A^k|z_0| + \dfrac{A^k-1}{A-1}B, & A \neq 1, \\ A^k|z_0| + kB, & A = 1. \end{cases}
\end{aligned}
$$

定理 8.2 设 $y(x)$ 为问题 (8.5.1) 的精确解, $\{y_i\}_{i=0}^n$ 为单步法 (8.5.2) 的解. 如果

(1) 存在常数 c_0, 使得

$$|R_{i+1}| \leqslant c_0 h^{p+1} \quad (i = 0, 1, \cdots, n-1);$$

(2) 存在 h_0 和 $L > 0$, 使得

$$\max_{\substack{(x,y) \in D_\delta \\ 0 \leqslant h \leqslant h_0}} \left| \frac{\partial \varphi(x,y,h)}{\partial y} \right| \leqslant L.$$

记 $c = \dfrac{c_0}{L}[\mathrm{e}^{L(b-a)} - 1]$, 则当 $h \leqslant \min\left\{h_0, \sqrt[p]{\dfrac{\delta}{c}}\right\}$ 时, 有

$$E(h) = \max_{1 \leqslant i \leqslant n} |y(x_i) - y_i| \leqslant ch^p.$$

证明 采用数学归纳法来证明

$$|y(x_i) - y_i| \leqslant ch^p \quad (i = 0, 1, \cdots, n). \tag{8.5.5}$$

由式 (8.5.3), 得

$$y(x_{i+1}) = y(x_i) + h\varphi(x_i, y(x_i), h) + R_{i+1} \quad (i = 0, 1, \cdots, n-1). \tag{8.5.6}$$

将式 (8.5.6) 和式 (8.5.2) 相减, 得

$$y(x_{i+1}) - y_{i+1} = y(x_i) - y_i + h\left[\varphi(x_i, y(x_i), h) - \varphi(x_i, y_i, h)\right]$$
$$+ R_{i+1} \quad (i = 0, 1, \cdots, n-1). \tag{8.5.7}$$

由 $y(x_0) - y_0 = \eta - \eta = 0$ 知, 式 (8.5.5) 对 $i = 0$ 是成立的. 现设式 (8.5.5) 对 $0 \leqslant i \leqslant k-1$ 是成立的, 即

$$|y(x_i) - y_i| \leqslant ch^p \quad (i = 0, 1, \cdots, k-1).$$

因而当 $h \leqslant \sqrt[p]{\dfrac{\delta}{c}}$ 时, 有

$$|y(x_i) - y_i| \leqslant c\left(\sqrt[p]{\dfrac{\delta}{c}}\right)^p = \delta \quad (i = 0, 1, \cdots, k-1).$$

应用条件 (2), 有

$$|\varphi(x_i, y(x_i), h) - \varphi(x_i, y_i, h)| = \left|\dfrac{\partial \varphi(x_i, \eta_i, h)}{\partial y}(y(x_i) - y_i)\right|$$
$$\leqslant L |y(x_i) - y_i| \quad (0 \leqslant i \leqslant k-1),$$

其中 η_i 介于 $y(x_i)$ 与 y_i 之间.

于是, 由条件 (1) 和式 (8.5.7), 可得到

$$|y(x_{i+1}) - y_{i+1}| \leqslant |y(x_i) - y_i| + h|\varphi(x_i, y(x_i), h) - \varphi(x_i, y_i, h)| + |R_{i+1}|$$
$$\leqslant |y(x_i) - y_i| + Lh|y(x_i) - y_i| + c_0 h^{p+1}$$
$$= (1 + Lh)|y(x_i) - y_i| + c_0 h^{p+1} \quad (0 \leqslant i \leqslant k-1).$$

应用引理 8.1, 有

$$|y(x_k) - y_k| \leqslant (1 + Lh)^k |y(x_0) - y_0| + \dfrac{(1 + Lh)^k - 1}{(1 + Lh) - 1} c_0 h^{p+1}.$$

注意到 $y(x_0) - y_0 = 0$ 及 $(1 + Lh)^k \leqslant \mathrm{e}^{Lkh} \leqslant \mathrm{e}^{L(b-a)}$, 得到

$$|y(x_k) - y_k| \leqslant \dfrac{c_0}{L}[\mathrm{e}^{L(b-a)} - 1]h^p = c_0 h^p, \quad 其中 c = \dfrac{c_0}{L}[\mathrm{e}^{L(b-a)} - 1].$$

即式 (8.5.5) 对 $i = k$ 是成立的. 由归纳原理, 定理证毕.

对于我们已讨论过的单步显式格式, 定理 8.2 中的条件 (2) 总是满足的. 例如
(1) 显式欧拉公式的增量函数 $\varphi(x,y,h) = f(x,y)$, 所以

$$\max_{\substack{(x,y)\in D_\delta \\ 0\leqslant h\leqslant h_0}} \left|\frac{\partial \varphi(x,y,h)}{\partial y}\right| = \max_{(x,y)\in D_\delta} \left|\frac{\partial f(x,y)}{\partial y}\right| = M_1 \equiv L.$$

(2) 改进欧拉公式的增量函数

$$\varphi(x,y,h) = \frac{1}{2}[f(x,y) + f(x+h, y+hf(x,y))],$$

$$\left|\frac{\partial \varphi(x,y,h)}{\partial y}\right| = \frac{1}{2}\left[\frac{\partial f(x,y)}{\partial y} + \frac{\partial f(x+h, y+hf(x,y))}{\partial y}\left(1 + h\frac{\partial f(x,y)}{\partial y}\right)\right].$$

取 $h_0 = \dfrac{\delta}{4M_0}$, 当 $h \leqslant h_0$ 时, 有

$$\max_{\substack{(x,y)\in D_\delta \\ 0\leqslant h\leqslant h_0}} \left|\frac{\partial \varphi(x,y,h)}{\partial y}\right| = \frac{1}{2}\left\{\max_{\substack{(x,y)\in D_\delta \\ 0\leqslant h\leqslant h_0}} \left|\frac{\partial f(x,y)}{\partial y}\right| + \max_{\substack{(x,y)\in D_\delta \\ 0\leqslant h\leqslant h_0}} \left|\frac{\partial f(x+h, y+hf(x,y))}{\partial y}\right|\right.$$

$$\left. \cdot \left(1 + h\frac{\partial f(x,y)}{\partial y}\right)\right\}$$

$$\leqslant \frac{1}{2}[M_1 + M_1(1+hM_1)] \leqslant M_1\left(1 + \frac{h_0}{2}M_1\right) \equiv L.$$

由定理 8.2 可知, 如果一个收敛的显式单步方法的局部截断误差为 $O(h^{p+1})$, 则整体截断误差为 $O(h^p)$.

进而可知, 一个收敛的单步显式求解公式至少是一阶的. 由局部截断误差的表达式, 有

$$R_{i+1} = y(x_{i+1}) - y(x_i) - h\varphi(x_i, y(x_i), h)$$

$$= y(x_i) + hy'(x_i) + O(h^2) - y(x_i) - h[\varphi(x_i, y(x_i), 0) + O(h)]$$

$$= h[f(x_i, y(x_i)) - \varphi(x_i, y(x_i), 0)] + O(h^2).$$

由于一个单步显式求解公式至少是一阶的, 即有 $R_{i+1} = O(h^2)$, 其充分必要条件为

$$f(x_i, y(x_i)) = \varphi(x_i, y(x_i), 0), \quad 0 \leqslant i \leqslant n-1.$$

注意到 h 是任意的, 故上式等价于

$$\varphi(x, y(x), 0) = f(x, y(x)),$$

称为相容性条件.

实际计算时, 要判断一个单步显式公式是否收敛, 只要检验下面两个条件:

(1) 相容性条件
$$\varphi(x, y(x), 0) = f(x, y(x));$$

(2) 右端函数 $f(x, y)$ 关于 y 的偏导数的有界性
$$\max_{(x,y) \in D_\delta} \left| \frac{\partial f(x, y)}{\partial y} \right| = M_1,$$

是否满足即可.

8.5.2 单步方法的稳定性

定义 8.5 若一种数值方法在数值解 y_i 上有大小为 δ 的扰动, 与以后各数值解 $y_m (m > i)$ 上产生的偏差均不超过 δ, 则称该方法是稳定的.

下面先以欧拉公式为例来考察计算稳定性.

例 8.4 考察初值问题
$$\begin{cases} y' = -100y, \\ y(0) = 1, \end{cases}$$

其准确解 $y(x) = \mathrm{e}^{-100x}$ 是一个按指数曲线衰减得很快的函数.

解 用显式欧拉公式解方程 $y' = -100y$, 其计算公式为 $y_{i+1} = (1 - 100h)y_i$.

若取步长 $h = 0.025$, 则显式欧拉公式具体形式为 $y_{i+1} = -1.5 y_i$. 计算结果见表 8.4 的第 2 列. 可以看到, 此时显式欧拉公式的解明显不合理, 计算过程不稳定. 若取 $h = 0.005$, 则 $y_{i+1} = 0.5 y_i$. 显然计算过程是稳定的. 若用隐式欧拉公式, 取 $h = 0.025$ 时计算公式为 $y_{i+1} = \dfrac{1}{3.5} y_i$. 计算结果见表 8.4 的第 4 列, 计算过程也是稳定的.

表 8.4 欧拉公式的计算结果

节点	显式欧拉公式 ($h = 0.025$)	显式欧拉公式 ($h = 0.005$)	隐式欧拉公式 ($h = 0.025$)
0.025	-1.5	3.125×10^{-2}	2.857×10^{-1}
0.050	2.25	9.766×10^{-4}	8.163×10^{-2}
0.075	-3.375	3.052×10^{-5}	2.332×10^{-2}
0.100	5.0625	9.537×10^{-7}	6.664×10^{-3}

该数值算例表明稳定性不仅与方法本身有关, 还与步长 h 的大小有关. 当然也与方程中的右端函数 $f(x, y)$ 有关. 为了考察数值方法的稳定性情况, 通常只检

验将数值方法用于求解下面的模型方程:

$$y' = \lambda y,$$

其中 λ 为复数. 为了保证微分方程本身的稳定性, 一般还需假设 $\text{Re}(\lambda) < 0$.

下面先研究显式欧拉公式的稳定性. 方程 $y' = \lambda y$ 的显式欧拉公式为

$$y_{i+1} = (1 + h\lambda)y_i.$$

如果解是不增长的, 即有 $|y_{i+1}| < |y_i|$, 则它就是稳定的.

显然, 为了保证差分方程的解是不增长的, 只要选取 h 充分小, 使

$$|1 + h\lambda| < 1.$$

在 $\mu = h\lambda$ 的复平面上, 这是以 $(-1,0)$ 为圆心, 1 为半径的单位圆内部 (见图 8.3). 这里称之为显式欧拉公式的绝对稳定域, 相应的绝对稳定区间为 $(-2, 0)$.

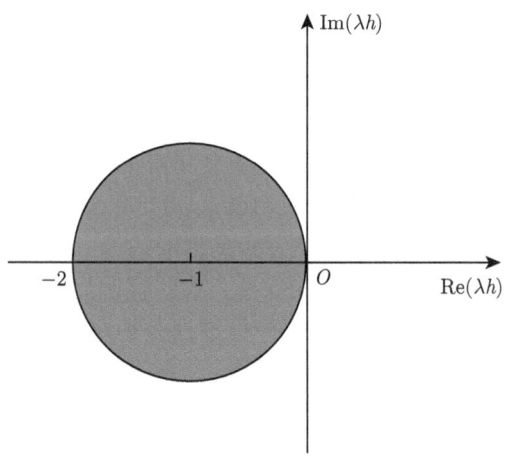

图 8.3 绝对稳定域和绝对稳定区间的示意图

一般的单步方法可以表示为

$$y_{i+1} = y_i + h\varphi(x_i, y_i, y_{i+1}, h).$$

下面来定义单步方法求解模型问题的稳定性概念.

定义 8.6 若得到的解 $y_{i+1} = E(h\lambda)y_i$ 满足 $|E(h\lambda)| < 1$, 则称单步法是绝对稳定的, 其中 $E(h\lambda)$ 表示的是该数值方法对应的一个放大因子, 也称为稳定性函数. 在 $\mu = h\lambda$ 的平面上, 使 $|E(h\lambda)| < 1$ 的变量围成的区域, 称为方法的绝对稳

定域,它与负实轴的交称为绝对稳定区间. 对于显式欧拉公式, 有 $E(h\lambda) = 1+h\lambda$, 其绝对稳定区间为 $-2 < h\lambda < 0$.

用二阶龙格–库塔方法, 可得到

$$y_{i+1} = y_i + h\left[(1-\alpha_2)\lambda y_i + \alpha_2\lambda\left(y_i + \frac{1}{2\alpha_2}hy_i\right)\right] = \left[1 + h\lambda + \frac{(h\lambda)^2}{2}\right]y_i,$$

故

$$E(h\lambda) = 1 + h\lambda + \frac{(h\lambda)^2}{2},$$

则其绝对稳定区间为 $-2 < h\lambda < 0$.

类似地, 可得三阶及四阶的龙格–库塔方法的 $E(h\lambda)$ 分别为

$$E(h\lambda) = 1 + h\lambda + \frac{(h\lambda)^2}{2!} + \frac{(h\lambda)^3}{3!},$$

$$E(h\lambda) = 1 + h\lambda + \frac{(h\lambda)^2}{2!} + \frac{(h\lambda)^3}{3!} + \frac{(h\lambda)^4}{4!}.$$

从而, 它们的绝对稳定区间分别为 $-2.51 < h\lambda < 0$ 和 $-2.78 < h\lambda < 0$.

例 8.5 $y' = -20y, 0 \leqslant x \leqslant 1, y(0) = 1$, 分别取 $h = 0.1$ 及 $h = 0.2$, 用经典的四阶龙格–库塔方法来计算.

解 本例 $\lambda = -20, h\lambda$ 分别为 -2 及 -4, 前者在绝对稳定区间内, 后者则不在, 四阶龙格–库塔方法的计算结果见表 8.5; 显然, 若 $h\lambda$ 不在绝对稳定区间内, 则计算是不稳定的.

表 8.5 经典龙格–库塔方法的计算结果

x_n	0.2	0.4	0.6	0.8	1.0
$h = 0.1$	0.93×10^{-1}	0.12×10^{-1}	0.14×10^{-2}	0.15×10^{-3}	0.17×10^{-4}
$h = 0.2$	4.98	25.0	125.0	625.0	3125.0

下面来分析单步隐式公式的稳定性情况. 对隐式欧拉公式, 可得

$$y_{i+1} = \frac{1}{1-h\lambda}y_i,$$

那么

$$E(h\lambda) = \frac{1}{1-h\lambda}.$$

由 $E(h\lambda) = \dfrac{1}{1-h\lambda} < 1$, 可得绝对稳定域为 $|1-h\lambda| > 1$, 它是 $(1,0)$ 为圆心, 1 为半径的单位圆外部. 从而, 绝对稳定区间为 $-\infty < h\lambda < 0$. 注意到 $\lambda < 0$, 则 $0 < h < \infty$, 即对任何步长, 隐式欧拉公式计算模型问题都是稳定的.

对梯形公式, 可得

$$y_{i+1} = \frac{1+\frac{\lambda h}{2}}{1-\frac{\lambda h}{2}} y_i,$$

则有

$$E(h\lambda) = \frac{1+\frac{\lambda h}{2}}{1-\frac{\lambda h}{2}}.$$

对 $\mathrm{Re}(\lambda) < 0$, 有 $|E(h\lambda)| = \left|\dfrac{1+\frac{\lambda h}{2}}{1-\frac{\lambda h}{2}}\right| < 1$, 故绝对稳定域为 $\mu = h\lambda$ 的左半平面, 绝对稳定区间为 $-\infty < h\lambda < 0$, 即当 $0 < h < \infty$ 时, 梯形公式也均是稳定的.

隐式欧拉公式与梯形公式的绝对稳定域均为 $\{h\lambda|\mathrm{Re}(h\lambda) < 0\}$, 在具体计算步长 h 的选取时只需要考虑计算精度及迭代收敛性要求而不必担心算法的稳定性; 对于这类方法给出下面的定义.

定义 8.7 如果数值方法的绝对稳定域包含了区域 $\{h\lambda|\mathrm{Re}(h\lambda) < 0\}$, 那么称此方法是 A-稳定的.

由该定义知, A-稳定方法对步长 h 没有稳定性要求的限制.

小 节 测 试

1. 单步方法的收敛性定义是 (单选)
   A. 随着步长趋向于 0, 数值解趋于精确解
   B. 方法能在有限步内解决问题
   C. 方法在每一步都能减少误差
   D. 方法能处理任何类型的微分方程
2. 在单步方法中, 局部截断误差的阶与收敛性之间的关系是 (单选)
   A. 局部截断误差的阶越高, 方法越不可能收敛
   B. 局部截断误差的阶与收敛性无关
   C. 局部截断误差的阶越高, 方法的收敛速度越慢
   D. 局部截断误差的阶越高, 方法越可能收敛且收敛速度越快
3. 单步方法的稳定性域是指 (单选)
   A. 方法能解决问题的所有可能步长的集合

B. 方法能产生稳定数值解的步长范围

C. 方法在每一步减少误差的步长范围

D. 方法不受初始条件影响的步长范围

4. 在单步方法中,局部截断误差的阶数增大,以下正确的是 (单选)

A. 方法的稳定性必然降低　　B. 方法的收敛速度必然加快

C. 方法的精度必然提高　　　D. 方法的计算复杂度必然增加

5. 关于单步方法的收敛性,下列因素中可能会影响其表现的是 (多选)

A. 初始值的选择　　　　　　B. 迭代步长的大小

C. 累积的舍入误差　　　　　D. 迭代公式的非线性程度

6. 在分析单步方法的稳定性时,通常需要考虑 (　　) 因素. (多选)

A. 步长大小　　　　　　　　B. 局部截断误差

C. 迭代公式的类型　　　　　D. 初始值的误差

7. 下列选项中,正确描述了单步方法的收敛速度与稳定性的关系是 (多选)

A. 收敛速度快必然意味着高稳定性

B. 高稳定性方法不一定收敛速度快

C. 收敛速度慢的方法可能具有良好的稳定性

D. 稳定性和收敛速度总是呈正比关系

8. 下列因素中可能导致单步方法在数值实现时失去稳定性的是 (多选)

A. 过大的步长　　　　　　　B. 累积的舍入误差

C. 不适当的迭代公式选择　　D. 非线性问题的强非线性特征

9. 数值方法的 A-稳定性意味着对于任意大小的步长, 方法在_____ 上都是稳定的. (填空)

10. 在数值分析中, 一个方法被认为是收敛的, 如果当步长趋近于零时, 数值解_____ 精确解. (填空)

11. 如果一个单步方法的误差项与步长 h 的 n 次方成正比, 则该方法的收敛阶为_____. (填空)

12. 所有单步方法都具有相同的稳定性特性. (判断)

13. 如果一个单步方法是收敛的, 那么它必然是稳定的. (判断)

14. 在单步方法中, 减小步长总能提高方法的稳定性. (判断)

15. 为什么刚性问题对单步方法的稳定性和收敛性具有挑战性? 如何调整数值方法来处理刚性问题? (思考)

16. 单步方法的局部截断误差和全局截断误差分别代表什么? 它们对数值方法的收敛性有何影响? (思考)

习题解析

8.6 案　例

8.6.1 问题背景

空气源热泵因其高效、节能环保、兼顾供暖与制冷功能、运行费用低以及安装使用灵活等优点, 被广泛应用于建筑空调系统冷热源. 然而, 冬天空气源热泵室外蒸发器会有结霜问题, 制约了其在冬季的正常运行. 针对这一问题, 制备的超疏水翅片, 具有成本低、效率高、节能环保等特点. 基于可视化的实验研究, Cassie 润湿模式下超疏水翅片具有良好的抑霜性能, 结霜初期的凝结液生长、合并、自弹跳、冻结等特性与普通翅片有很大不同.

本案例希望通过理论分析, 运用合适的数学方法分别建立 Cassie 润湿模式下超疏水翅片与普通翅片表面的凝结液滴的生长模型并进行数值模拟, 以揭示翅片表面微结构对结霜初期凝结液滴生长过程的影响.

8.6.2 数学模型

液滴冷凝由气态变为液态发生了相变, 此过程热量交换决定了液滴的生长, 与液滴的体积、密度和汽化潜热有关, 可表示为

$$q = h_{fg}\rho V. \tag{8.6.1}$$

其中, ρ 为水的密度, 取 1000kg/m^3; h_{fg} 为水蒸气液化时释放的潜热, 取 2453.8kJ/kg; V 是液滴的体积.

凝结液滴的体积为

$$V = \frac{\pi r^3 (2 + \cos\theta)(1 + \cos\theta)^2}{3}, \tag{8.6.2}$$

其中, θ 为凝结液滴与基底的夹角, 称为表面接触面, r 为液滴半径.

凝结液滴的传热速率为

$$q = h_{fg}\rho \frac{dV}{dt}. \tag{8.6.3}$$

将 (8.6.3) 转化成以下形式

$$\frac{dV}{dt} = \frac{q}{h_{fg}\rho}. \tag{8.6.4}$$

结合液滴传热模型, 可得出翅片表面凝结液滴的体积生长速率, 从而推出凝结液滴的半径生长速率.

8.6 案　　例

凝结液滴在普通翅片表面的体积生长速率为

$$\frac{\mathrm{d}r}{\mathrm{d}t} = \frac{\left(1 - \dfrac{r_{\min}}{r}\right)\Delta T}{h_{fg}\rho\left\{\dfrac{1}{h_i 2\pi r^2(1-\cos\theta)} + \dfrac{\theta}{4k_1\pi r\sin\theta} + \dfrac{\delta_w}{k_w\pi r^2\sin^2\theta}\right\}}.$$

凝结液滴在普通翅片表面的半径生长速率为

$$\frac{\mathrm{d}r}{\mathrm{d}t} = F(t,r)$$

$$= \frac{\left(1 - \dfrac{r_{\min}}{r}\right)\Delta T}{h_{fg}\rho(2+\cos\theta)(1+\cos\theta)^2\left\{\dfrac{1}{h_i 2\pi(1-\cos\theta)} + \dfrac{\theta r}{4k_1\pi\sin\theta} + \dfrac{\delta_w}{k_w\pi\sin^2\theta}\right\}}. \tag{8.6.5}$$

凝结液滴在 Cassie 翅片表面的体积生长速率为

$$\frac{\mathrm{d}V}{\mathrm{d}t} = \frac{\left(1 - \dfrac{r_{\min}}{r}\right)\Delta T}{h_{fg}\rho\left\{\dfrac{1}{h_i 2\pi r^2(1-\cos\theta)} + \dfrac{\theta}{4k_1\pi r\sin\theta} + \dfrac{\delta_w}{k_w\pi r^2\sin^2\theta} + \left(\dfrac{\pi(1-f)c^2 k_g}{b} + \dfrac{\pi f c^2 k_w}{b}\right)^{-1}\right\}}.$$

凝结液滴在 Cassie 翅片表面的半径生长速率为

$$\frac{\mathrm{d}r}{\mathrm{d}t} = G(t,r) =$$

$$\frac{\left(1 - \dfrac{r_{\min}}{r}\right)\Delta T}{h_{fg}\rho(2+\cos\theta)(1+\cos\theta)^2\left\{\dfrac{1}{h_i 2\pi(1-\cos\theta)} + \dfrac{\theta r}{4k_1\pi\sin\theta} + \dfrac{\delta_w}{k_w\pi\sin^2\theta} + \left(\dfrac{\pi(1-f)k_g}{2b} + \dfrac{\pi f k_w}{2b}\right)^{-1}\right\}}, \tag{8.6.6}$$

其中 $r_{\min} = 0.0015$, ΔT 取 10, $h_i = 687.6288$, $k_1 = 0.59$, $k_w = 237$, $\delta_w = 0.06$, $k_g = 0.0259$, $b = 3$, $f = 0.7854$, $\theta = 159.9°$.

式 (8.6.5) 即为凝结液滴在普通翅片表面的半径生长的微分方程模型, 初始值为 $r(0) = 0.0020$, 方程如下:

$$\begin{cases} r' = F(t,r), \\ r(0) = 0.0020, \end{cases} \tag{8.6.7}$$

其中 $0 \leqslant t \leqslant 300$.

式 (8.6.6) 即为凝结液滴在 Cassie 翅片表面的半径生长的微分方程模型, 初始值为 $r(0) = 0.0020$, 方程如下:

$$\begin{cases} r' = G(t,r), \\ r(0) = 0.0020, \end{cases} \tag{8.6.8}$$

其中 $0 \leqslant t \leqslant 300$.

8.6.3 计算方法

在这里运用经典的四阶龙格–库塔公式

$$\begin{cases} y_{i+1} = y_i + \dfrac{h}{6}(k_1 + 2k_2 + 2k_3 + k_4), \\ k_1 = f(x_i, y_i), \\ k_2 = f\left(x_i + \dfrac{1}{2}h, y_i + \dfrac{1}{2}hk_1\right), \\ k_3 = f\left(x_i + \dfrac{1}{2}h, y_i + \dfrac{1}{2}hk_2\right), \\ k_4 = f(x_i + h, y_i + hk_3). \end{cases} \tag{8.6.9}$$

由此, 我们可以利用公式 (8.6.9) 对常微分方程初值问题 (8.6.7) 和 (8.6.8) 进行求解, 并借助 MATLAB 软件编写代码得出最后结果.

8.6.4 编程实现

调用函数程序如下.

1. Cassie 翅片

```
function fval=right_fun(t,r)
h_fg=2453.8; p=1000; T_s=289.9; H_fg=2453.8;
r_1g=0.0756; p_1=1.18; alpha=1; R_g=287; M=18;
p_g=1.18; T_o=10;
r_min=(2*T_s*r_1g)/(p_1*H_fg*T_o);
h_i=(2*alpha/(2-alpha))*(sqrt(M)/sqrt(2*pi*R_g*T_s))*...
    (p_g*H_fg^2/T_s);
K_1=0.59; K_w=237; S_w=0.06; a=1.5; b=3; c=4;
f=(pi*a^2/4)/(c^2);
K_g=0.0259; theta=159.9*180/pi;
R_1=1/(h_i*2*pi*(1-cos(theta)));
R_2=theta*r/(4*K_1*pi*sin(theta));
```

```
R_3=S_w/(K_w*pi*sin(theta)^2);
R_4=1/((pi*(1-f)*K_g)/(2*b)+(pi*f*K_w)/(2*b));
   fval=(1-r_min/r)*T_o/(h_fg*p*(2+cos(theta))*(1-...
      cos(theta))^2* (R_1+R_2+R_3+R_4));
end
```

2. 普通翅片

```
function fval=right_funn(t,r)
h_fg=2453.8; p=1000; T_s=289.9; H_fg=2453.8; r_1g=0.0756;
p_1=1.18; alpha=1; R_g=287; M=18; p_g=1.18; T_o=10;
r_min=(2*T_s*r_1g)/(p_1*H_fg*T_o);
h_i=(2*alpha/(2-alpha))*(sqrt(M)/sqrt(2*pi*R_g*T_s))*...
     (p_g*H_fg^2/T_s);
K_1=0.59; K_w=237; S_w=0.06; a=1.5;
b=3; c=4; f=(pi*a^2/4)/(c^2); K_g=0.0259;
theta=159.9*180/pi;
R_1=1/(h_i*2*pi*(1-cos(theta)));
R_2=theta*r/(4*K_1*pi*sin(theta));
R_3=S_w/(K_w*pi*sin(theta)^2);
  fval = (1-r_min/r)*T_o/(h_fg*p*(2+cos(theta))*...
     (1-cos(theta))^2*(R_1+R_2+R_3));
end
```

主程序程序如下.

```
clear all; clc; format long;
h=25; t1=0; t2=300;
X=t1:h:t2;
n=length(X)-1;
Y=zeros(1,n+1); Y(1)=0.0020;
Y1=zeros(1,n+1); Y1(1)=0.0020;
B=zeros(1,n+1); B(1)=0;
A=zeros(1,n+1); A(1)=0;
for i=0:(n-1)
    K1=right_fun(X(i+1),Y(i+1));
    K2=right_fun(X(i+1)+0.5*h,Y(i+1)+0.5*h*K1);
    K3=right_fun(X(i+1)+0.5*h,Y(i+1)+0.5*h*K2);
    K4=right_fun(X(i+1)+h,Y(i+1)+h*K3);
    Y(i+1+1)=Y(i+1)+h/6*(K1+2*K2+2*K3+K4);
    B(i+1+1)=K1;
end
```

```
for i=0:(n-1)
    K11=right_funn(X(i+1),Y1(i+1));
    K22=right_funn(X(i+1)+0.5*h,Y1(i+1)+0.5*h*K11);
    K33=right_funn(X(i+1)+0.5*h,Y1(i+1)+0.5*h*K22);
    K44=right_funn(X(i+1)+h,Y1(i+1)+h*K33);
    Y1(i+1+1)=Y1(i+1)+h/6*(K11+2*K22+2*K33+K44);
    A(i+1+1)=K11;
end
plot(X(2:end),B(2:end),'r-')
hold on
plot(X(2:end),A(2:end),'r--')
legend('Cassie翅片','普通翅片')
xlabel('时间/t')
ylabel('凝结液滴半径生长速率')
```

计算结果如下. Cassie 翅片下凝结液滴生长半径与普通翅片凝结液滴生长半径随时间变化分别如图 8.4 和图 8.5 所示.

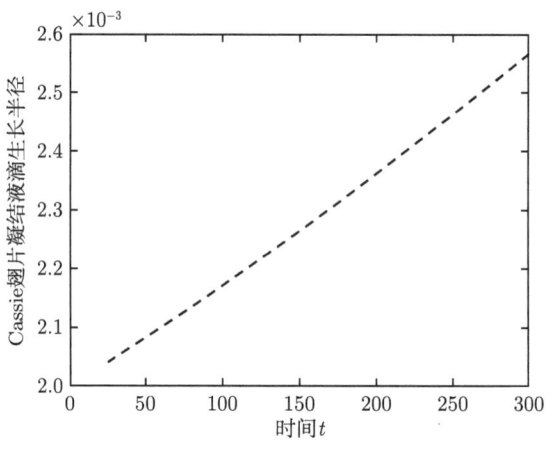

图 8.4　Cassie 翅片下凝结液滴生长半径

由图 8.4 和图 8.5 可以清晰地看到 300s 后 Cassie 翅片下凝结液滴生长半径约为 0.002566mm, 普通翅片凝结液滴生长半径约为 0.002577mm.

将 Cassie 翅片下凝结液滴生长半径速率与普通翅片凝结液滴生长半径速率比较, 如图 8.6 所示.

由图 8.6 可知, 相比于普通翅片, Cassie 翅片下凝结液滴生长半径速率较慢, 所以可见 Cassie 润湿模式下超疏水翅片抑霜性能更好.

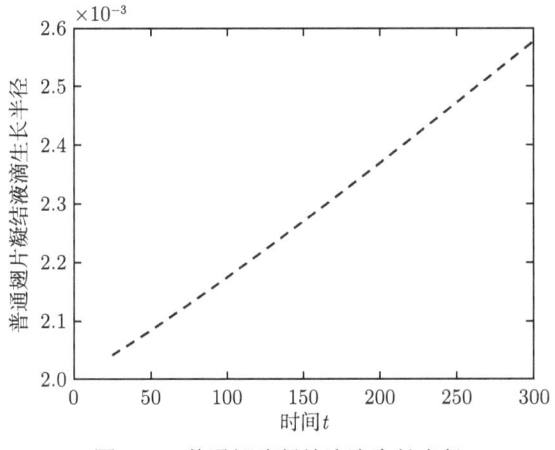

图 8.5　普通翅片凝结液滴生长半径

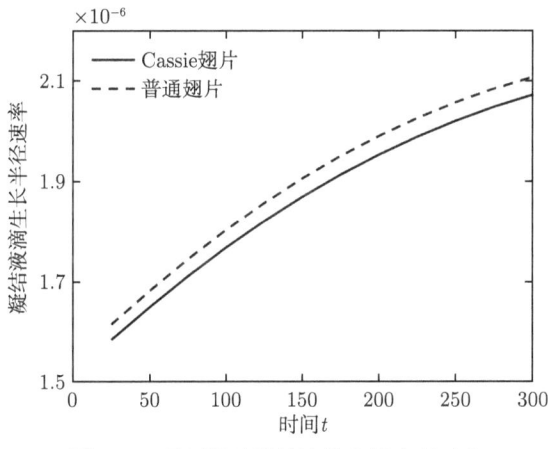

图 8.6　不同翅片凝结液滴生长半径速率

8.7　章节测试

理论题:

1. 在数值解法中, 通过 (　　) 衡量单步方法如欧拉方法和龙格–库塔法的收敛性和稳定性. (单选)

　　A. 比较它们的计算时间

　　B. 分析它们的局部截断误差和全局误差

　　C. 确定它们是否需要初始条件

　　D. 评估它们在大步长下的表现

2. 单步方法与多步方法在数值解常微分方程时的一个主要区别是 (单选)
   A. 单步方法仅使用当前点的信息, 而多步方法利用多个先前点的信息
   B. 单步方法无法解决非线性方程
   C. 多步方法的计算速度总是更快
   D. 单步方法比多步方法具有更高的稳定性
3. 对于初值问题的数值解法, 收敛性和稳定性的共同目标是 (单选)
   A. 减少计算时间
   B. 增加计算步骤的数量
   C. 提高计算的精确度
   D. 确保数值解随步长减小而逼近真实解
4. 欧拉方法和改进欧拉方法在求常微分方程的数值解时的共同特点为 (多选)
   A. 都是显式方法   B. 都可以处理刚性问题
   C. 计算步骤简单   D. 都是单步方法
5. 对于欧拉方法、改进欧拉方法和龙格–库塔法, 在处理初值问题时它们共有的挑战是 (多选)
   A. 步长的选择   B. 处理刚性问题
   C. 确保收敛性和稳定性   D. 计算效率和精度的平衡
6. 在数值求解常微分方程时, 下列 (　　) 考虑了在计算区间内的多个信息来提高精度. (多选)
   A. 欧拉方法   B. 改进的欧拉方法
   C. 龙格–库塔法   D. 多步法
7. 改进欧拉方法通过在每个计算步骤中使用区间起点和终点的斜率的平均值, 从而提升了数值解的_____, 使其在处理_____ 方程时更加可靠. (填空)
8. 刚性问题的数值求解需要特别考虑方法的_____, 因为这些问题往往涉及快速变化的解分量, 这要求数值方法能够有效处理_____ 变化而不产生数值 _____. (填空)
9. 龙格–库塔方法在每一步计算中使用多个斜率估计, 这使其对初始条件的误差更加敏感. (判断)
10. 单步方法在每一步计算中只需利用前一步的计算结果, 而不依赖于更早的历史数据. (判断)
11. 收敛性和稳定性是评估数值解法性能时互不相关的两个标准. (判断)
12. 改进欧拉方法相比于原始欧拉方法在稳定性和收敛性方面有何优势? (思考)
13. 龙格–库塔法的不同阶数如何影响其在求解常微分方程时的表现? (思考)

8.7 章节测试

计算题:

1. 求解常微分方程初值问题

$$\begin{cases} y'(x) = x + y, \\ y(0) = 1 \end{cases} \quad (0 \leqslant x \leqslant 1).$$

取步长 $h = 0.1$, 分别用显式欧拉公式和隐式欧拉公式计算, 并与精确解 $y = -x - 1 + 2e^x$ 进行比较.

2. 利用显式欧拉公式来计算积分

$$y(x) = \int_0^x e^{t^2} dt$$

在点 $x = 0.5, 1, 1.5, 2$ 的近似值.

3. 考虑下面的常微分方程初值问题

$$\begin{cases} y'(x) = x + y^2, \\ y(0) = 1 \end{cases} \quad (0 \leqslant x \leqslant 1).$$

取步长 $h = 0.1$, 分别用梯形公式和改进的欧拉公式计算来求近似解.

4. 用梯形公式解初值问题

$$\begin{cases} y'(x) + y = 0, \\ y(0) = 1. \end{cases}$$

证明其近似解为 $y_n = \left[\dfrac{2-h}{2+h}\right]^n$, 并证明当 $h \to 0$ 时, 它收敛于原初值问题的精确解 $y = e^{-x}$.

5. 求参数 α, 使求解公式

$$y_{i+1} = y_i + h[\alpha f(x_i, y_i) + (1-\alpha) f(x_{i+1}, y_{i+1})]$$

的局部截断误差的阶数达到最高.

6. 求参数 β, 使求解公式

$$y_{i+1} = y_i + hf(x_i + (1-\beta)h, y_i + h\beta f(x_i, y_i))$$

的局部截断误差的阶数达到最高.

7. 证明: 对任意参数 t, 下面的龙格–库塔方法

$$\begin{cases} y_{i+1} = y_i + \dfrac{h}{2}(K_2 + K_3), \\ K_1 = f(x_i, y_i), \\ K_2 = f(x_i + th, y_i + thK_1), \\ K_3 = f(x_i + (1-t)h, y_i + (1-t)hK_1) \end{cases}$$

是二阶的.

8. 证明: 下面的龙格–库塔方法

$$\begin{cases} y_{i+1} = y_i + \dfrac{h}{6}(K_1 + 4K_2 + K_3), \\ K_1 = f(x_i, y_i), \\ K_2 = f\left(x_i + \dfrac{h}{2}, y_i + \dfrac{1}{2}hK_1\right), \\ K_3 = f(x_i + h, y_i - hK_1 + 2hK_2) \end{cases}$$

是三阶的.

9. 用经典龙格–库塔方法, 取 $h = 0.1$, 解初值问题

$$\begin{cases} y'(x) = x^2 - y, \\ y(0) = 1 \end{cases} \quad (0 \leqslant x \leqslant 1).$$

10. 证明中点公式

$$y_{i+1} = y_i + hf\left(x_i + \dfrac{h}{2}, y_i + \dfrac{h}{2}f(x_i, y_i)\right)$$

是二阶的.

11. 求隐式中点公式

$$y_{i+1} = y_i + hf\left(x_i + \dfrac{h}{2}, \dfrac{1}{2}(y_i + y_{i+1})\right)$$

的绝对稳定区间.

12. 用改进欧拉公式和经典龙格–库塔方法求解初值问题

$$\begin{cases} y'(x) = y - \dfrac{2x}{y}, \\ y(0) = 1 \end{cases} \quad (0 \leqslant x \leqslant 1).$$

取 $h = 0.1$, 并把计算得到的数值解与精确解 $y(x) = \sqrt{1+2x}$ 进行比较.

13. 试推导出显式三阶龙格–库塔方法的一般形式.

14. 对于一个收敛格式, 请说明: 为什么整体截断误差比局部截断误差低一阶.

15. 对于初值问题

$$y'(x) = -100(y - x^2) + 2x, \quad y(0) = 1.$$

(1) 用显式欧拉公式, 步长 h 取什么范围的值, 才能使计算稳定;

(2) 用隐式欧拉公式, 步长 h 取什么范围的值, 才能使计算稳定;

(3) 用经典的四阶龙格–库塔方法计算, 步长 h 如何选?

习题解析

参 考 文 献

[1] Goldstine H H. A History of Numerical Analysis from the 16th through the 19th Century. New York: Springer-Verlag, 1977.
[2] 阿特金森 K E. 数值分析引论. 匡蛟勋, 王国荣, 等译. 上海: 上海科学技术出版社, 1986.
[3] Rice J R. A theory of condition. SIAM J. Numer. Anal., 1966, 3: 287-310.
[4] 关治, 陆金甫. 数值分析基础. 北京: 高等教育出版社, 1998.
[5] Burden R L, Faires J D. 数值分析. 7 版. 冯烟利, 朱海燕, 译. 北京: 高等教育出版社, 2005.
[6] 魏毅强, 张建国, 张洪斌. 数值计算方法. 北京: 科学出版社, 2004.
[7] Young D M. Iterative Solution of Large Linear Systems. New York: Academic, 1971.
[8] Hackbusch W. Iterative Solution of Large Sparse Systems of Equations. New York: Springer-Verlag, 1994.
[9] 李庆杨, 王能超, 易大义. 现代数值分析. 北京: 高等教育出版社, 1995.
[10] 冯康等. 数值计算方法. 北京: 国防工业出版社, 1978.
[11] 李岳生, 齐东旭. 样条函数方法. 北京: 科学出版社, 1979.
[12] Schumaker L L. Spline Functions: Basic Theory. New York: John Wiley & Sons, 1981.
[13] 徐利治, 王仁宏, 周蕴时. 函数逼近的理论与方法. 上海: 上海科学技术出版社, 1983.
[14] Engels H. Numerical Quadrature and Cubature. New York: Academic, 1980.
[15] 吉尔 C W. 常微分方程初值问题的数值解法. 费景高, 等译. 北京: 科学出版社, 1978.
[16] 孙志忠, 袁慰平, 闻震初. 数值分析. 3 版. 南京: 东南大学出版社, 2010.